최신

소화설비론

국가화재안전기준(NFTC/PC) 적용

조성현 · 송영호 · 유정현

지우북스

머리말

Goal leads your life (목표가 당신의 인생을 인도해준다)

경제발전과 더불어 우리사회는 고층화, 대형화되어감에 따라 에너지 사용량도 증가하여 잠재 위험성이 커지고 있으며 매년 화재로 인한 많은 인적·물적 피해도 증가하고 있다.

이런 사고는 인적·물적인 직접피해 외에도 기업이나 국가신뢰도에도 많은 피해를 주고 있으므로 소방안전의 중요성은 아무리 강조해도 지나치지 않는다. 따라서, 저자는 현재 대학교나 현장 시공 담당자들이 참고할만한 서적이 필요하다고 생각되어 본 책을 저술하게 되었다.

본 교재의 특징은, 최근 개정된 국가화재안전기준(NFPC/TC)에 맞추어 집필하였고, 이론과 현장 상황을 쉽게 이해할 수 있도록 많은 현장 사진을 수록하였다.

저자는 이 책을 가지고 공부하는 독자들이 소방설비에 대한 지식과 기술을 습득하는 좋은 밑거름이 되기를 바란다.

본의 아니게 오류나 보완점이 있을 것이라 생각된다. 이런 부족한 부분은 앞으로 수정·보완할 것이며 독자들의 의견도 수렴·반영할 것을 약속한다.

마지막으로 이 책이 나올 수 있도록 함께해 주신 대전과학기술대학교 송영호 교수님, 오산대학교 유정현 교수님 그리고 출판사 관계자분들께 감사를 드린다.

2024. 2.

조 성 현

차례

PART 1

소방시설의 개요

CHAPTER 1 소방시설의 개요

CHAPTER 1

소방시설의 개요

1.1 소방시설의 개념

소방시설은 화재를 감지하여 통보함으로써 사람들을 피난시키고, 화재 시 진압을 할 수 있도록 하는 기계·기구 및 시스템을 말한다.

소방시설은 소화설비, 경보설비, 피난구조설비, 소화활동설비 및 소화용수설비 등으로 구분된다.

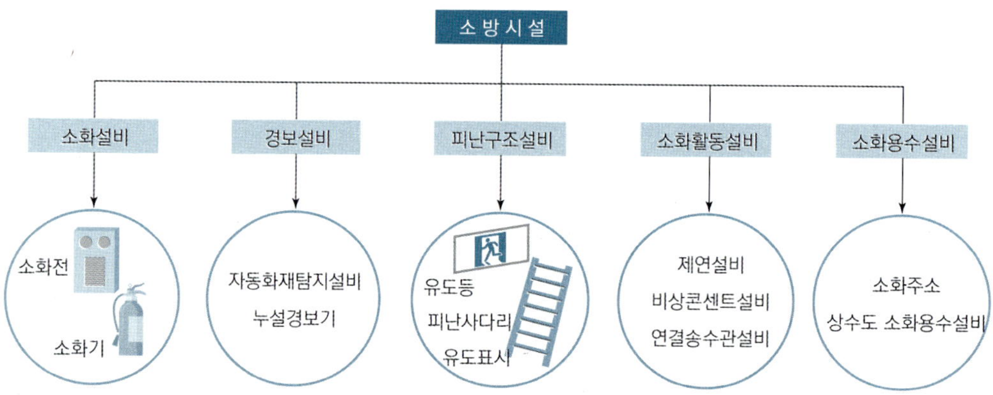

그림 1.1 소방시설의 종류

1.2 소방시설의 필요성

소방기본법에서 소방대상물은 건축물, 차량, 선박(항구 안에 메어둔 선박에 한한다), 선박건조구조물, 산림 그 밖의 인공 공작물 또는 물건으로 규정하고 있다.

이러한 소방대상물은 현대 사회에선 대형화, 복합화, 다양화되어 화재나 기타 재해 발생시 큰 인명과 재산피해 및 사회적 손실이 초래된다.

소방대상물에 화재나 기타 재해가 발생하였을 때 안전을 확보하기 위한 설비가 소방시설이다.

과거에는 소방시설과 방화구조의 미비로 초기에 화재를 진압하지 못하여 대형화재로 확대되어 큰 인명피해와 재산피해를 일으킨 예가 많이 있었다.

국가에서는 소방시설의 설치에서부터 유지관리까지 법적으로 규제하여 화재 등 유사시에 인명과 재산상의 손실을 최소화하고 국민을 안전하게 보호하며 사회 질서를 유지한다.

1.3 소방시설의 종류

1.3.1 소화설비

물 또는 그 밖의 소화약제를 사용하여 소화하는 기계·기구 또는 설비이다.

(1) 소화기구

① 소화기

화재발생 시 사람이 직접 조작하여 소화약제를 방사하는 것

② 간이소화용구

에어로졸식 소화용구, 투척용 소화용구, 소공간용 소화용구 및 소화약제 외의 것을 이용한 간이소화용구

③ 자동확산소화기

화재 시 화염이나 열에 따라 소화약제가 확산하여 국소적으로 소화하는 소화기

(2) 자동소화장치

① 주거용 주방자동소화장치

② 상업용 주방자동소화장치

③ 캐비닛형 자동소화장치

④ 가스자동소화장치

⑤ 분말자동소화장치

⑥ 고체에어로졸자동소화장치

(3) 옥내소화전설비(호스릴 옥내소화전설비 포함)

건축물 내의 화재 시 해당 소방대상물의 관계자 · 자위소방대원 또는 재실자가 이를 사용하여 화재 초기에 신속하게 진압(소화)할 수 있도록 유지, 설치하는 소화설비

(4) 스프링클러설비 등

① 스프링클러설비

② 간이스프링클러설비(캐비닛형 간이스프링클러설비 포함)

③ 화재조기진압용 스프링클러설비

(5) 할론소화설비

① 물분무소화설비

② 미분무소화설비

③ 포소화설비

④ 이산화탄소소화설비

⑤ 할론소화설비

⑥ 할로겐화합물 및 불활성기체(다른 원소와 화학반응을 일으키기 어려운 기체) 소화설비

⑦ 분말소화설비

⑧ 강화액소화설비

⑨ 고체에어로졸소화설비

(6) 옥외소화전설비

건물외부에 설치되어 있는 소화전으로 지상용과 지하용으로 구분

1.3.2 경보설비

화재발생을 통보하는 기계·기구 또는 설비

① 단독경보형 감지기

② 비상경보설비

㉮ 비상벨설비

㉯ 자동식사이렌설비

③ 자동화재탐지설비
④ 시각경보기
⑤ 화재알림설비
⑥ 비상방송설비
⑦ 자동화재속보설비
⑧ 통합감시시설
⑨ 누전경보기
⑩ 가스누설경보

1.3.3 피난구조설비

화재발생 시 피난하기 위하여 사용하는 기구 또는 설비

① 피난기구
 ㉮ 피난사다리
 ㉯ 구조대
 ㉰ 완강기
 ㉱ 간이완강기
 ㉲ 그 밖에 화재안전기준으로 정하는 것
② 인명구조기구
 ㉮ 방열복, 방화복(안전모, 보호장갑 및 안전화 포함)
 ㉯ 공기호흡기
 ㉰ 인공소생기
③ 유도등
 ㉮ 피난유도선
 ㉯ 피난구유도등
 ㉰ 통로유도등
 ㉱ 객석유도등
 ㉲ 유도표지
④ 비상조명등 및 휴대용비상조명등

1.3.4 소화용수설비

화재를 진압하는 데 필요한 물을 공급하거나 저장하는 설비

① 상수도소화용수설비

② 소화수조 · 저수조, 그 밖의 소화용수설비

1.3.5 소화활동설비

화재를 진압하거나 인명구조 활동을 위하여 사용하는 설비

① 제연설비

② 연결송수관설비

③ 연결살수설비

④ 비상콘센트설비

⑤ 무선통신보조설비

⑥ 연소방지설비

1.4 소방시설이 면제되는 경우

표 1.1 소방시설 설치의 면제 기준

면제되는 소방시설	설치가 면제되는 기준
1. 자동소화장치	물분무등소화설비를 설치한 경우
2. 옥내소화전설비	호스릴 방식의 미분무소화설비 또는 옥외소화전설비를 설치한 경우
3. 스프링클러설비	적응성 있는 자동소화장치 또는 물분무등소화설비설치한 경우
4. 간이스프링클러 설비	스프링클러설비, 물분무소화설비 또는 미분무소화설비 설치한 경우
5. 물분무등소화설비	스프링클러설비를 설치한 경우
6. 옥외소화전설비	상수도소화용수설비를 설치한 경우
7. 비상경보설비	단독경보형 감지기를 2개 이상의 단독경보형 감지기와 연동하여 설치한 경우
8. 비상경보설비 또는 단독경보형 감지기	자동화재탐지설비 또는 화재알림설비를 설치한 경우
9. 자동화재탐지설비	화재알림설비, 스프링클러설비 또는 물분무등소화설비를 설치한 경우
10. 화재알림설비	자동화재탐지설비를 설치한 경우

면제되는 소방시설	설치가 면제되는 기준
11. 비상방송설비	자동화재탐지설비 또는 비상경보설비와 같은 수준 이상의 음향을 발하는 장치를 부설한 방송설비를 설치한 경우
12. 자동화재속보설비	화재알림설비를 설치한 경우
13. 누전경보기	아크경보기 또는 지락차단장치를 설치한 경우.
14. 피난구조설비	위치 · 구조 또는 설비의 상황에 따라 피난상 지장이 없다고 인정되는 경우
15. 비상조명등	피난구유도등 또는 통로유도등을 설치한 경우
16. 상수도소화용수 설비	가. 특정소방대상물의 각 부분으로부터 수평거리 140 m 이내에 공공의 소방을 위한 소화전이 설치되어 있는 경우 나. 소방본부장 또는 소방서장이 상수도소화용수설비의 설치가 곤란하다고 인정하는 경우로서 소화수조 또는 저수조가 설치되어 있거나 이를 설치하는 경우
17. 제연설비	공기조화설비, 노데가 설치된 특별피난계단, 비상용승강기 승강장
18. 연결송수관설비	옥외에 연결송수구 및 옥내에 방수구가 부설된 옥내소화전설비, 스프링클러설비, 간이스프링클러설비 또는 연결살수설비 설치한 경우(다만, 지표면에서 최상층 방수구의 높이가 70 m 이상인 경우에는 설치)
19. 연결살수설비	가. 송수구를 부설한 스프링클러설비, 간이스프링클러설비, 물분무소화설비 또는 미분무소화설비를 설치한 경우 나. 가스 관계 법령에 따라 설치되는 물분무장치 등에 소방대가 사용할 수 있는 연결송수구가 설치되거나 물분무장치 등에 6시간 이상 공급할 수 있는 수원(水源)이 확보된 경우
20. 무선통신보조설비	이동통신 구내 중계기 선로설비 또는 무선이동중계기(「전파법」 제58조의2에 따른 적합성평가를 받은 제품만 해당) 등을 설치한 경우
21. 연소방지설비	스프링클러설비, 물분무소화설비 또는 미분무소화설비를 설치한 경우

연습문제

1. 소방시설의 종류 5가지를 분류하시오.

2. 물분무등소화설비의 종류를 쓰시오.

3. 피난구조설비의 종류를 쓰시오.

4. 소화활동설비의 종류를 쓰시오.

5. 소방시설기준 적용 특례를 두는 이유는?

화재 현장에서 아기를 구하여 인공호흡을 하는 소방관

소방관의 노력에도 불구하고 사진 속의 아이 페트리샤는 화상으로 인해 6일 만에 생을 마감했다.

언제 어디서든 도움을 줄 기회가 있을 때 그 도움을 아끼지 말자.

PART 2

소화설비

CHAPTER 1

소화기구(NFTC/PC 101)

1.1 소화기구의 정의

소화기구는 화재를 초기에 소화할 목적으로 물이나 기타 소화약제를 압력에 의해 방사하여 소화하는 기구로 소화기, 자동소화장치, 간이소화용구 등 3가지 형태의 소화설비이다.

초기화재 소화를 위해서는 소화기구의 기능 및 구조를 단순하게 하여 누구나 쉽게 다룰 수 있도록 하여야 한다.

그림 1.1 소화기구

1.2 소화기구 설치대상

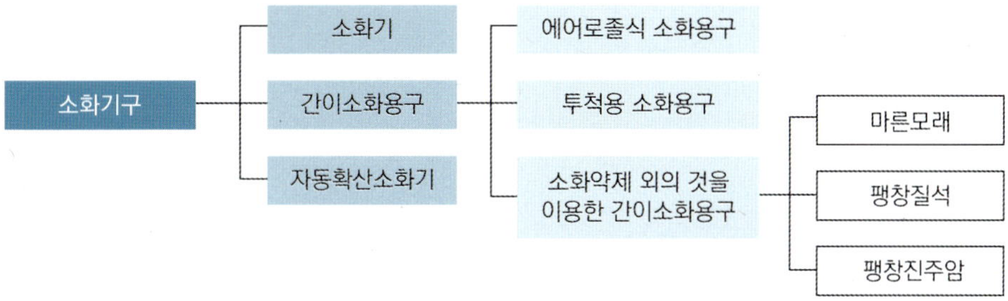

1.2.1 수동식 소화기 또는 간이소화용구

① 연면적 33 m^2 이상인 것(노유자 시설의 경우 투척용 소화용구 등을 산정된 소화기 수량의 1/2 이상 설치)

② ①에 해당하지 않는 시설로서 가스시설, 발전시설 중 전기저장시설 및 문화재

③ 터널

④ 지하구

1.2.2 주방 자동소화장치

(1) 주거용 주방 자동소화장치

① 아파트 및 오피스텔의 모든 층의 주방

(2) 상업용 주방 자동소화장치

① 대규모 점포 내 일반음식점

② 집단급식소

(3) 캐비닛형 자동소화장치, 가스자동소화장치, 분말자동소화장치, 고체에어로졸 자동소화장치

① 화재안전기준에서 정하는 장소

1.2.3 간이소화용구

수동식 소화기 설치대상과 같다.

① 소화약제의 경우 : 소화약제를 방출하는 소규모의 소화용구

② 기타의 경우 : 마른모래 · 팽창질석(膨脹蛭石) · 팽창진주암(膨脹眞珠岩)

TIP

소화기, 자동확산소화기, 간이소화용구의 차이점

- 소화기 : 사람이 수동으로 조작하여 소화하는 것으로 소화약제를 압력으로 방사하는 기구
- 자동확산소화기 : 고정식 소화장치로 화재를 감지하여 자동으로 소화약제를 방출하여 국소적으로 소화하는 소화기
- 간이소화용구 : 능력단위 1단위 미만인 제품으로 1회용의 소화 보조용구로 에어로졸소화용구, 투척용소화용구 및 소화약제 이외의 것을 이용한 소화용구

1.3 소화기구 종류

1.3.1 소화기

(1) 소화기 분류

1) 능력단위에 의한 분류

1 소형 소화기

① A급화재용 소화기 : 1단위 이상 10단위 미만인 소화기

② B급화재용 소화기 : 1단위 이상 20단위 미만인 소화기

2 대형 소화기

화재 시 사람이 운반할 수 있도록 운반대나 바퀴가 있는 차륜식으로 사용

① A급화재용 소화기 : 10단위 이상인 소화기

② B급화재용 소화기 : 20단위 이상인 소화기

표 1.1 대형 소화기 소화약제량

소화기 종류	중량	소화기 종류	중량
물소화기	80 L 이상	이산화탄소소화기	50 kg 이상
강화액소화기	60 L 이상	할로겐화합물소화기	30 kg 이상
포소화기	20 L 이상	분말소화기	20 kg 이상

2) 가압 방식에 의한 분류

1 축압식 소화기

소화기의 용기 내부에 소화약제를 방사시키기 위한 압력원으로 불연성 가스(N_2, CO_2)를 축압시켜 그 압력에 의해 방출되는 방식이다.

2 가압식 소화기

소화약제의 방출원이 되는 압축가스를 소화기 내부 또는 외부 별도의 용기에 저장했다가 소화기 작동시 가스의 압력에 의해 방출시키는 방식으로 수동 펌프식, 화학반응식, 가스 가압식으로 분류되며 현재는 사용하지 않는다.

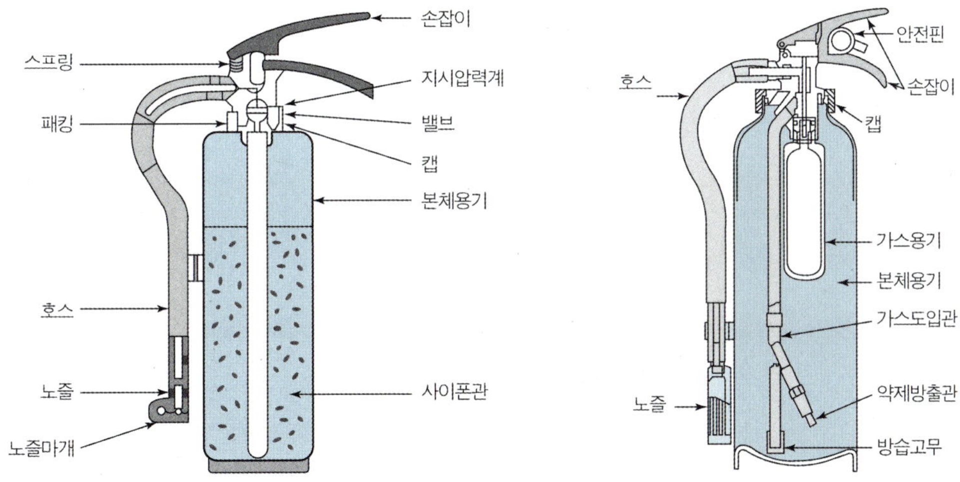

축압식 분말소화기의 구조 가압식 분말소화기의 구조

그림 1.2 소화기

3) 운반 방식에 의한 분류

1 휴대식

사용자가 손으로 휴대하고 운반할 수 있는 중량 28 kg 이하의 작은 일반 수동식 소화기이다.

② 멜빵식

중량 35 kg 것으로 소화기에 멜방이 부착되어 있고 사람이 메고 사용하는 소화기이다.

③ 차륜식(wheeled fire extinguisher)

화재 시 사람이 운반할 수 있도록 운반대와 바퀴가 장치된 소화기를 말한다.

휴대식 멜빵식 차륜식

그림 1.3 운반 방식에 의한 분류

TIP

운반 방식에 의한 분류

- 소화기 무게가 28 kg 이하인 경우 : 휴대식, 멜빵식
- 소화기 무게가 28 kg 초과 35 kg 이하인 경우 : 멜빵식, 차륜식
- 소화기 무게가 35 kg 초과하는 경우 : 차륜식

4) 방출 방식에 의한 분류

① 자기방출식(Self expelling type)

가스계 소화기 중 소화약제의 포화 증기압력이 높아서 자기 증기압으로 소화약제를 방사하는 방식

② 축압식(Stored pressure type)

용기 내에 소화약제 및 축압용 가스를 혼합하여 설치하고 축압용 가스의 가스압으로 소화약제를 방사하는 방식

③ 가압식(Gas cartridge type)

용기 내부 또는 외부에 가압용기를 설치하고 가압용기의 가스압을 이용 소화약제를 방

사하는 방식

4 반응식(Slef-generating type)

소화약제가 화학적으로 반응하여 발생된 압력으로 소화약제를 방사하는 방식

5 수동펌프식(Mechanically pump type)

내장된 수동펌프를 이용하여 펌프의 압력으로 소화약제를 방사하는 방식

5) 소화약제에 의한 분류

1 물소화기

소화약제로 물을 사용하는 원조격의 소화기이며 축압식, 가스가압식, 수동펌프식이 있다.

소화기의 소화효과를 증대시키기 위하여 인산염, 황산염, 계면활성제 등의 침윤제를 첨가한 수용액을 소화약제로 사용한다. 국내에서 제조된 사례는 없다.

① 소화원리

물은 증발하면서 주위의 열을 1 kg당 539 kcal 정도 빼앗기 때문에 냉각소화 효과가 주된 소화 효과이고 증발할 때 체적이 약 1,700배 정도 증가하므로 연소면에 산소의 공급을 차단하는 질식소화 효과가 있다.

㉮ 냉각소화 : 가연물 주위의 열을 흡수하여 인화점 이하로 낮추어 소화

㉯ 질식소화 : 물이 증발될 때 체적이 약 1700배 정도 팽창하여 연소면에 산소를 차단하여 소화

㉰ 희석소화 : 가연물의 농도를 희석하여 소화

[장점]

㉮ 비열이 커 냉각 효과가 크다.

㉯ 독성이 없다.

㉰ 환경 친화적이다.

㉱ 비압축성 물질로 펌핑과 이송이 쉽다.

㉲ 쉽게 구입할 수 있고 가격이 저렴하며 환경 친화적이다.

[단점]

㉮ 동결의 우려가 있다.

㉯ A급 심부화재에는 침투력이 낮다.

㉰ 물에 의한 2차 피해가 발생한다.

㉱ C, D급 화재에는 적응성이 없다.

② 적응화재

㉮ **봉상주수** : 막대(봉) 모양의 물줄기로 주수, 주로 A급 화재의 소화에 사용
옥내소화전, 옥외소화전 적용

㉯ **적상주수** : 물방울의 형태로 주수, A급 화재의 소화에 사용
스프링클러설비, 연결살수설비 적용

㉰ **무상주수** : 안개 모양으로 주수. B, C급 화재의 소화에 사용
중질유화재, 전기실화재 적용

③ 설치상의 주의

물은 동결온도가 낮으므로 기온이 0℃ 이하의 장소에는 동결방지장치가 필요하다.

TIP

물의 소화력 증진을 위한 첨가제
- 부동액 : 물의 빙점을 낮추는 약제
- 침투제 : 계면활성제를 첨가하여 표면장력을 낮춰 침투효과를 높이기 위한 약제
- 증점제 : 점도를 높여 물의 유실방지 위해 사용하는 약제
- 유화제 : 고비점 유류에 대한 소화효과를 높이기 위해 사용하는 약제

2 산 · 알카리 소화기

소화기 내부에 탄산수소나트륨($NaHCO_3$) 수용액과 황산(H_2SO_4)이 분리 저장된 상태이며, 사용 시 탄산수소나트륨수용액과 황산이 혼합되어 화학적 반응에 의해 발생하는 이산화탄소를 압력원으로 하여 약제를 방사시키는 소화기이다.

A급 화재의 소화에 적응성이 있으나 무상으로 방사 시 C급 화재에도 적응성 있다. 고압에서는 사용할 수 없고 국내에서는 생산되지 않는다.

화학식은 다음과 같다.

$$H_2SO_4 + 2NaHCO_3 \rightarrow 2H_2O + Na_2SO_4 + 2CO_2\uparrow$$

(황산) (중탄산나트륨) (물) (황산나트륨) (이산화탄소)

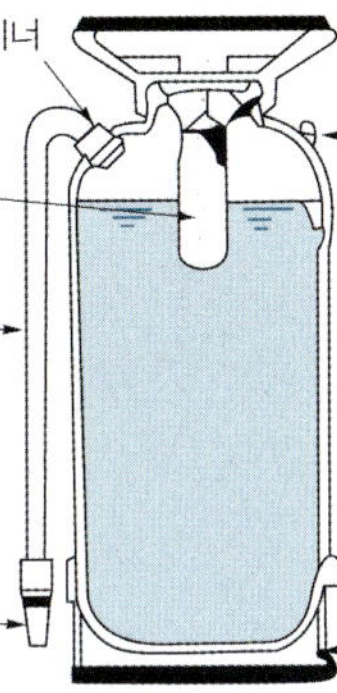

그림 1.4 산 · 알카리소화기

① 소화원리

탄산수소나트륨수용액과 황산이 혼합될 때 발생하는 이산화탄소를 압력원으로 약제를 방사하여 소화하는 소화기이다.

② 적응화재

㉮ 봉상주수 : 냉각, 질식소화이며 A급 화재의 소화에 사용

㉯ 무상주수 : 냉각, 질식, 유화소화이며 A, B, C급 화재 소화에 사용

③ 설치상의 주의사항

0℃ 이하가 되는 장소에 설치하는 경우에는 보온이 필요하며, 전도되지 않도록 방호조치를 한다.

3 강화액 소화기

강화액(Loaded stream)이란, 물을 소화약제로 사용하는 경우 0℃ 이하에서는 동결의 우려가 있으므로 물에 금속염류 등을 첨가하여 동절기에도 사용이 가능한 소화약제이다. 탄산칼륨 등의 수용액을 주성분으로 하며 강알칼리성(PH 12 이상)으로 국내검정기준에서는 어는점이 -20℃이나 -30℃ 에서도 동결되지 않으므로 한랭지에서도 보온할 필요가 없다. 무색 투명하나 물과 구별하기 위하여 담황색으로 착색하여 사용한다.

TIP

ph란

1. ph란 수소 이온 지수로서 수용액의 액성을 나타내는 수치이다.
   - 산성 : pH < 7
   - 알칼리성 : pH > 7
2. 국내 검정기준에 의한 강화액소화기의 사용온도 범위 : −20~40℃

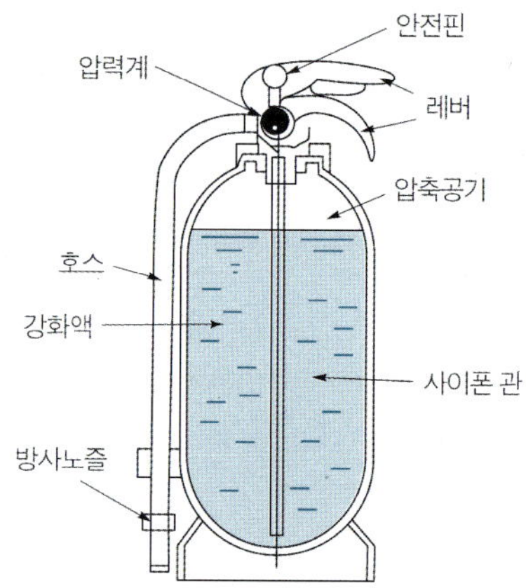

그림 1.5 강화액소화기

① 소화원리

- 냉각소화가 주소화 효과이고 연쇄반응을 단절하는 부촉매 효과도 보조적으로 작용한다.
- 축압식, 가압식, 반응식 3종류가 있으며 일반적으로는 축압식 소화기를 가장 많이 사용한다.
- 산 · 알칼리 소화기와 같은 구조로 황산과 탄산칼륨수용액을 분리, 저장하고 사용 시 혼합되면 아래의 반응식에서 발생된 이산화탄소가스에 의해서 방사된다.

$$H_2SO_4 + K_2CO_3 \rightarrow K_2SO_4 + H_2O + CO_2\uparrow$$

② 적응화재

㉮ 봉상주수 : 냉각, 질식소화이며 A급 화재의 소화에 사용

㉯ 무상주수 : 냉각, 질식, 유화소화이며 A, B, C급 화재의 소화에 사용

③ 설치 주의사항

보일러실, 건조실, 노의 옆 등 온도가 높은 곳에 축압식 소화기를 설치하면 용기의 내압이 상승하여 위험하기 때문에 주위의 온도가 40℃ 이상인 곳은 설치하지 않는다.

4 이산화탄소소화기

이산화탄소소화기는 이산화탄소가 공기보다 무겁고 불연성인 특성을 이용하여 화재 시 화원을 덮어 화원 주변 공기의 산소농도를 희석시켜 질식소화시킨다.

① 소화원리

액화탄산가스 1 kg은 기화하였을 때 15℃에서 534 L의 기체로 변하여 가연물의 주위를 즉시 이산화탄소가스로 덮어 질식시킨다. 이산화탄소가스가 방출되어 드라이아이스 상태가 될 때 온도는 -78.5℃까지 급격히 냉각되므로 동상의 우려가 있다. 주된 소화작용은 질식소화이며, 보조소화작용은 냉각, 희석효과이다.

② 적응화재

유류화재, 전기화재, 가스 화재에 적응성이 있다.

③ 설치 주의사항

㉮ 직사광선 · 고온 · 다습한 장소를 피한다.

㉯ 비, 눈, 이슬이나 약품 등에 의해서 부식되지 않는 곳에 설치하여야 한다.

㉰ 바닥면적이 20 m^2 미만인 지하층, 무창층 또는 밀폐된 거실 등에는 설치하지 않는다(다만, 배기를 위한 유효한 개구부가 있는 장소인 경우에는 제외).

㉱ 사용 시 동상이나 질식에 주의하여야 한다.

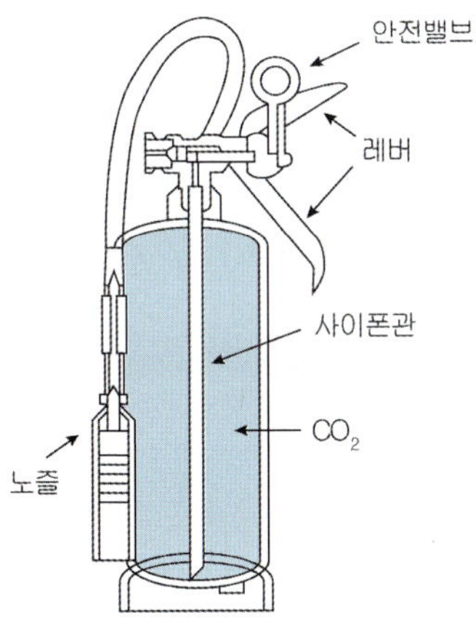

그림 1.6 이산화탄소소화기

5 할론소화기

Halon 약제는 연쇄반응을 억제하는 부촉매효과가 주된 소화효과로 보통 하론 1211, 1301을 사용하며 소화기의 경우 1211은 A,B,C급, 1301은 B,C급 화재에 적응성이 있다. 그러나 최근에는 GWP, ODP, ALT가 높아 사용을 금지하고 있다.

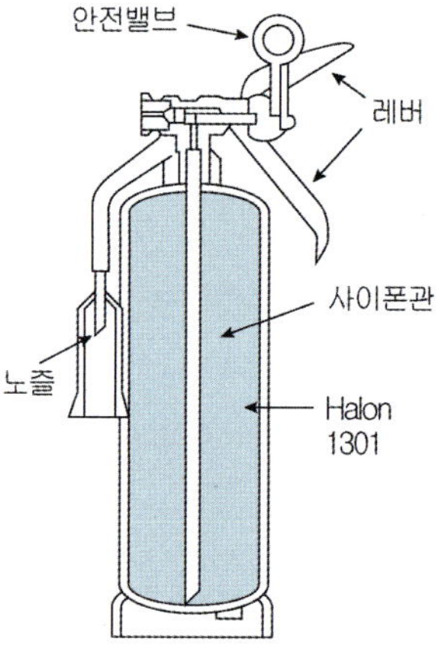

그림 1.7 할론소화기

① 소화원리

공기보다 무거운 불연성기체 또는 액체이기 때문에 연소물의 주위에 체류하거나 침투하여 질식소화함과 동시에 연쇄반응을 차단하여 소화작용을 한다.

주된 소화작용은 부촉매효과이며 보조소화작용은 질식, 냉각, 희석효과이다.

② 적응화재

㉮ Halon 1301 : B,C급 화재에 적응

㉯ Halon 1211 : A, B,C급 화재에 적응

㉰ Halon 2402 : B,C급 화재에 적응

③ 설치 주의사항

㉮ 직사광선을 받는 장소나 40℃ 이상의 고온의 장소에는 설치하지 않는다.

㉯ 소화 시에 유독한 포스겐가스를 발생할 수 있으므로 바닥면적 20 m^2 미만인 지하층, 무창층의 거실 등에 설치하여서는 아니 된다. 다만, 배기를 위한 유효한 개구부가 있는 장소인 경우에는 사용할 수 있다.

6 분말소화기

소화기의 90% 이상이 분말소화기이다. 분말소화기는 충전하는 약제의 종류에 따라 제

1종 분말, 제 2종 분말, 제 3종 분말, 제 4종 분말 등이 있다.

용기 본체에 충전된 분말에 이산화탄소가스 또는 질소가스를 혼입, 유동시켜 분말을 방출하는 가압식과, 항상 용기본체에 가스압력이 축압되어 있는 축압식이 있으며 최근에는 축압식이 많이 사용되고 있다.

① 소화원리

열분해에 의한 냉각작용, 발생된 불연성가스, 수증기에 의한 질식작용 및 발생이온의 부촉매작용 등으로 소화효과가 빠르다.

주된 소화작용은 부촉매효과이며 보조소화작용은 질식, 냉각, 방진작용이다.

② 설치상의 주의

㉮ 직사광선이나 고온을 받는 장소에는 축압식 소화기를 가능한한 설치하지 않도록 한다.

㉯ 가스가압식의 경우 안전핀이 이탈되지 않도록 하며 한번 작동 후에는 내부의 잔여분말과 가스를 모두 방출시키고 분말약제와 가압용 가스를 재충전하여야 한다.

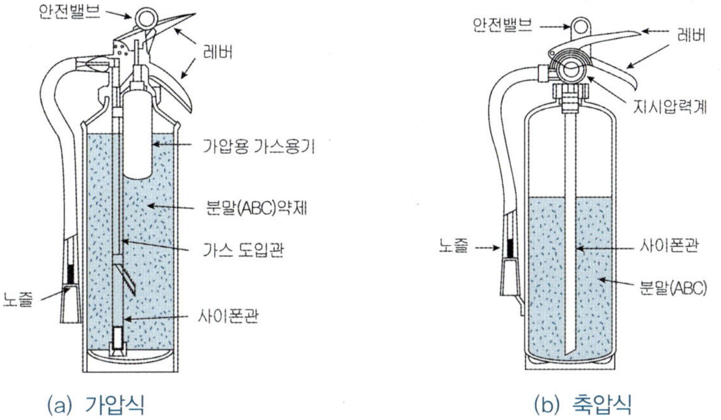

(a) 가압식 (b) 축압식

그림 1.8 분말소화기

표 1.2 분말소화약제의 종류

종별	화학식	적응화재	색깔	충전비
제 1종 분말	$NaHCO_3$	B C	백색	0.8 L/kg
제 2종 분말	$KHCO_3$	B C	담자색	1.0 L/kg
제 3종 분말	$NH_4H_2PO_4$	A B C	담홍색	1.0 L/kg
제 4종 분말	$KHCO_3+(NH_2)_2CO$	B C	회색	1.25 L/kg

TIP

자동차용 화재 적응 소화기

① 강화액소화기 ② 포소화기 ③ 할로겐화합물소화기 ④ 이산화탄소소화기 ⑤ 분말소화기

여과망 설치가 필요한 소화기

① 물소화기 ② 산·알칼리소화기 ③ 강화액소화기 ④ 포소화기

표 1.3 소화약제별 소화기 종류

구 분			주성분
수계 소화기	물소화기		H_2O + 침윤제 첨가
	산·알칼리소화기		A제 : $NaHCO_3$, B제 : H_2SO_4
	강화액소화기		K_2CO_3
	포소화기	화학포	A제 : $NaHCO_3$, B제 : $Al_2(SO_4)$
		기계포	AFFF(수성막포), FFFP(막형성 불화단백포)
가스계 소화기	CO_2 소화기		CO_2
	Halon 소화기	1211	CF_2ClBr
		1301	CF_3Br
분말계 소화기	A, B, C급 소화기		$NH_4 \cdot H_2PO_4$(제1인산암모늄)
	B, C급 소화기		$NaHCO_3$ 또는 $KHCO_3$

1.3.2 자동확산소화기

자동확산소화기는 화재 시 열감지에 의해 감지한 후 자동으로 약제를 방사하여 국소적으로 소화시키는 소화기로 감지부, 방출구, 방출도관으로 구성된다. 충전약제($NH_4H_2PO_4$)는 인체에 무해하며 설치가 용이하다.

그림 1.9 자동확산소화기

(1) 설치장소

① 보일러실, 건조실, 세탁소, 대량화기취급소

② 음식점, 다중이용시설

③ 의료시설, 업무시설, 공장의 주방, 기숙사의 주방

④ 관리자의 출입이 곤란한 변전실, 송전실, 변압기실, 배전반실(단, 불연재료로된 상자 안의 장치된 것은 제외)

⑤ 지하구의 제어반 또는 분전반의 상부

(2) 설치방법

① 바닥면적 10 m^2 이하는 1개, 10 m^2 초과는 2개 설치

② 지하구의 제어반 또는 분전반 설치

(3) 소화과정

화재발생 → 열감지 → 휴즈블링크 용융 → 노즐 열림 → 소화약제 분사 → 소화

1.3.3 자동소화장치

① 주거용 주방자동소화장치란 주거용 주방에 설치된 열발생 조리기구의 사용으로 인한 화재 발생 시 열원(전기 또는 가스)을 자동으로 차단하며 소화약제를 방출하는 소화장치

② 상업용 주방자동소화장치란 상업용 주방에 설치된 열발생 조리기구의 사용으로 인한 화재 발생 시 열원(전기 또는 가스)을 자동으로 차단하며 소화약제를 방출하는 소화장치

③ 캐비닛형 자동소화장치란 열, 연기 또는 불꽃 등을 감지하여 소화약제를 방사하여 소화하는 캐비닛형태의 소화장치

④ 가스자동소화장치란 열, 연기 또는 불꽃 등을 감지하여 가스계 소화약제를 방사하여 소화하는 소화장치

⑤ 분말자동소화장치란 열, 연기 또는 불꽃 등을 감지하여 분말의 소화약제를 방사하여 소화하는 소화장치

⑥ 고체에어로졸식자동소화장치란 열, 연기 또는 불꽃 등을 감지하여 에어로졸의 소화약제를 방사하여 소화하는 소화장치

1.3.4 간이소화용구

간이소화용구는 소화능력단위 1단위 이하로 화재 초기에 소규모의 특정된 화재발생 시 사용하는 소화용구이다. 화재발생 초기에 사용하지 않으면 소화효과를 기대하기 어려우며 일반적으로 1회용의 보조소화용구이다.

(1) 소화약제를 이용하는 경우

1 투척용 소화용구

용기(원통형 모양)는 경질유리 및 합성수지류로 화재지역에 투척 시 쉽게 깨지도록 되어있으며, 소화약제는 무기산염인 요소, 암모늄염, 알칼리금속염, 알칼리토금속염 등을 봉입하여 사용한다.

그림 1.10 투척용 간이소화용구

[보수관리]

① 충격, 파손에 주의하여 보관함 등에 보관한다.

② 직사광선이나 고온 다습한 장소를 피하여 보관한다.

③ 소화약제의 변질 및 침전물이 생기지 않도록 하고 변질된 제품은 교체한다.

2 에어졸식 소화용구

사람이 조작하여 압력에 의해 방사하는 기구로서 소화능력단위 수치가 1단위 미만이고, 소화약제 중량은 0.7 kg 미만이며, 한번 사용한 후에는 다시 사용할 수 없는 소화용

구를 말한다.

(2) 소화약제 외의 것을 이용하는 경우

1 팽창질석(Expanded vermiculite)

알루미늄 · 마그네슘 · 철의 수산화규산염으로 된 점토광물이다. 1,300℃ 온도에 노출되면 체적이 약 3~4배 팽창하여 가연물 주위를 포위하여 질식소화하며 화학적으로는 독성이 없고 안정되어 있다.

2 팽창진주암(Expanded perlite)

팽창진주암은 천연유리를 조각으로 분쇄한 것으로 3~4%의 수분을 함유하고 있으며 화재 시 820~1,100℃의 온도에 노출되면 체적이 약 15~20배 정도 팽창하여 가연물 주위를 포위 질식소화한다.

3 마른 모래

마른 모래 즉, 건조사는 습기가 없이 충분히 건조된 모래를 의미하며, 원활한 소화작업을 위하여 반드시 삽을 함께 비치하여야 한다.

TIP

① 마른 모래 : 삽을 상비한 50 L 이상의 것 1포를 0.5단위
② 팽창질석 또는 팽창 진주암 삽을 상비한 80 L 이상의 것 1포를 0.5단위

간이소화용구		능력단위
1. 마른모래	삽을 상비한 50 L 이상의 것 1포	0.5단위
2. 팽창질석 또는 팽창진주암	삽을 상비한 80 L 이상의 것 1포	0.5단위

1.4 적응화재표시 및 능력단위

1.4.1 적응화재표시

소화기의 화재적응성에 대한 화재구분을 국내의 경우는 A급(일반화재), B급(유류화

재), C급(전기화재) 화재로 분류한다.

(a) 일반화재용(백색) (b) 유류화재용(황색) (c) 전기화재용(청색)

그림 1.11 소화기의 적응성 표시색

TIP

화재의 구분

1. 국내기준
   - A급(일반화재) : 목재, 종이, 플라스틱 같은 일반 가연물로 타고나서 재가 남는 화재
   - B급(유류화재) : 석유, 페인트 등 가연성물질 및 액체 같은 일반 가연물로 타고나서 재가 남지 않는 화재
   - C급(전기화재) : 전기기기 배선과 관련된 화재
   - K급(식용유화재) : 동식물유를 사용하는 주방에서 발생하는 화재

2. NFPA 화재분류(NFPA 10)
   - A급화재 : 나무, 헝겊, 종이, 고무, 플라스틱 등과 같은 일반적인 가연 물질 화재
   - B급화재 : 인화성액체, 가연성액체, 유지(油脂), 타르, 유성도료, 솔벤트, 락카, 알코올, 가연성 가스 화재
   - C급화재 : 통전 중인 전기기기와 관련된 화재
   - D급화재 : 마그네슘, 티타늄, 지르코늄, 나트륨, 리튬, 칼륨 등 가연성 금속 화재
   - K급화재 : 가연성 조리재료(식물성, 동물성 기름이나 지방)를 포함한 조리도구와 관련된 화재

표 1.4 국가별 화재분류 기준

화재분류	국내		미국(NFPA)	국제규격(ISO)
	검정기준	KS기준		
보통화재	A급	A급	A급	A급
유류 및 가스	B급	B급	B급	B급(유류)
C급(가스)				
전기화재	C급	C급	C급	–
금속화재	–	D급	D급	D급
식용유 화재	K급	–	K급	F급

TIP

소화형태

① 냉각소화 : 점화원을 냉각하여 소화하는 방법
② 질식소화 : 공기 중의 산소농도를 16% 이하로 하여 소화하는 방법
③ 제거소화 : 가연물을 제거하여 소화하는 방법
④ 부촉매효과(화학소화) : 연쇄반응을 억제하여 소화하는 방법
⑤ 희석소화 : 다량의 물을 방사, 가연물의 농도를 연소농도 이하로 낮추어 소화하는 방법
적응 : 아세톤, 알코올, 에테르, 에스테르, 케톤류
⑥ 유화소화 : 물을 무상 형태로 방사하여 유류 표면에 유화층의 막을 형성시켜 공기 접촉을 막아 소화 적응: 중유
⑦ 피복소화 : 비중이 공기보다 무거운 소화약제를 가연물에 방사하여 소화하는 방법

1.4.2 소화기의 능력단위 시험기준

소화기 설치의 기준은 소요대수가 아닌 소요단위수로 산정하며 이때 기준이 되는 소화기의 능력단위는 최소 1단위 이상으로 능력단위의 시험은 A급과 B급으로 구분하여 실시한다.

소화기의 소화능력단위는 소화기마다 검정시험을 거쳐 능력단위를 인정하게 된다. 이러한 검정시험은 A급 화재 소화능력시험, B급 화재 소화능력시험을 실시한 결과에 의해서 능력단위를 인정하는데 C급 화재는 능력단위가 없고 적응성 여부만 따진다.

(1) A급 화재용 소화기 능력단위

1 모형구성

A급화재의 소화능력시험은 제1모형 및 제2모형에 의하며 시험한다.

- 제1모형 : 건조한 소나무나 오리나무 144개, 휘발유 3 L 사용
- 제2모형 : 건조한 소나무나 오리나무 90개, 휘발유 1.5 L 사용
- 해당 소화기의 능력단위에 따라 모형의 배열은 그림 1.13과 같이 하고 모형 간의 거리는 3 m 이상의 거리를 두고 배치한다.

(단위:mm)

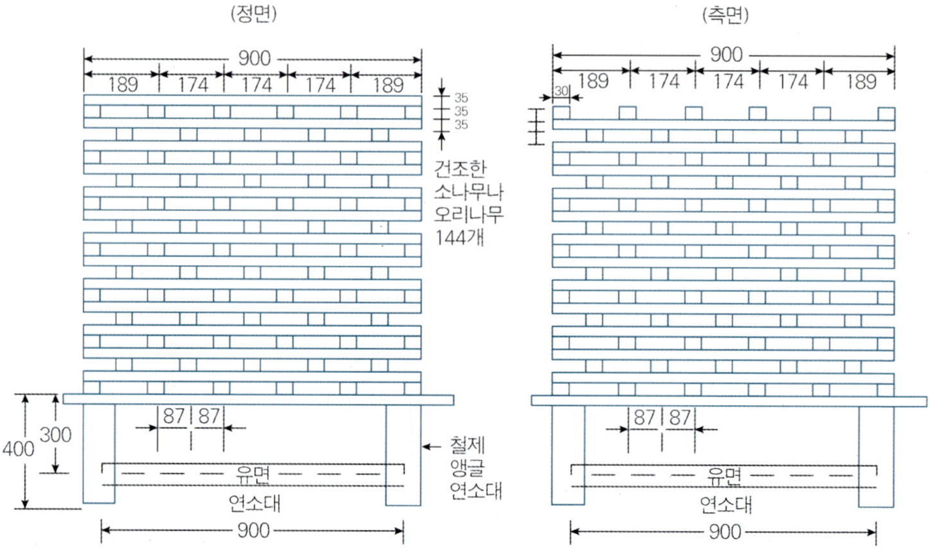

제1모형(2단위 모형)

(단위:mm)

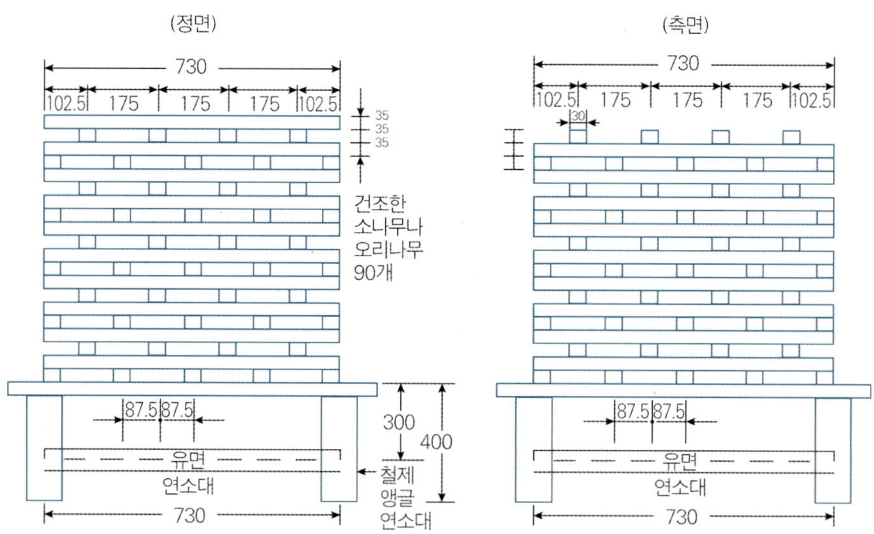

제2모형(1단위 모형)

그림 1.12 A급 화재 능력단위 시험모형

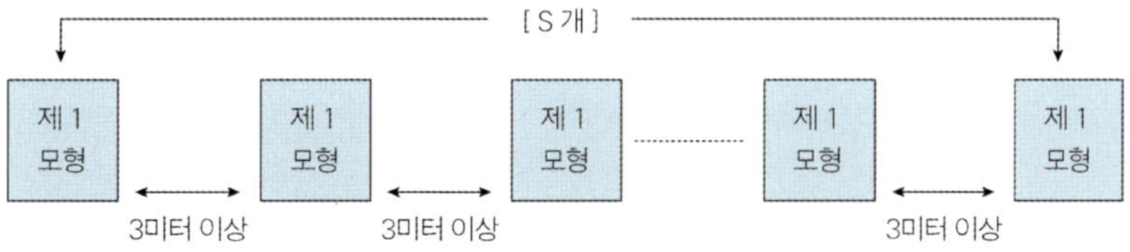

S개의 제1모형을 사용할 경우의 배열

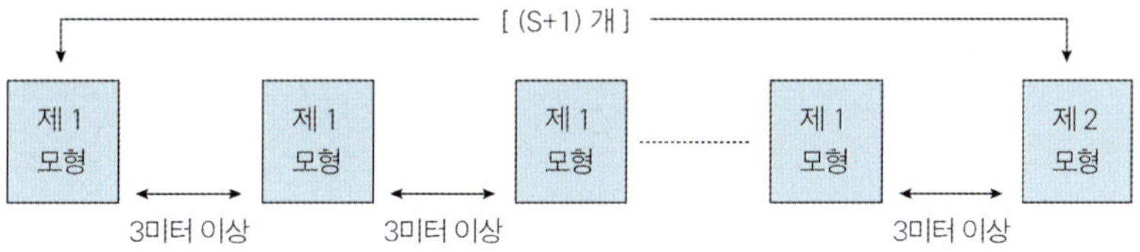

S개의 제1모형 및 1개의 제2모형을 사용할 경우의 배열

그림 1.13 A급 소화모형의 배열방법

2 시험방법

① 최초모형에서부터 불을 차례로 붙이고 최초모형에 불을 붙인 3분 후에 불을 붙인 순서대로 소화를 시작한다. 모형에 잔염이 있을 때에는 다음 모형에 소화를 할 수 없다.

② 소화기 조작자는 방화복을 착용하지 않은 상태이며 풍속은 무풍상태(0.5 m/s 이하)이어야 한다.

③ 소화약제의 방사가 완료될 때 잔염이 없어야 하며 방사완료 후 2분 이내에 재연소가 되지 않으면 완전소화로 판정한다.

3 단위산정

A급 화재 소화기 소화능력단위의 수치는 S개의 제1모형을 완전히 소화한 것은 2S로, S개의 제1모형과 1개의 제2모형을 완전히 소화한 것은 2S+1로 한다.

(2) B급 능력단위

1 모형구성

B급 화재용 소화기 능력시험은 그림 1.14와 같은 모형을 만들어 시험을 실시한다.

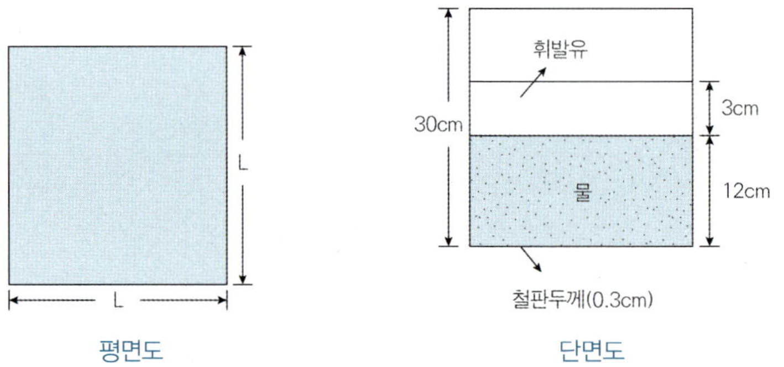

그림 1.14 유류화재 능력단위 시험모형

② 시험방법

소화기의 B급 화재에 대한 능력단위의 수치는 제2소화시험 및 제3소화시험에 의해 다음과 같이 측정한다.

① 모형은 그림 1.14의 형상을 가진 것으로 표 1.5 중에서 모형번호 수치가 1 이상인 것을 1개 이상 사용한다.
② 모형의 배열은 번호수치가 큰 것부터 작은 순으로 평면상에 일직선으로 배열하고 간격은 상호 인접 모형 중 번호의 수치가 큰 것의 한 변의 길이보다 길게 한다.
③ 소화는 모형에 점화한 후 1분 후에 시작한다.
④ 소화는 무풍의 상태에서 실시하고 조작자는 방화복을 착용하지 아니하여야 한다.
⑤ 소화제의 방사 완료 후 1분 이내에 재연소하지 않을 경우 완전 소화된 것으로 판정한다.

표 1.5 모형의 종류

모형번호 수치 (T)	연소 표면적 (m^2)	한 변의 길이 L(cm)	모형번호 수치 (T)	연소 표면적 (m^2)	한 변의 길이 L(cm)
0.5	0.1	31.6	8	1.6	126.5
1	0.2	44.7	9	1.8	134.1
2	0.4	63.3	10	2.0	141.3
3	0.6	77.5	12	2.4	155.0
4	0.8	89.4	14	2.8	167.4
5	1.0	100.0	16	3.2	178.9
6	1.2	109.5	18	3.6	189.7
7	1.4	118.3	20	4.0	200.0

주 : 모형은 표의 형상을 가진 것으로 하고 표에 기재하는 종류 중 모형번호 수치가 1 이상인 것은 1개 사용할 것

③ 단위산정

제2소화시험 및 제3소화시험을 실시한 B급 화재에 대한 능력단위 수치는 제2소화시험에서 완전히 소화한 모형번호의 수치와 제3소화시험에서 완전히 소화한 모형번호 수치의 합계 수와의 산술평균치로 한다. 이 경우 산술평균치에서 1 미만의 끝자리는 버린다.

TIP

소화기 조작자가 방화복을 작용하지 않는 이유

화재 시 소화기 취급자는 방화복을 착용하지 않은 일반인이므로 일반인과 동일조건으로 하기 위해 방화복을 작용하지 않는다.

1.4.3 소방대상물별 소화기구의 능력단위기준

표 1.6 소화기구 능력단위

소방대상물	능력단위(바닥면적)	내화구조이고 불연재료 · 준불연재료 · 난연재료(바닥면적)
• 위락시설	30 m^2마다 1단위 이상	60 m^2마다 1단위 이상
• 공연장 · 집회장 · 의료시설 · 관람장 · 문화재 · 장례식장 및 의료시설	50 m^2마다 1단위 이상	100 m^2마다 1단위 이상
• 근린생활시설 · 판매시설 · 운수시설 · 숙박시설 · 노유자시설, 전시장, 관광휴게시설 · 공동주택 · 업무시설, 창고시설 • 방송통신시설 · 공장 • 항공기 및 자동차 관련시설 및 관광휴게시설	100 m^2마다 1단위 이상	200 m^2마다 1단위 이상
• 그 밖의 것	200 m^2마다 1단위 이상	400 m^2마다 1단위 이상

1.4.4 수동식 소화기 감소기준

소형 수동식 소화기를 설치하여야 할 소방대상물 또는 그 부분에 옥내소화전설비, 스프링클러설비, 물분무소화설비, 포소화설비, 옥외소화전설비 또는 대형 소화기를 설치한 경우에는 당해 설비의 유효범위의 부분에는 수동식 소화기 2/3(대형 소화기 1/2)를 감소할 수 있다. 다만, 지하층을 제외한 층수가 11층 이상인 부분, 근린생활시설, 위락시설, 관람집회 및 운동시설, 판매시설, 숙박시설, 노유자시설, 의료시설, 아파트, 업무시설(무인변전소 제외), 통신 촬영시설, 교육연구시설, 전시시설, 운수자동차관련시설, 관광휴게시설 및 종교시설은 그러지 아니하다.

대형 수동식 소화기를 설치하여야 할 소방대상물 또는 그 부분에 옥내소화전설비, 스프링클러설비, 물분무소화설비, 포소화설비, 이산화탄소소화설비, 할론소화설비, 분말소화설비 또는 옥외소화전설비를 설치한 경우에는 당해 설비의 유효범위의 부분에 대하여는 대형 수동식 소화기를 설치하지 아니할 수 있다.

(1) 수동식 소화기의 감소

표 1.7 수동식 소화기 감소기준

감소대상	감소기준	적용설비
소형 수동식 소화기	1/2	• 대형 수동식 소화기
	2/3	• 옥내·외 소화전설비 • 스프링클러설비 • 물분무등소화설비

(2) 대형 수동식 소화기의 면제기준

표 1.8 대형 소화기 면제기준

면제대상	대체설비
대형 수동식 소화기	• 옥내·외 소화전설비 • 스프링클러설비 • 물분무등소화설비

1.4.5 소화기구의 설치 장소별 적응성

[별표 1] 소화약제별 적응성

소화약제 구분 / 적응대상	가스			분말		액체				기타			
	이산화탄소 소화약제	할론 소화약제	할로겐화합물 및 불활성기체 소화약제	인산염류 소화약제	중탄산염류 소화약제	산알칼리 소화약제	강화액 소화약제	포 소화약제	물·침윤 소화약제	고체에어로졸화합물	마른모래	팽창질석·팽창진주암	그 밖의 것
일반화재 (A급 화재)	-	○	○	○	-	○	○	○	○	○	○	○	-
일반화재 (B급 화재)	○	○	○	○	○	○	○	○	○	○	○	○	-
일반화재 (C급 화재)	○	○	○	○	○	*	*	*	*	○	-	-	-
일반화재 (K급 화재)	-	-	-	-	*	-	*	*	*	-	-	-	*

[비고]
'*'의 소화약제별 적응성은 「소방시설 설치 및 관리에 관한 법률」 제37조에 의한 형식승인 및 제품검사의 기술기준에 따라 화재 종류별 적응성에 적합한 것으로 인정되는 경우에 한한다.

1.5 소화기 유지관리

1.5.1 소화기 사용법

① 적응화재에만 사용할 것

② 성능에 따라서 불 가까이 접근하여 사용할 것

③ 바람을 등지고 풍상에서 풍하로 방사할 것

④ 비로 쓸듯이 양옆으로 골고루 방사할 것

1.5.2 소화기 설치

① 소화기는 바닥면으로부터 1.5 m 이하의 높이에 설치할 것
② 통행, 피난에 지장이 없고, 사용하기 쉬운 곳에 설치할 것
③ 사람의 눈에 잘 띄는 곳에 설치할 것
④ 습기가 많지 않은 곳에 설치할 것
⑤ 소화제의 동결, 변질 또는 분출할 우려가 없는 곳에 설치할 것
⑥ 설치지점이 잘 보이도록 "소화기" 표시를 할 것

1.5.3 소화기 점검

① 외관 점검
본체용기, 각 부분의 변형, 파손 등의 손상 유무 검사
② 작동기능 점검
설치된 소방시설의 인위적 조작에 의하여 소방시설 기준규칙에 정하고 있는 성능이 있는가를 점검하는 것
③ 종합정밀 점검
소방시설의 작동기능상태 등 본체용기, 호스의 내압시험 등을 실시하는 검사

1.5.4 소화기의 내압시험

① 수압시험
물소화기, 강화액소화기, 포소화기, 분말소화기, 산·알카리소화기
② 기밀시험
강화액소화기, 분말소화기, 할로겐화합물소화기

1.5.5 호스의 부착이 제외되는 소화기

① 소화기의 중량이 4 kg 미만인 할로겐화합물소화기
② 소화기의 중량이 3 kg 미만인 이산화탄소소화기
③ 소화기의 중량이 2 kg 미만인 분말소화기

1.5.6 소화기 사용 후 처리

① 강화액소화기의 내액을 완전히 배출시키고 용기는 물로 세척한다.

② 산·알카리소화기는 유리파편을 제거하고 용기를 물로 세척한다.

③ 분말소화기는 거꾸로 하여 잔압에 의해 호스를 세척한다.

④ 거품소화기는 용기 내외면 및 호스를 물로 세척한다.

1.5.7 소화기의 표시사항

① 종별 및 형식

② 형식승인번호

③ 제조 업체명 및 상호

④ 제조 연 월 및 제조번호

⑤ 사용온도 범위

⑥ 소화능력 단위

⑦ 방사거리 및 방사시간

⑧ 총 중량

⑨ 용기시험의 압력치

⑩ 안전밸브 작동 압력치

⑪ 사용방법

⑫ 취급상 주의사항

연습문제

1. 간이 소화용구의 능력단위에 대하여 설명하시오.

2. 소형 소화기와 대형 소화기의 정의와 구분기준에 대해 설명하시오.

3. 자동차용 소화기에 사용할 수 있는 소화약제를 예시하시오.

4. 가압식과 축압식의 차이점에 대해 설명하시오.

5. 이산화탄소소화설비의 삼중점에 대해 설명하시오.

6. 석유난로의 화재에 이산화탄소를 방사하면 즉각적인 소화 외에도 재발화도 방지하는 효과가 있는데 그 이유는?

7. 분말소화약제의 종류 및 주성분 4가지를 기술하시오.

8. 지하 1층에 판매시설로 사용하는 면적이 2000 m^2이다. 여기에 수동식 분말소화기 A급 2단위가 되는 것으로 설치할 경우에 소화기의 수는 얼마나 필요한가?

9. 소화기 설치 시 주의사항에 대하여 기술하시오.

CHAPTER 2

옥내소화전설비(NFTC/PC 102)

2.1 개요

옥내소화전설비는 건물 내에서의 화재발생 시 소방대가 화재현장에 도착하기 전에 당해 소방대상물의 거주자, 관계자 또는 자위소방대원이 이를 사용하여 발화초기에 진화할 수 있도록 건물 내에 설치하는 고정식 물소화설비이다.

옥내소화전설비는 수원, 가압송수장치, 배관, 옥내소화전함, 제어반, 비상전원 등으로 구성된다.

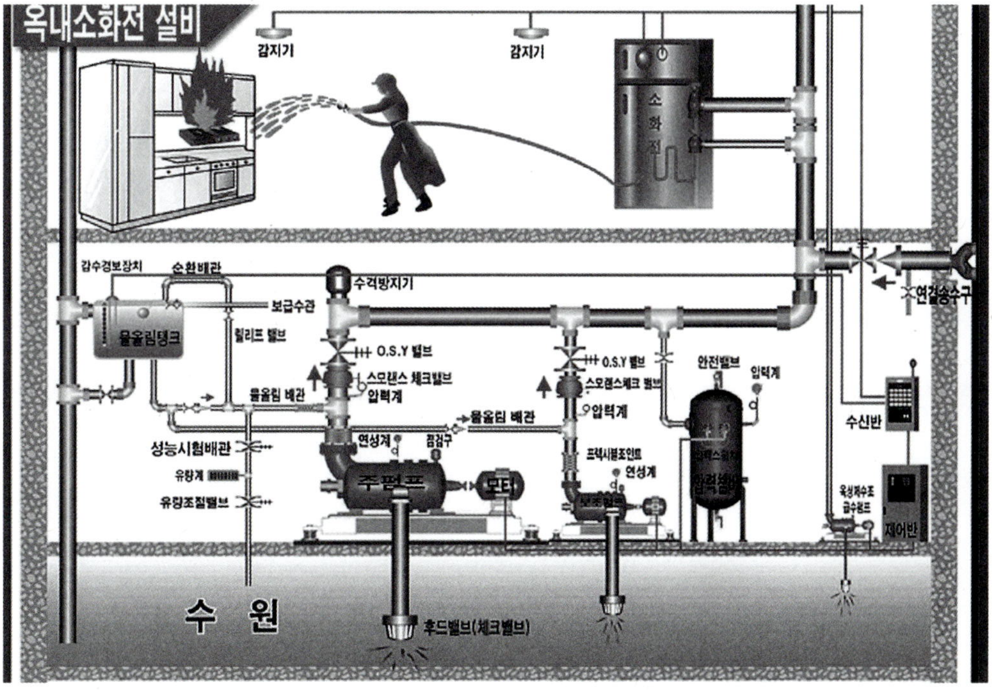

그림 2.1 옥내소화전설비도

2.2 적용대상물

2.2.1 설치대상

표 2.1 옥내소화전 설치대상

<table>
<tr><th colspan="2">특정 소방대상물</th><th colspan="2">설치대상</th></tr>
<tr><td rowspan="4">① 용도별</td><td>연면적(지하가 중 터널은 제외)</td><td>3,000 m^2 이상</td><td rowspan="2">전층 설치</td></tr>
<tr><td>지하층 · 무창층(축사는 제외) · 4층 이상인 것 중 바닥면적</td><td>600 m^2 이상</td></tr>
<tr><td rowspan="2">위에 해당하지 아니하는 근린생활시설, 판매시설, 운수시설, 의료시설, 노유자시설, 업무시설, 숙박시설, 위락시설, 공장, 창고시설, 항공기 및 자동차 관련시설, 교정 및 군사시설 중 국방 · 군사시설, 방송통신시설, 발전시설, 장례식장 또는 복합건축물</td><td>연면적 1,500 m^2 이상</td><td rowspan="2">전층 설치</td></tr>
<tr><td>지하층 · 무창층 · 4층 이상인 층의 바닥면적 300 m^2 이상</td></tr>
<tr><td colspan="2">② 지하가 중 터널</td><td colspan="2">길이 1,000 m 이상</td></tr>
<tr><td colspan="2">③ 건물 옥상에 설치된 차고 또는 주차장</td><td colspan="2">차고 또는 주차의 용도로 사용되는 부분의 면적이 200 m^2 이상</td></tr>
<tr><td colspan="2">④ 위에 해당하지 아니하는 공장 또는 창고시설</td><td colspan="2">지정수량 750배 이상의 특수가연물을 저장 · 취급하는 것</td></tr>
</table>

※ 위험물 저장 및 처리시설 중 가스시설 무인변전소(지하구 및 방재실 등에서 스프링클러설비 또는 물분무등소화설비를 원격으로 조정할 수 있는 경우)는 제외한다.

2.2.2 설치면제

호스릴 방식의 미분무소화설비 또는 옥외소화전설비를 화재안전기준에 적합하게 설치한 경우 그 설비의 유효범위에서 면제된다.

2.3 옥내소화전 기동 방식

2.3.1 수동기동 방식(on-off방식, 원격기동 방식)

수동기동 방식은 소화전함 보호판에 부착된 기동(on), 정지(off) 스위치를 이용하여 펌프를 원격 기동하는 방식이다. 소화전함에 설치되어 있는 기동스위치(빨강색)를 누르고 방수구의 앵글밸브를 열면 펌프가 기동되고 녹색버튼을 누르면 펌프가 정지된다.

이 방식은 동결의 우려가 있는 학교, 공장, 창고시설 등의 장소에 설치한다.

■ 수동기동 방식을 사용하는 이유

① 넓은 부지에 많은 건물이 있는 경우 모든 동에 대하여 난방시설이 되지 않아 배관 내 물이 충수되어 있는 경우 동파의 우려가 있다.

② 외부에서 불특정 다수인이 사용하여도 오조작의 가능성이 높지 않다.

③ 부지가 넓어 소화전 배관 내에 충전되어 있는 소화수 체적이 큰 경우 소화전에서 방수되어도 배관 내 감압되는 데 많은 시간이 소요되므로 자동기동 방식의 경우 조기 작동이 곤란하다.

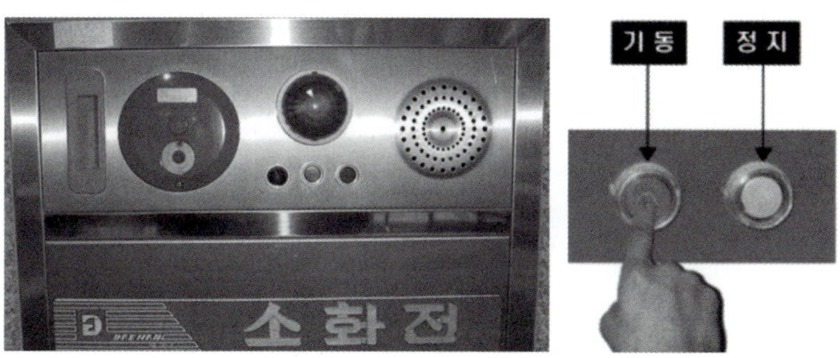

그림 2.2 수동기동 방식

2.3.2 자동기동 방식(기동용 수압개폐장치 방식)

자동기동 방식은 기동용 수압개폐장치(압력챔버)를 이용하여 펌프를 자동으로 기동하는 방식이다. 수동기동 방식의 적용이 가능한 대상을 제외한 전 소방대상물에는 자동기동 방식을 이용한다.

자동기동 방식은 기동용 수압개폐장치를 이용하거나 압력스위치 또는 이와 동등 이상의 성능이 있는 것을 설치하여 소화전함의 앵글밸브를 열면, 배관 내의 압력이 감소되면서 압력감지장치에 의해 펌프가 작동되어 방수되는 방식이다.

이러한 기동용 수압개폐장치는 옥내소화전설비에서는 수동기동 방식과 선택적으로 적용될 수 있지만 스프링클러설비, 포소화설비, 물분무소화설비에는 필수적인 기동 방식이다.

표 2.2 기동 방식 비교

	자동기동 방식	수동기동 방식
개념	압력챔버 또는 기동용 압력S/W로 자동기동	소화전함에서 on-off S/W로 원격 기동
대상	모든 소방 대상물	동파 및 유지관리가 어려운 학교, 공장, 창고시설
장점	신속한 소화	한랭지역에 적용 및 유지관리 유리
단점	한랭지역 동파 및 유지관리 불리	시간지연

그림 2.3 작동 후 폐쇄방법

2.4 주요 구성 요소

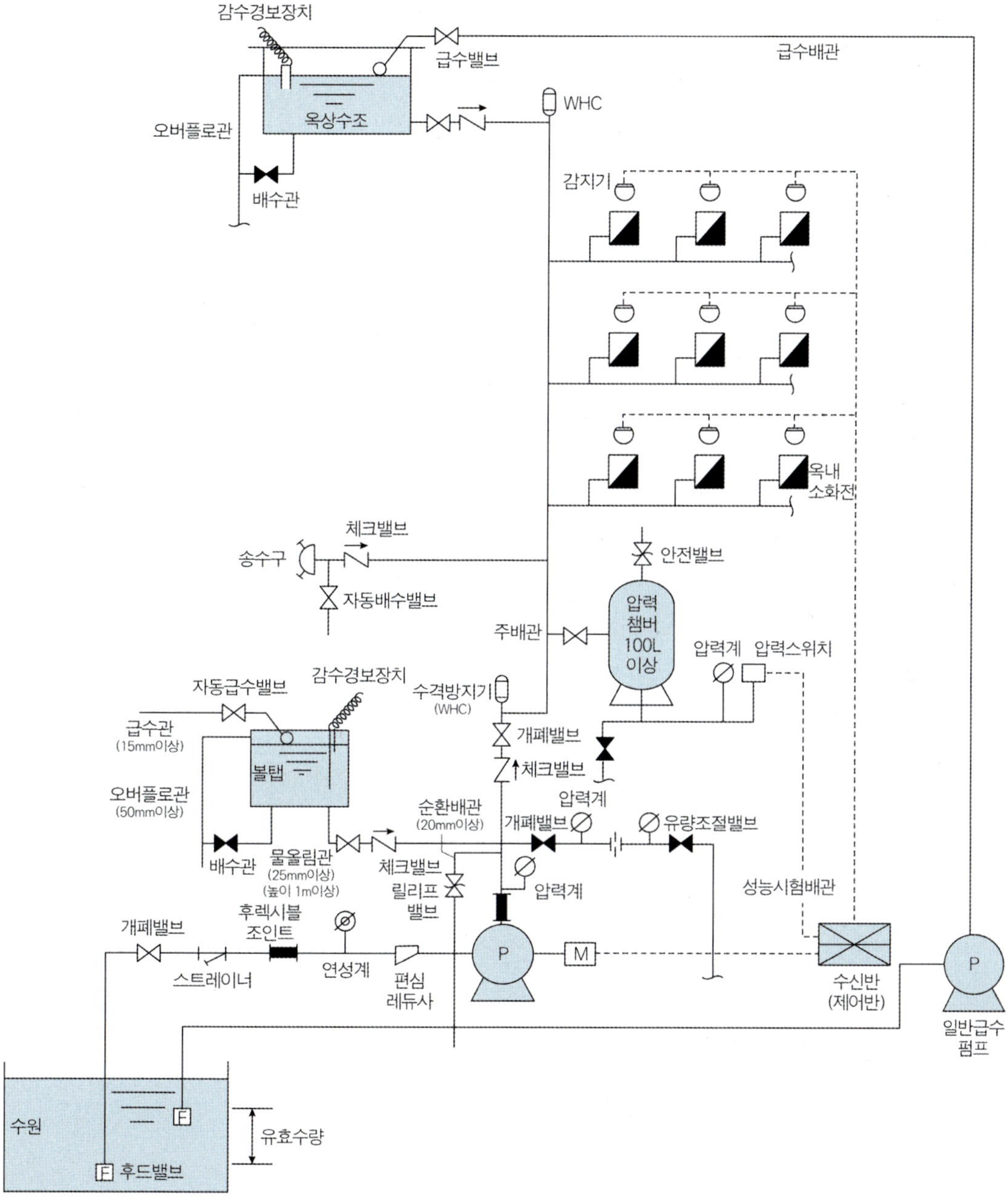

그림 2.4 옥내소화전설비의 구성요소

2.4.1 수원

(1) 수원의 수량 기준

1 1차 수원(주 수원)

1차 수원은 옥내소화전설비가 필요로 하는 전체 수원의 양을 말한다. 옥내소화전의 설치 개수가 가장 많은 층의 설치개수(2개 이상 설치된 경우 2개)에 2.6 m^3를 곱한 양 이상으로 한다.

$$수원의\ 양 \geqq N \times 2.6\ m^3$$

여기서, N : 1개층당 최대 소화전 수(2개 이상은 2개)

TIP

고층건축물 옥내소화전 설비

수원의 양 ≥ N × 5.2 m^2 (30~49층, 최대 5개)

N × 7.8 m^2 (50층 이상, 최대 5개)

방사시간 : 30층 ~ 49층 40분, 50층 이상 60분

2.6 m^3

- 2.6 m^3 : 소화전 1개당 법정 방사량인 130 LPM에 20분 방사하는 것을 기준으로 한 값

$$130\ L/min \times 20\ min = 2600\ L = 2.6\ m^3$$

2 2차 수원(보조 수원 = 옥상 수원)

산출된 유효수량의 1/3 이상을 옥상(옥내소화전이 설치된 건축물의 주된 옥상)에 설치하여야 한다. 다만, 다음에 해당하는 경우에는 그러하지 아니하다.

2차 수원을 설치하는 목적은 화재 시 주펌프 고장 등과 같은 비상상황에서도 자연낙차압을 이용하여 소화하기 위해서이다.

$$옥상\ 수원\ Q(m^3) = N \times 2.6\ m^3 \times 1/3\ 이상$$

TIP

옥상 수원의 저수량

수원의 양 ≥ N 2.6×1/3(30층 미만)

≥ N 5.2×1/3(30~49층 미만)

≥ N 7.8×1/3(50층 이상)

■ 옥상수원을 설치하지 않아도 되는 경우

① 지하층만 있는 건축물

② 고가수조를 가압송수장치로 설치한 경우

③ 수원이 건축물의 최상층에 설치된 방수구보다 높은 위치에 설치된 경우

④ 건축물의 높이가 지표면으로부터 10 m 이하인 경우

⑤ 주펌프와 동등 이상의 성능이 있는 별도의 펌프로서 내연기관과 연동하여 작동되거나 비상전원을 연결하여 설치한 경우

⑥ 공장, 창고시설, 학교 등으로서 동결의 우려가 있는 장소에 있어서는 기동스위치에 보호판을 부착하여 옥내소화전 함 내에 설치한 경우

⑦ 가압수조를 가압송수장치로 설치한 경우

(2) 유효수원의 양 산정

① 전용으로 사용하는 경우

전용설비의 경우 수조의 저수면과 소화전설비의 후드밸브 또는 입상배관의 흡입구 사이의 수량을 유효수량으로 한다.

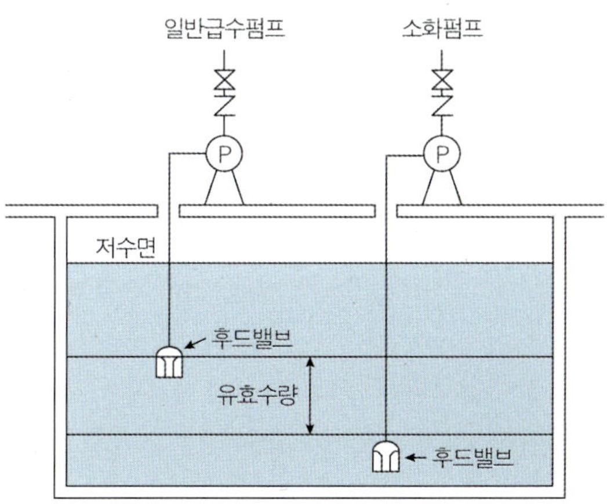

그림 2.5 수원의 양

② 다른 설비와 겸용으로 사용하는 경우

다른 설비와 겸용으로 수조를 설치하는 경우 옥내소화전설비의 후드밸브 입구 또는 수직배관의 급수구와 다른 설비의 후드밸브 흡수구 또는 수직배관의 급수구와의 사이의 수량을 유효수량으로 한다.

2.4.2 수조

수조는 화재 시 소화작업을 목적으로 소화용수를 보관하는 물탱크이다.

(1) 수조의 종류

1 고가수조 방식

고가수조 방식은 고가수조를 건축물의 옥상 또는 별도의 구축물 등에 설치하고 저층부에서 가압펌프 없이 자연낙차를 이용하여 사용하는 방식이다. 동절기 난방이 안 되는 장소에 설치되는 경우에는 동파방지조치를 하여야 한다.

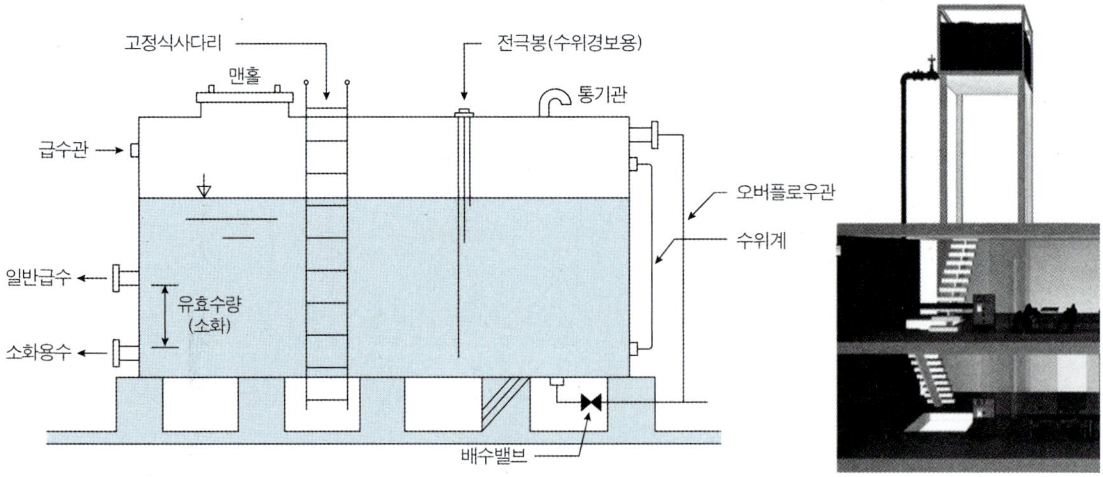

그림 2.6 고가수조

2 압력수조 방식

압력수조 방식은 압력 탱크의 2/3는 물을 채우고 1/3은 압축공기를 채워 방수구를 가압하는 방식이다. 압력수조 용량의 2/3를 유효수량으로 산정하고 수위가 떨어지면 급수펌프 운전용 감지장치에 의해서 감지되어 급수펌프를 기동시켜 필요한 수위를 항상 유지시키고 탱크 전체의 1/3의 공간은 공기압축기(Air compressure)에 의해 압축 공기로 압력을 보충시켜준다.

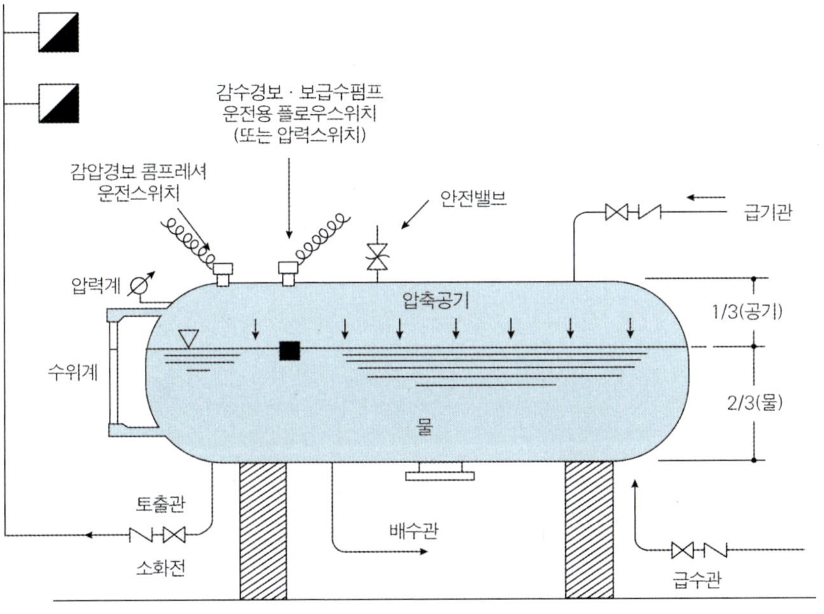

그림 2.7 압력수조 방식

3 저수조 방식

저수조 방식은 수조가 펌프보다 아래에 설치된 수조로 일명 부압수조이다.

유효수량은 전용수조의 경우 후드밸브와 저수면 사이, 겸용 수조는 일반펌프 후드밸브와 소방펌프 후드밸브 사이의 수량이다.

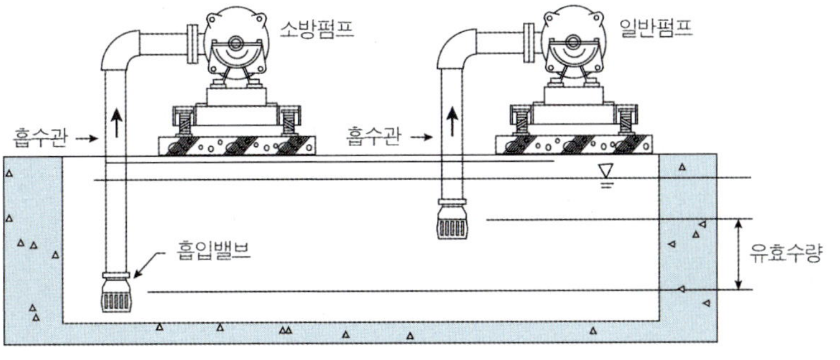

그림 2.8 저수조

④ 가압수조 방식

가압수조 방식은 압축공기 또는 불연성 고압기체(가압가스)로 가압시켜 송수하는 방식이다. 압력수조와의 차이점은 공기압축기를 사용하지 않고 가압용기를 이용한다.

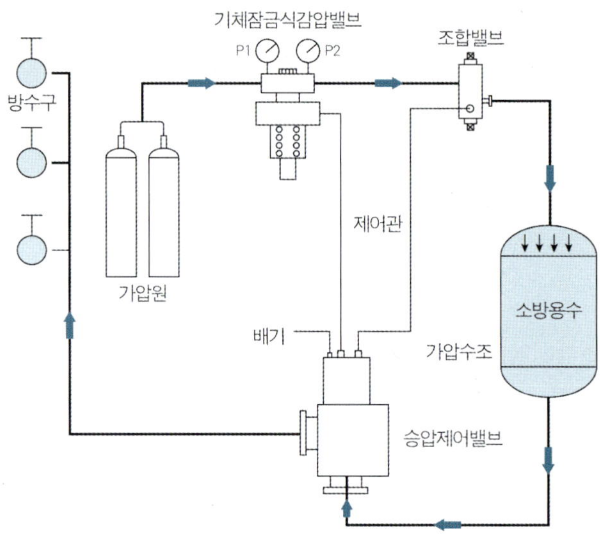

가압수조 동작순서

가압수조예

그림 2.9 가압수조 방식

(2) 수조의 설치기준

① 점검이 편리한 곳에 설치한다.

② 동결방지조치를 하거나 동결의 우려가 없는 장소에 설치한다.

③ 수조의 외측에는 수위계를 설치한다. 단, 구조상 불가피한 경우에는 수조의 맨홀 등을 통하여 수조 내에 물의 양을 쉽게 확인할 수 있도록 해야 한다.

④ 수조가 상단 바닥보다 높은 때에는 수조의 외측에 고정식 사다리를 설치한다.

⑤ 수조가 실내에 설치된 때에는 그 실내에 조명 설비를 설치한다.

⑥ 수조의 밑 부분에는 청소용 배수밸브 또는 배수관을 설치한다.

⑦ 수조 외측의 보기 쉬운 곳에 "옥내소화전설비용 수조"라고 표시한다.
이 경우 그 수조를 다른 설비와 겸용하는 때에는 그 겸용되는 설비의 이름을 표시한 표지를 함께 한다.

⑧ 옥내소화전펌프의 흡수배관 또는 옥내소화전설비의 입상배관 수조의 접속부분에는

"옥내소화전소화설비용 배관"이라고 표시한 표지를 하여야 한다.

단, 수조와 가까운 장소에 옥내소화전소화설비용펌프가 설치되고, "옥내소화전소화설비용펌프"라고 표지를 설치한 때에는 그러하지 아니하다.

2.4.3 가압 송수장치

소방대상물의 어느 층에 있어서도 당해 층의 옥내소화전(2개 이상 설치된 경우 2개)을 동시에 사용할 경우 노즐선단에서의 방수압력은 0.17 MPa 이상이고 방수량은 130 LPM 이상 되는 성능이어야 한다. 단, 노즐선단에서의 방수압력은 0.7 MPa을 초과할 경우에는 호스접 결구의 인입측에 감압장치를 설치한다. 가압 송수장치가 기동된 경우는 자동으로 정지되지 않도록 할 것(단, 충압펌프는 그렇지 않다).

(1) 펌프 방식

펌프 방식은 펌프의 토출압력을 이용하여 가압 송수하는 방식으로 일반적으로 가장 많이 적용되는 방식이다.

가압펌프 방식에는 주펌프, 충압 펌프(보조 펌프), 압력챔버, 물올림장치 등을 설치한다.

① 임펠러는 청동 또는 스테인레스 등 부식에 강한 재질을 사용할 것

② 펌프토출측은 청동 또는 스테인레스 등 부식에 강한 재질을 사용할 것

장 점	단 점
① 건물의 위치나 구조에 관계없이 설치가 가능하다. ② 소요양정 및 토출량을 임의로 설치할 수 있다.	① 비상전원이 필요하다. ② 2차 수원이나 예비펌프를 설치하여야 한다. ③ 신뢰도가 떨어진다. ④ 케비테이션, 수격, 서징 등이 발생된다.

$$H = h_1 + h_2 + h_3 + 17m$$

여기서, H : 전양정[m]

h_1 : 실양정(흡입양정+토출양정)[m]

h_2 : 배관 마찰손실수두[m]

h_3 : 호스의 마찰손실수두[m]

17m : 노즐 선단의 방수압력 환산수두[m]

(2) 압력수조 방식

압력수조 방식은 압력탱크에 소화용수와 공기를 채우고 일정압력 이상으로 가압하여 그 압력으로 급수하는 방식이다. 압력탱크의 2/3는 급수펌프에 의하여 상시 물이 공급되고 수조내 상부의 1/3에 해당되는 부분은 공기압축기에 의하여 압축공기가 공급됨으로서 이 압축공기의 압력으로 방수구의 법정방수압력을 확보하는 가압송수 방식이다.

방수와 동시에 수압이 감소되기 때문에 저수량 모두를 유효수량으로 볼 수 없다.

압력수조에는 수위계, 배수관, 급수관, 급기관, 압력계, 자동식 에어콤프레셔 및 맨홀을 설치한다.

장 점	단 점
① 펌프보다 신뢰도가 높다. ② 비상전원이 필요 없다.	① 저수용량이 적다(만수시 탱크용량의 2/3). ② 시간 경과에 따라 방수압이 감소한다. ③ 공기압축기 등 부대설비가 필요하다.

$$P = P_1 + P_2 + P_3 + 0.17[\text{MPa}]$$

여기서, P : 필요한 압력[MPa]

P_1 : 낙차 환산수두압[MPa]

P_2 : 배관 마찰손실수두압[MPa]

P_3 : 호스의 마찰손실수두압[MPa]

0.17 MPa : 노즐 선단의 방수압

(3) 고가수조 방식

고가수조 방식은 건축물의 옥상 또는 별도의 구조물 등에 물탱크를 설치하는 방법으로 신뢰성이 가장 높다. 고가수조의 바닥면에서부터 최상층 부분 방수구까지의 자연낙차를 이용하여 필요한 법정방수압력을 확보하는 방식이다. 이때 최상층에 설치한 방수구의 압력은 규정 방수압을 얻기 위하여 자연압보다 0.2 MPa 이상 되어야 한다. 동절기 난방이 아니 되는 장소에 설치하는 경우에는 동파방지 조치를 하여야 한다.

고가수조에는 수위계, 배수관, 급수관, 오버플로우관 및 맨홀을 설치한다.

장 점	단 점
① 신뢰도가 높다. ② 비상전원이 필요 없다.	① 설치위치가 제한 받는다. ② 낙차수두를 만족하는 저층부에 한하여 규정압력이 발생된다.

$$H = h_1 + h_2 + 17m$$

여기서, H : 필요한 낙차[m]

h_1 : 실양정[m]

h_2 : 호스의 마찰손실수두[m]

17 m : 노즐 선단의 방수압력 환산수두[m]

(4) 가압수조 방식

가압수조 방식은 별도의 공기압이나 질소압을 이용하여 가압하는 방식이다. 고압의 기체를 에너지로 사용하기 때문에 무전원으로 사용하여 정전시에도 별도의 비상발전기 등이 필요 없다.

장 점	단 점
① 설치위치에 제한을 받지 않는다. ② 비상전원이 필요 없다. ③ 수조내의 수위나 가압가스의 압력을 조정할 수 있다.	① 압력누설이 발생할 경우 규정 방사압과 방사량을 확보할 수 없게 된다. ② 수조나 가압용기는 방화구획된 장소에 한하여 설치가 가능하다.

$$P = P_1 + P_2 + P_3 + 0.17$$

여기서, P: 가압수조 전압력[MPa]

P_1 : 낙차 환산수두압[MPa]

P_2 : 배관 마찰손실수두압[MPa]

P_3 : 소방 호스 마찰손실수두압[MPa]

0.17 MPa : 노즐선단의 방수압

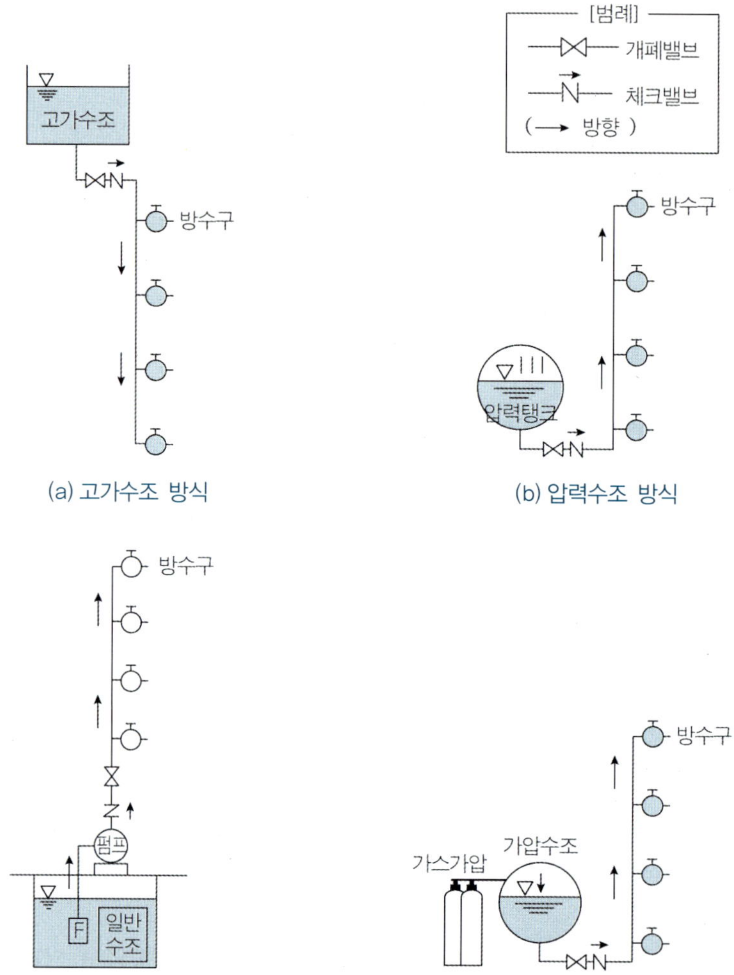

(a) 고가수조 방식 (b) 압력수조 방식

(c) 펌프 방식 (d) 가압수조 방식

그림 2.10 가압송수장치

TIP

고가수조와 옥상수조의 차이

고가수조와 옥상수조 모두 자연낙차압을 이용하여 방수압을 얻는데 고가수조는 소방시설 전체가 물탱크의 낙차압만 이용하므로 별도의 가압송수장치가 필요하지 않지만, 옥상수조는 소방시설의 방수압을 얻기 위하여 별도의 가압송수장치(펌프 등)를 이용하되, 정전 등 비상시에 제한적으로 사용하기 위한 목적으로 설치한다.

2.4.4 방수구 및 소화전함

(1) 방수구

① 특정소방대상물의 층마다 설치하되, 해당 특정소방대상물의 각 부분으로부터 하나의 옥내소화전 방수구까지의 수평거리가 25 m(호스릴옥내소화전 설비 포함) 이하가 되도록 할 것. 다만, 복층형 구조의 공동주택의 경우에는 세대의 출입구가 설치된 층에만 설치할 수 있다.

② 바닥으로부터의 높이가 1.5 m 이하가 되도록 할 것

③ 호스는 구경 40 mm(호스릴옥내소화전설비의 경우에는 25 mm) 이상의 것으로서 특정소방대상물의 각 부분에 물이 유효하게 뿌려질 수 있는 길이로 설치할 것

④ 호스릴옥내소화전설비의 경우 그 노즐에는 노즐을 쉽게 개폐할 수 있는 장치를 부착할 것

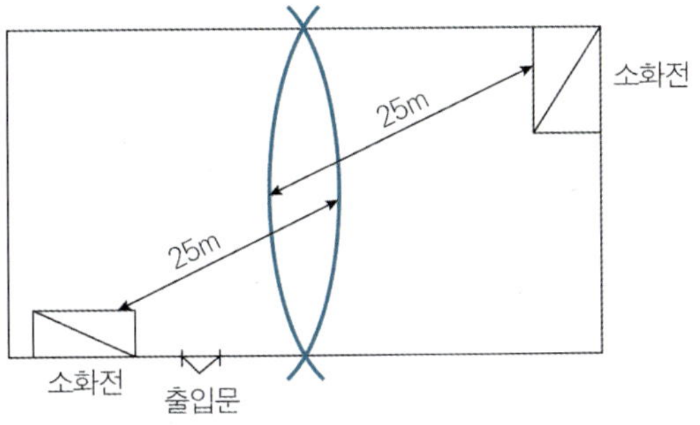

그림 2.11 옥내소화전 수평거리

■ 방수구 설치제외

① 냉장창고 중 온도가 영하인 냉장실 또는 냉동창고의 냉동실

② 고온의 노가 설치된 장소 또는 물과 격렬하게 반응하는 물품의 저장 또는 취급 장소

③ 발전소 · 변전소 등으로서 전기시설이 설치된 장소

④ 식물원 · 수족관 · 목욕실 · 수영장(관람석 부분을 제외한다) 또는 그 밖의 이와 비슷한 장소

⑤ 야외음악당 · 야외극장 또는 그 밖의 이와 비슷한 장소

(2) 소화전함

옥내소화전함은 화재가 발생한 층에서 조작자가 소화작업을 할 수 있도록 기기와 용구를 보관하는 함이다.

함에는 화재가 발생하였을 때 사용하는 호스와 방사형 노즐, 적색 표시등, 기동장치, 음향장치 등이 부착되어 있다.

1 옥내소화전함 설치기준

① 옥내소화전함의 재질은 두께 1.5 mm 이상의 강판 또는 두께 4 mm 이상의 합성수지재로 한다.

② 문의 면적은 0.5 m^2 이상, 짧은 변의 길이는 50 cm 이상이어야 한다.

③ 연결송수관의 방수구를 함께 설치할 때에는 충분한 여유 공간을 확보해야 한다.

④ 함의 재질이 강판인 경우에는 염수분무 시험방법에 의하여 시험한 경우 변색 또는 부식되지 아니하여야 한다.

⑤ 합성수지인 경우에는 내열성 및 난연성의 것으로서 80℃의 온도에서 24시간 이내에 열로 인한 변형이 생기지 아니하는 것으로 한다.

⑥ 함 가까이 보기 쉬운 곳에 그 사용요령을 기재한 표지판을 붙여야 하며, 표지판을 함의 문에 붙이는 경우에는 문의 내부 및 외부 모두에 붙여야 한다. 이 경우, 사용요령은 외국어와 시각적인 그림을 포함하여 작성해야 한다.

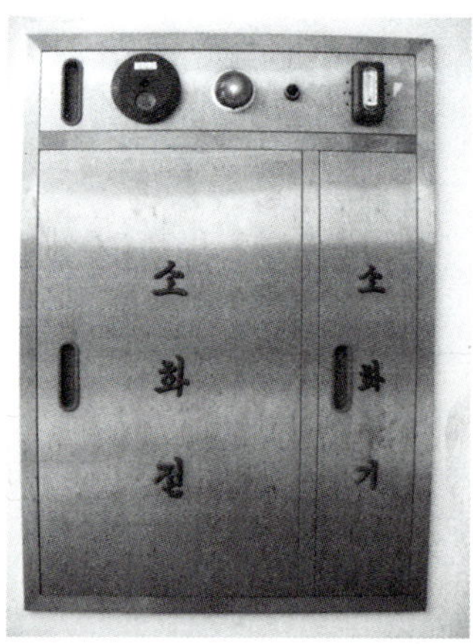

그림 2.12 옥내소화전함

2 표시등 설치기준

① 위치표시등은 함의 상부에 설치하되 그 불빛과 부착면이 15° 이상의 범위 안에서 부착지점으로부터 10 m 이내의 어느 곳에서도 쉽게 식별할 수 있는 적색등으로 한다.

② 표시등은 사용전압의 130%인 전압을 24시간 연속하여 가하는 경우에도 단선, 현

저한 광속변화, 전류변화 등의 현상이 발생되지 않아야 한다.

③ 가압송수장치의 기동을 표시하는 표시등은 옥내소화전함의 내부 또는 그 직근에 설치하되 적색등으로 해야 한다.

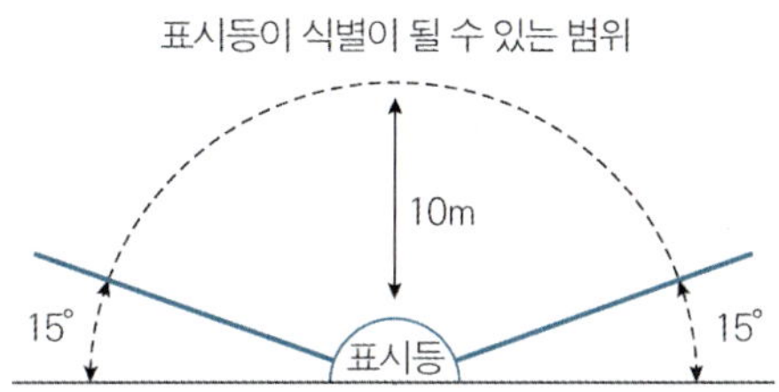

그림 2.13 위치 표시등

2.4.5 배관 등

배관과 배관이음쇠는 다음의 어느 하나에 해당하는 것 또는 동등 이상의 강도·내식성 및 내열성 등을 국내·외 공인기관으로부터 인정받은 것을 사용해야 하고, 배관용 스테인리스 강관(KS D 3576)의 이음을 용접으로 할 경우에는 텅스텐 불활성 가스 아크 용접방식에 따른다.

① 배관 내 사용압력이 1.2 MPa 미만일 경우
  ㉮ 배관용 탄소강관(KS D 3507)
  ㉯ 이음매 없는 구리 및 구리합금관(KS D 5301) 다만, 습식의 배관에 한한다.
  ㉰ 배관용 스테인리스 강관(KS D 3576) 또는 일반배관용 스테인리스 강관(KS D 3595)
  ㉱ 덕타일 주철관(KS D 4311)

② 배관 내 사용압력이 1.2 MPa 이상일 경우
  ㉮ 압력 배관용 탄소 강관(KS D 3562)
  ㉯ 배관용 아크용접 탄소강 강관(KS D 3583)

- 소방용 합성수지배관을 설치할 수 있는 경우
  ㉮ 배관을 지하에 매설하는 경우
  ㉯ 다른 부분과 내화구조로 구획된 덕트 또는 피트의 내부에 설치하는 경우

㉰ 천장(상층이 있는 경우에는 상층바닥의 하단을 포함)과 반자를 불연재료 또는 준불연 재료로 설치하고 소화배관 내부에 항상 소화수가 채워진 상태로 설치하는 경우

③ 펌프의 흡입 측 배관은 다음의 기준에 따라 설치해야 한다.

㉮ 공기 고임이 생기지 않는 구조로 하고 여과장치를 설치할 것

㉯ 수조가 펌프보다 낮게 설치된 경우에는 각 펌프(충압펌프 포함)마다 수조로부터 별도로 설치할 것

④ 펌프의 토출 측 주배관의 구경은 유속이 4 m/s 이하가 될 수 있는 크기 이상으로 해야 하고, 옥내소화전방수구와 연결되는 가지배관의 구경은 40 mm(호스릴옥내소화전설비의 경우 25 mm) 이상으로 해야 하며, 주배관 중 수직배관의 구경은 50 mm(호스릴옥내소화전설비 경우 32 mm) 이상으로 해야 한다.

⑤ 연결송수관설비의 배관과 겸용할 경우의 주배관은 구경 100 mm 이상, 방수구로 연결되는 배관의 구경은 65 mm 이상의 것으로 해야 한다.

표 2.3 관경에 따른 방수량

사용관경[mm]	40	50	65	80	100
방수량[L/min]	130	260	390	520	650

배관길이의 압력강하는 다음과 같은 Hagen-william의 식을 사용하여 구한다.

$$P = 6.174 \times 10^5 \times \frac{Q^{1.85}}{C^{1.85} \times D^{4.87}}$$

여기서, P : 관의 길이 1 m 당의 마찰손실에 따른 압력강하

Q : 유량[L/min]

D : 관의 내경[mm]

C : 조도계수

2.4.6 펌프의 부속설비기준

(1) 후드밸브(Foot Valve)

후드밸브는 수원이 펌프보다 아래(부압, −)에 있을 때 흡수관 말단에 설치하여 펌프 기동시 물이 펌프 측으로만 흡상되게 하고 펌프 정지시에 흡입관 내 물을 가두어두는 체크기능과 수조 내 이물질이 흡입되는 것을 걸러주는 여과기능을 겸한다.

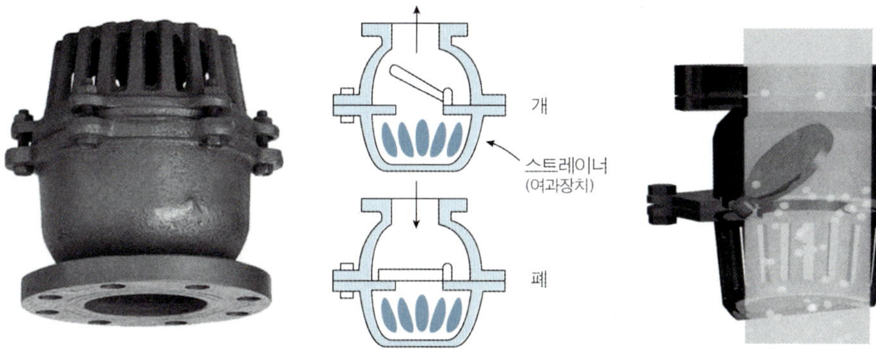

그림 2.14 후드밸브

(2) 흡입관

펌프의 흡입측에 설치하는 관으로서 다음과 같이 설치한다.

① 흡입측 배관은 전용으로 하며 가급적 짧고 관경이 큰 것으로 한다.
② 흡입관과 펌프를 연결하는 배관에는 편심 레듀셔를 사용한다.
③ 개폐밸브로 버터플라이밸브(Butterfly Valve)를 사용하지 말아야 한다.
④ 진공계(또는 연성계) 설치 시 가급적 펌프 가까이에 설치한다.

TIP

개폐밸브로 버터플라이밸브의 설치를 제한한 이유

① 밸브 구조상 물의 흐름 저항이 큰 밸브로서 원활한 흡입을 방해하고 공동현상(Cavitation)이 발생할 우려가 있다.
② 개폐 조작(90°에서 개폐)이 순간적이어서 펌프운전 중 조작 시 수격작용(Water Hammer)이 발생할 수 있다.

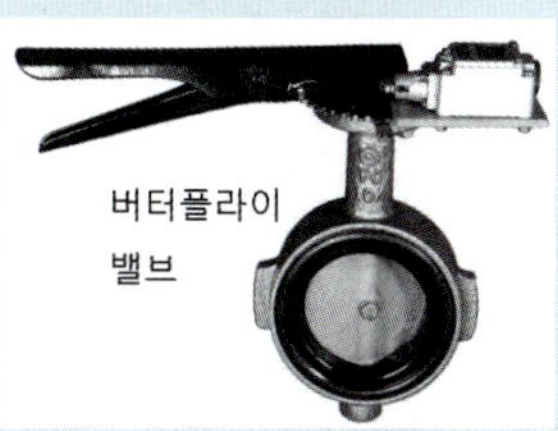

(3) 스트레이너(Strainer)

스트레이너는 밸브나 펌프 등의 앞에 설치하여 모래나 침전물과 같은 이물질 등이 펌프 케이싱 내로 침입하는 것을 방지하는 여과장치로 여러 가지 형태가 있으나 소화설비에는 "Y"형이 많이 사용된다.

(a) Y형

(b) B형

(c) T형

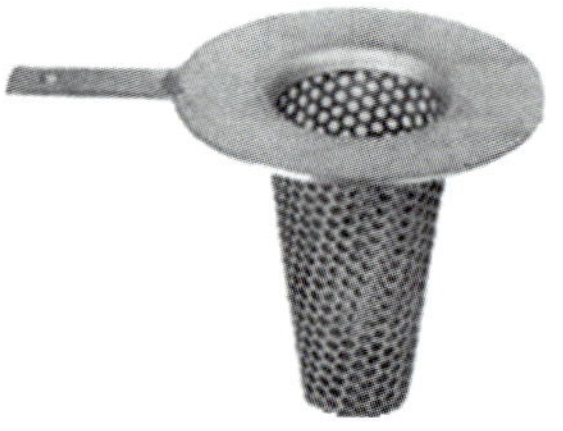

(d) 콘형

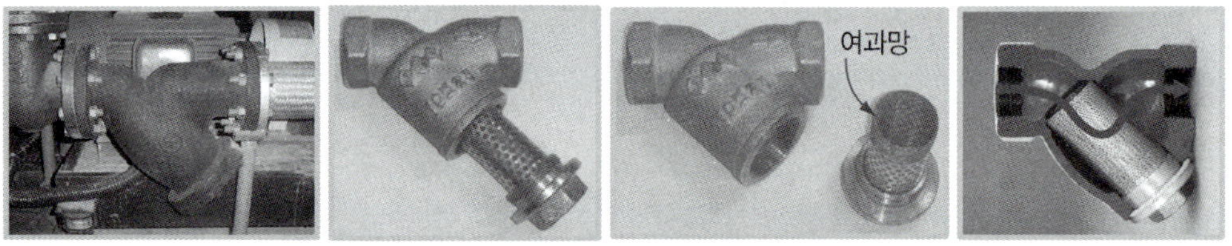

(e) 스트레이너 외형 및 분해 모습

그림 2.15 스트레이너

(4) 플렉시블 조인트(Flexible Joint)

플렉시블 조인트는 펌프의 토출측과 흡입측에 펌프와 직결하여 펌프의 기동 또는 정지시 발생되는 진동을 흡수하여 배관의 파손 및 변형을 방지하는 신축이음이다. 급격한 압력차로 생기는 충격을 흡수하기 위한 부품이므로 펌프로부터 가장 가까이 설치하는 것이 좋다.

그림 2.16 플렉시블조인트

2.4.7 연성계(Compound Gauge), 진공계, 압력계(Pressure Gauge)

(1) 압력계(Pressure Gauge)

양의 게이지압을 측정하는 것으로 펌프 토출측에 설치하여 펌프의 토출압력을 측정하는 것이다.

(2) 연성계(Compound Gauge)

양 및 음의 게이지압을 측정하는 것으로 수조가 펌프보다 아래쪽에 있는 경우 펌프 흡입측 배관에 설치한다.

펌프 흡입측에 설치할 경우에는 대기압 이하의 흡입압력을 측정하며, 토출측에 설치할 경우에는 대기압 이상의 토출압력을 측정한다.

(3) 진공계(Vacuum Gauge)

음의 게이지압을 측정하는 것으로 펌프의 흡입측에 설치하여 대기압 이하의 압력을 측정한다. 측정되는 범위는 0 ~ 760 cmHg이다.

구분	압력계	진공계	연성계
측정값	양의 게이지압 측정	음의 게이지압 측정	양·음의 게이지압 측정
관련사진		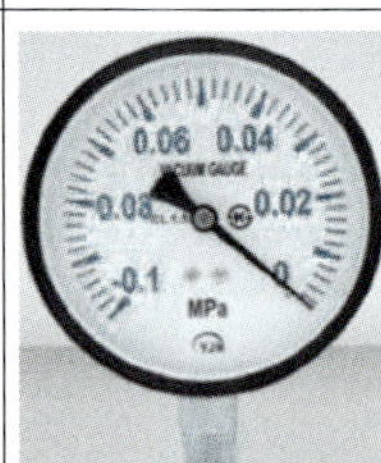	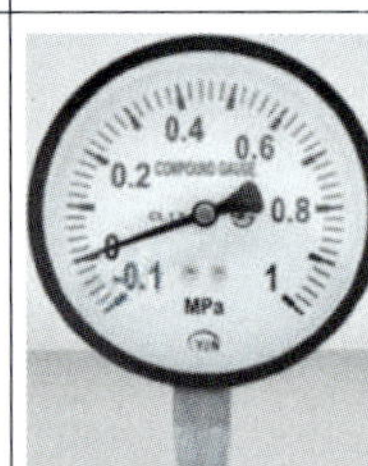
펌프 설치위치	토출측	흡입측	토출측 또는 흡입측

2.4.8 펌프

(1) 펌프의 종류

펌프는 액체에 에너지를 주어 저압부에서 고압부로 액체를 이송시키는 기계로 종류는 다음과 같다. 소방펌프에서 가장 널리 사용되는 펌프는 원심 펌프이다.

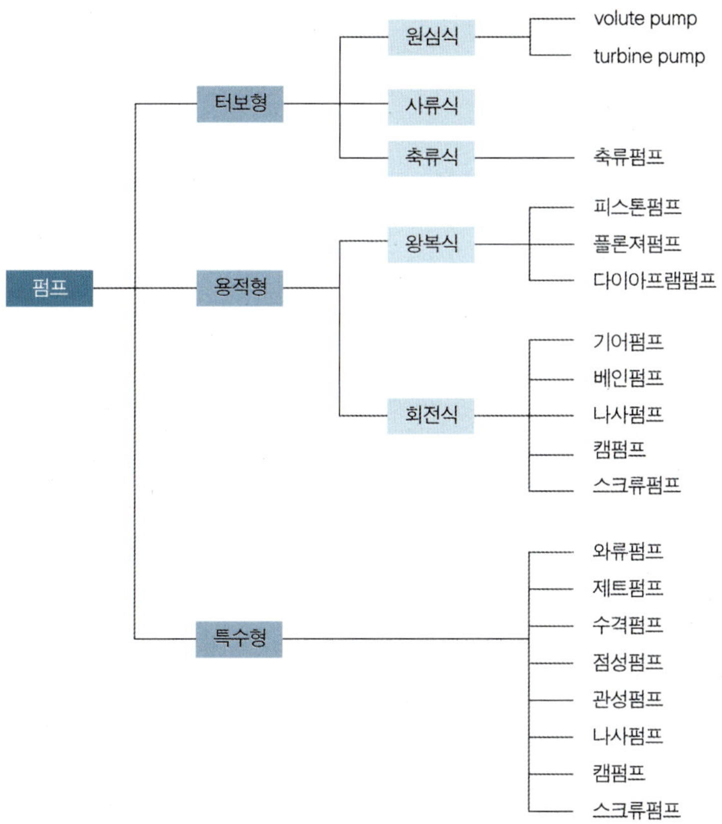

1) 원심 펌프(Centrifugal pump)

원심력에 의해 압력 및 속도에너지를 발생하며 안내깃의 유무에 따라 볼류트 펌프와 터빈 펌프가 있다.

① 볼류트 펌프(Volute Pump)

안내날개(Guide vane)가 없으며, 이로 인하여 임펠러가 직접 물을 케이싱으로 유도하는 펌프로서 저양정, 고유량 펌프에 사용한다.

2 터빈 펌프(Turbine Pump)

안내날개가 있어 임펠러회전 운동 시 물을 일정하게 유도하는 펌프로 고양정, 저유량에 적합하다.

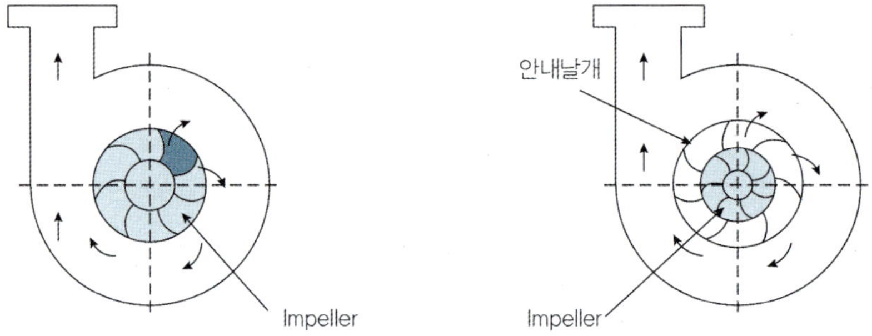

볼트류 펌프 터빈 펌프

그림 2.17 볼류트 펌프와 터빈 펌프의 외형

2) 사류 펌프

임펠러에서 나온 물이 축에 대하여 비스듬히 흐른다. 중양정용이다.

3) 축류 펌프

임펠러에서 나온 물이 축과 평행하게 흐른다. 저양정용이다.

4) 왕복 펌프

소유량 · 고양정을 요할 때 적합하다.

5) 회전 펌프

케이싱 속의 회전자를 회전시켜 물을 연속으로 급수하는 펌프로서 기름 등 점성이 높은 액체의 압송에 적합하다.

그림 2.18 현장에 설치된 펌프들

(2) 펌프의 특성

소방용 펌프는 일반 펌프와 달리 펌프의 토출량이 개방된 소화전(1개에서 5개까지)이 변화하여도 규정압(0.17 MPa)과 규정방사량(130 L/min)을 유지하여야 한다. 소화설비용 펌프는 토출량의 큰 변화가 발생되어 방수량이 설계치 이상이 될 경우 펌프의 선정에 따라서는 과부하를 일으켜 펌프가 정지하는 현상(Over Load)이 발생할 수 있다.

2.4.9 순환배관

펌프의 체절운전 시 유량은 토출되지 않는 상태에서 펌프가 계속 운전을 하게 되면 수온이 상승하여 기포가 발생하게 된다. 따라서 펌프에서 물이 토출되지 않으므로 압력에너지가 열에너지로 변환되어 펌프나 모터에 무리가 발생하며 고장의 요인이 되므로 이를 방지하기 위하여 순환배관을 설치한다. 다만, 충압펌프의 경우는 그러하지 아니하다.

(1) 설치기준

① 순환배관은 펌프의 토출측 체크밸브 이전에서 분기하여 설치한다.

② 순환배관의 구경은 20 mm 이상의 배관으로 설치한다.

③ 순환배관에는 체절운전 시 체절압력 미만에서 개방되는 릴리프밸브(Relief valve)를 설치하여야 한다.

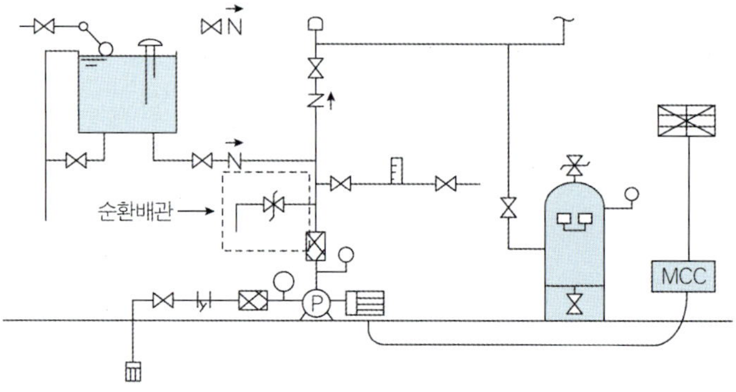

그림 2.19 순환배관

(2) 설치 방법

순환배관은 수조로 직접 배관할 수도 있으나 물올림 탱크가 있는 경우는 대부분 물올림관에서 분기하고 릴리프밸브 이외에 다른 차단용 밸브를 설치해서는 안 된다.

TIP

릴리프밸브(Relief Valve)와 안전밸브(Safety Valve)의 차이

- 릴리프밸브(Relief Valve) : 설정된 압력 직하에서 작동되고 사용자가 압력을 조정할 수 있다.
- 안전밸브(Safety Valve) : 설정된 압력 이상에서만 작동되고 사용자가 압력조정이 불가능하다.

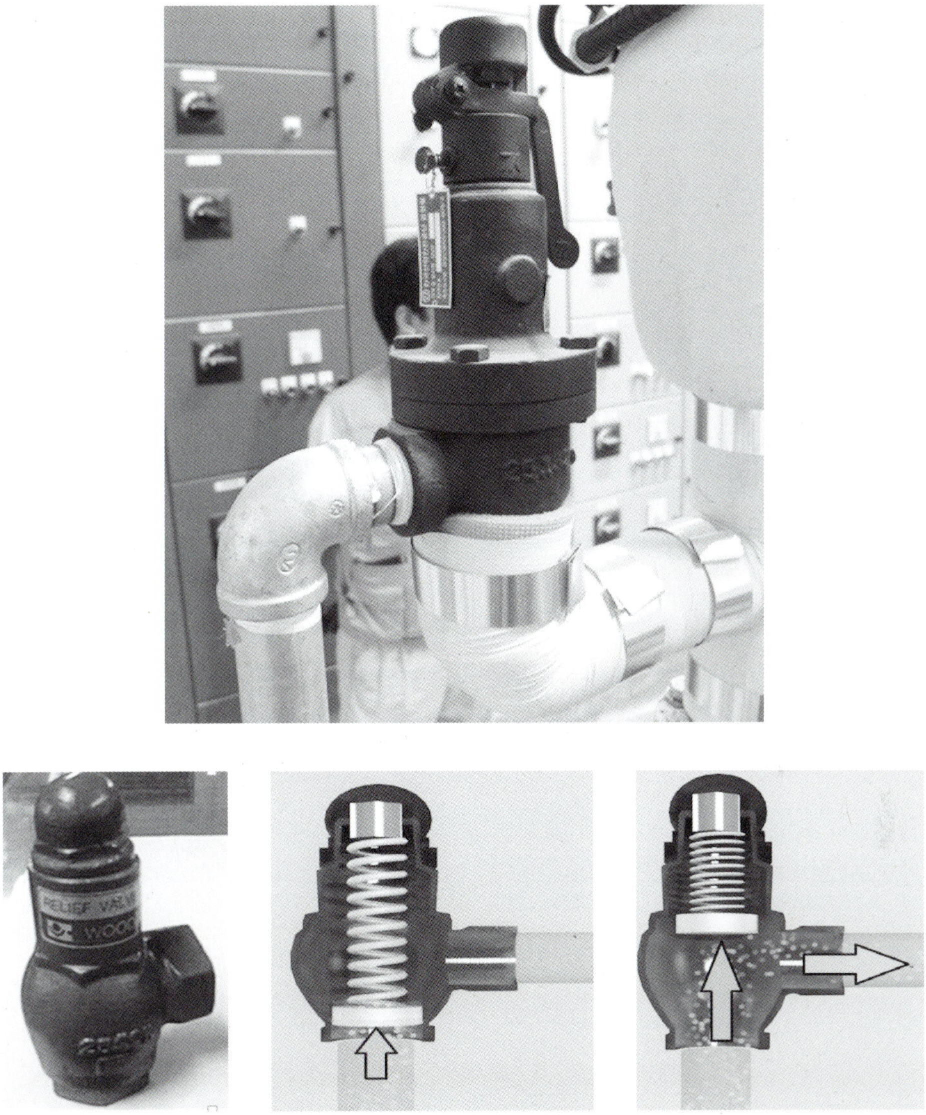

그림 2.20 릴리프밸브

2.4.10 성능시험배관

펌프 토출측의 개폐밸브 이전에서 분기하여 설치한다.

(1) 성능시험 방법

① 충압펌프 작동스위치를 정지 위치로 한 다음 소화펌프 2차 측의 제어밸브를 폐쇄한다.

② 성능시험 배관의 개폐밸브를 개방한 후 압력챔버의 배수밸브를 개방하여 소화펌프 기동 후 배수밸브는 폐쇄한다.

③ 유량이 0인 상태에서 정격토출 양정의 140% 이하인지 확인 후 천천히 유량조절밸브를 더욱 개방하여 유량이 정격 토출량의 150%일 경우 양정은 정격양정의 65% 이상인지 확인한다.

TIP

체절운전, 체절압력이란

유량이 0일 경우의 운전을 체절운전이라 하고 그때의 압력을 체절압력(churn pressure)이라 한다.

(2) 펌프의 성능

① 체절운전 시 정격토출압력의 140%를 초과하지 아니하여야 한다.

② 정격토출량의 150%로 운전 시 정격토출압력의 65% 이상이 되어야 한다.

③ 유량측정장치는 펌프의 정격토출량의 175% 이상을 측정할 수 있는 유량계를 설치한다.

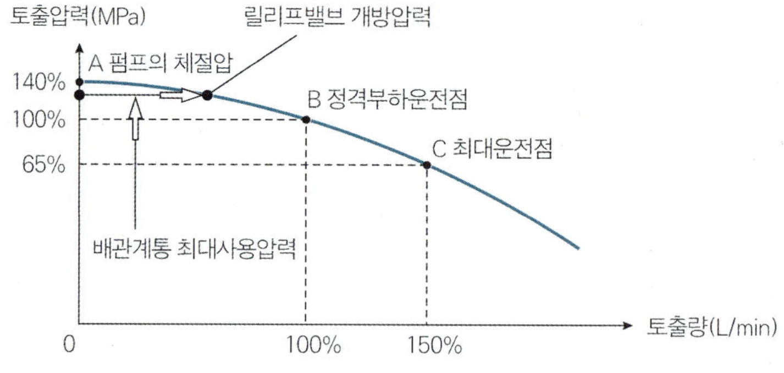

그림 2.21 펌프의 성능곡선

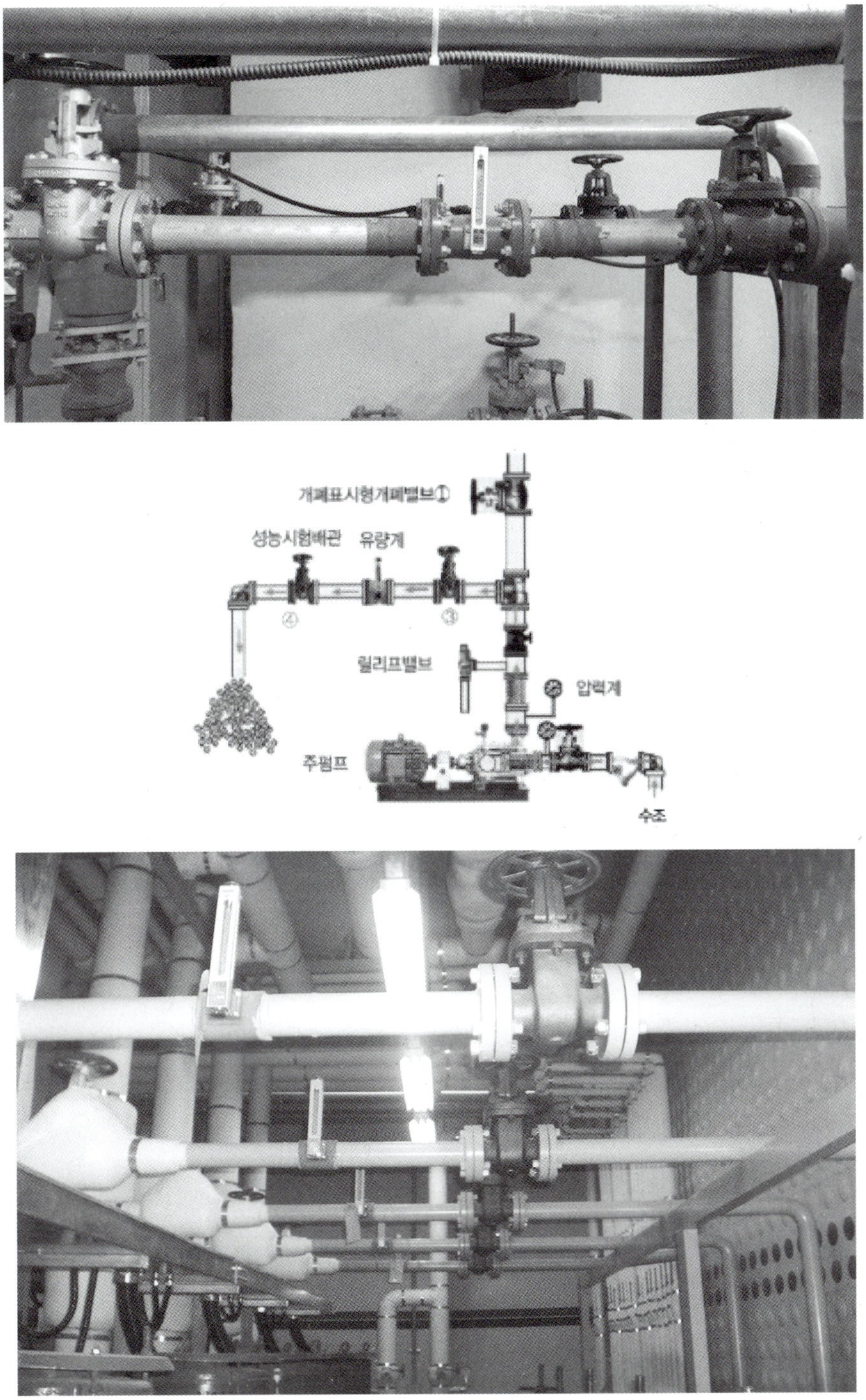

그림 2.22 성능시험배관

2.4.11 물올림장치(호수조, Priming Tank)

물올림장치는 수원의 수위가 펌프보다 낮은 위치에 있을 때 설치한다. 후드밸브 고장이나 흡입측 배관의 누설로 흡입배관 내에 물이 없을 경우 펌프가 공회전하게 되는데 이를 방지하기 위해 설치하는 보충수 역할을 하는 탱크이다.

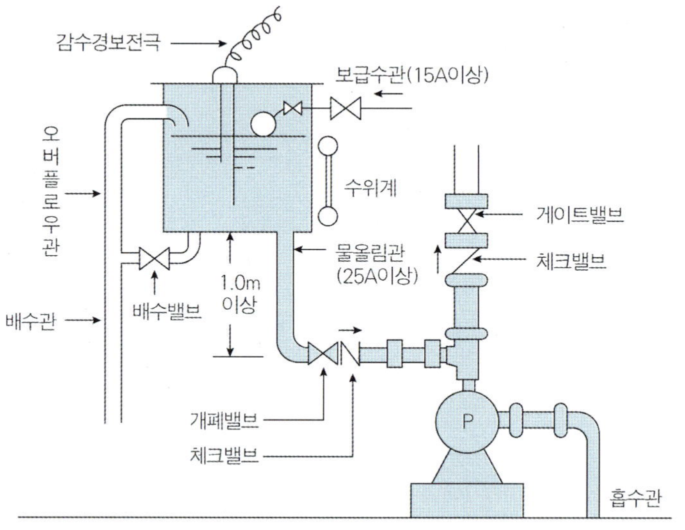

그림 2.23 물올림 장치

■ 설치기준

① 물올림장치에는 전용의 탱크를 설치할 것

② 탱크의 유효수량은 100 L 이상으로 하되, 구경 15 mm 이상의 급수배관으로 해당 탱크에 물이 계속 보급되도록 할 것

③ 오버플로우관은 50 mm 이상, 배수밸브, 감수경보장치 설치

TIP

수조가 펌프보다 높으면 생략되는 것

후드밸브, 진공계(연성계), 물올림장치

2.4.12 압력챔버(기동용 수압 개폐장치)

배관 내 압력이 감소하면 충압펌프(보조펌프)를 작동시키거나 주펌프를 작동시킨다.

① 압력챔버 용량 : 100 L 이상

② 압력스위치

㉮ Range : 펌프의 작동 정지점

㉯ Diff : Range에 설정된 압력에서 Diff에 설정된 압력만큼 떨어지면 펌프가 작동되는 압력의 차이

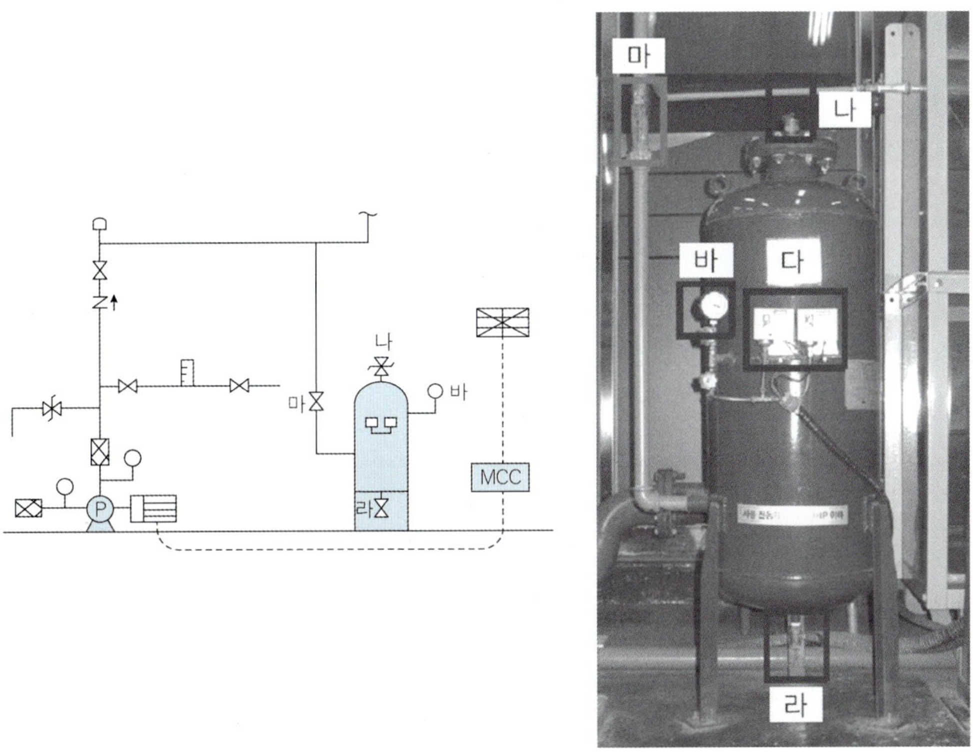

그림 2.24 압력챔버(기동용수압개폐장치)

2.4.13 수격방지기(Water Hammer Cushion : WHC)

가압송수펌프가 기동되어 송수를 시작할 때 초기에는 펌프에서부터 급격히 압력이 상승되어 관로망으로 퍼져나간다. 주펌프는 용량이 크므로 이 충격적인 압력(순간적인 고압)은 배관에 연결된 방수장치(헤드, 일제개방밸브 등)에 악영향을 미칠 뿐만 아니라 배관의 진동, 누수 등을 초래하기도 한다. 따라서 수격방지기는 입상관 최상부나 수평 주행배관과 교차배관이 맞닿는 곳에 설치하여 발생되는 충격을 줄여주는 쿠션 역할을 하게 된다.

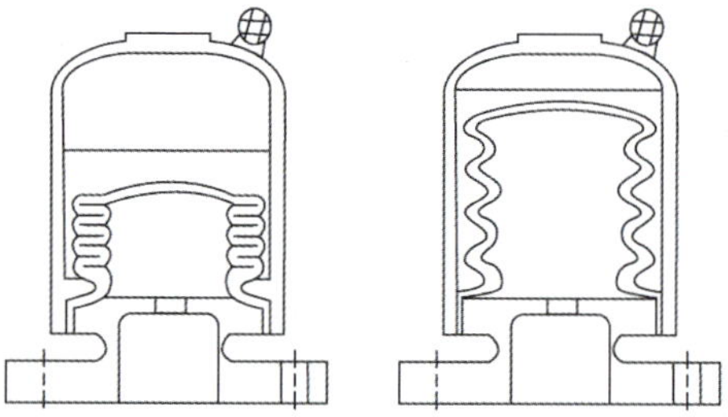

작동 전 작동 후

그림 2.25 수격방지장치

2.5 옥내소화전 감압방법

2.5.1 감압밸브 방식

가장 많이 사용하는 방식으로 호스 접결구의 인입구 측에 감압용 밸브 또는 오리피스를 설치한다.

특징은 다음과 같다.

① 설치가 용이하며, 기존 건물의 경우에도 적용할 수 있다.
② 수계산을 하여 방사압력이 0.7 MPa 이상인 위치를 선정하여 소화전 앵글밸브에 설치한다.
③ 모든 감압 방식에 공통적으로 적용할 수 있다.

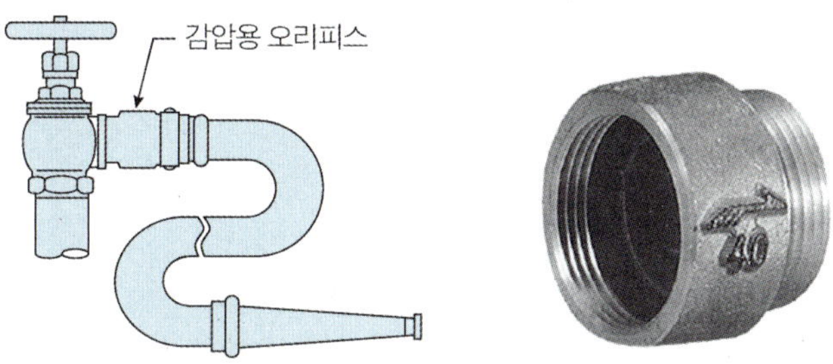

그림 2.26 감압용 오리피스

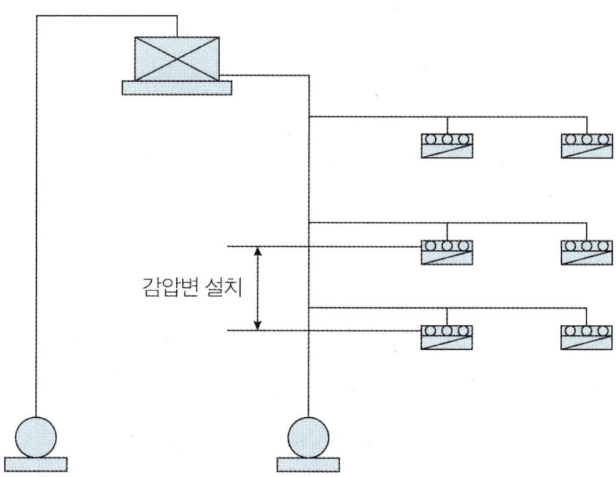

그림 2.27 감압밸브 방식

2.5.2 고가수조 방식

고가수조를 고층부, 중층부, 저층부용으로 구분하여 설치하고 방사압력이 0.7 MPa를 초과하지 않는 범위 내에서 가압펌프 없이 자연낙차를 이용하여 사용한다.

특징은 다음과 같다.

① 가압펌프 및 비상전원이 필요 없는 가장 신뢰도가 높은 방식이다.
② 수조를 고층부에 설치할 경우 저층부는 과압이 발생할 수 있다.
③ 규정 방사압력을 얻기 위해서는 일정 낙차의 확보가 필요하다.
④ 건축구조상 고가수조 설치에 따른 구조계획이 필요하다.
⑤ 옥상층 수조설치 등 건축규모가 커지게 된다.

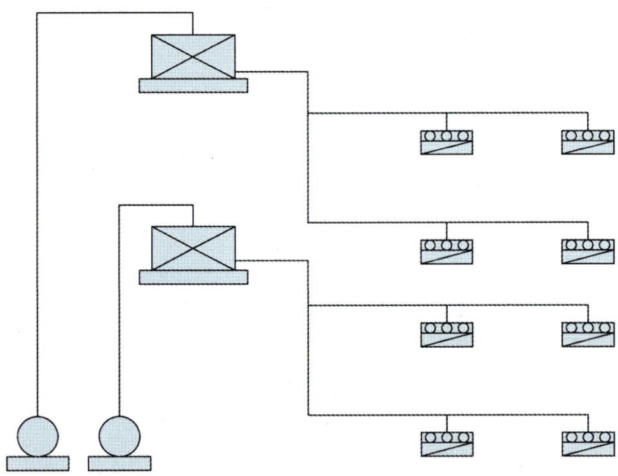

그림 2.28 고가수조 방식

2.5.3 전용배관(고층부, 저층부) 방식

시스템을 고층부와 저층부로 분리 후 별도의 가압송수장치를 설치하는 방식이다.

특징은 다음과 같다.

① 고층부의 경우 펌프실은 지하층 이외 건물 중간층에도 설치할 수 있다.
② 설비를 별도로 구분하여 시공하여야 하므로 공사비가 과다하게 소요된다.
③ 설비의 감시, 제어가 복잡하다.

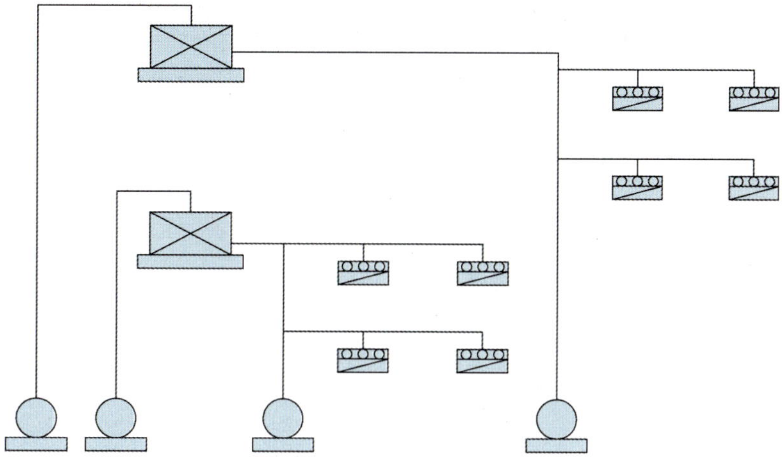

그림 2.29 전용배관 방식

2.5.4 부스터 펌프 방식

기존 배관 방식에 저층부와 중층부, 고층부로 분리한 후 부스터 펌프 및 수조를 별도로 설치하는 방식이다.

특징은 다음과 같다.

① 소화시스템 구성이 단일구성 방식에 비해 고가이다.
② 저층부의 압력배관 사용범위를 줄일 수 있다.
③ 분할구역 방식으로 부분적인 유지관리에 적합하다.
④ 소화장비등의 설치장소가 넓은 공간이 필요하다.
⑤ 소화장비가 분할되므로 감시 및 제어에 필요한 기기가 커지게 된다.
⑥ 건물의 중간층에 중간 펌프실 및 수조를 설치하여야 한다.
⑦ 부스터펌프 고장 시에도 주펌프를 이용하여 고층부에 송수할 수 있도록 한다.

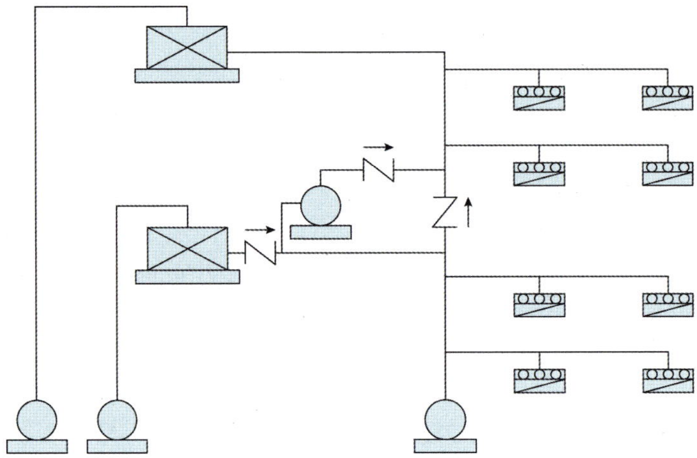

그림 2.30 부스터 펌프 방식

TIP

노즐 방사압력을 0.7 MPa로 제한하는 이유

이유 : 조작자의 용이한 소화활동 및 호스의 파손 방지

$$R = 0.015 \times P \times d^2$$

여기서, R : 반동력[kg]

P : 노즐방사압력[MPa]

d : 노즐구경[mm]

반동력은 $P = \dfrac{R}{0.015 \times d^2}$ 에서 $P = \dfrac{20}{0.015 \times 13^2} = 7.89 \fallingdotseq 7\text{kg/cm}^2 = 0.7\text{MPa}$가 되므로 이를 준용하여 소화전 노즐 방사압력을 0.7 MPa로 제한하고 있는 것이다.

2.5.5 점검 및 작동방법

(1) 방수압력측정

옥내소화전의 수가 5개 이상일 때는 5개, 5개 이하일 때는 설치개수를 동시에 개방하여 노즐선단에서 d/2만큼 떨어진 지점에서 측정하여 0.17 MPa의 압력으로 130 L/min 이상의 방수량 이상인지 확인한다.

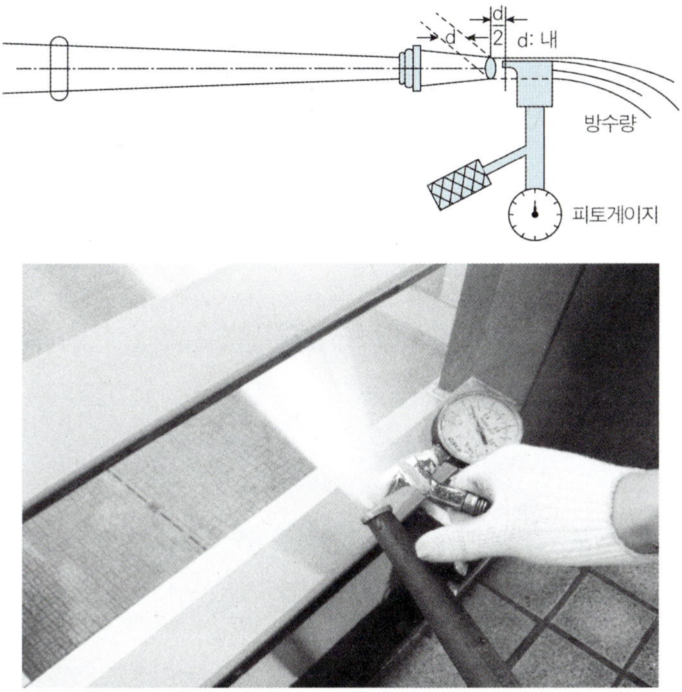

그림 2.31 방수압 측정

$$Q = 0.653D^2\sqrt{10P}$$

여기서, Q : 분당 토출량[L/min]

D : 관경(또는 노즐구경)[mm]

P : 방수압력[MPa]

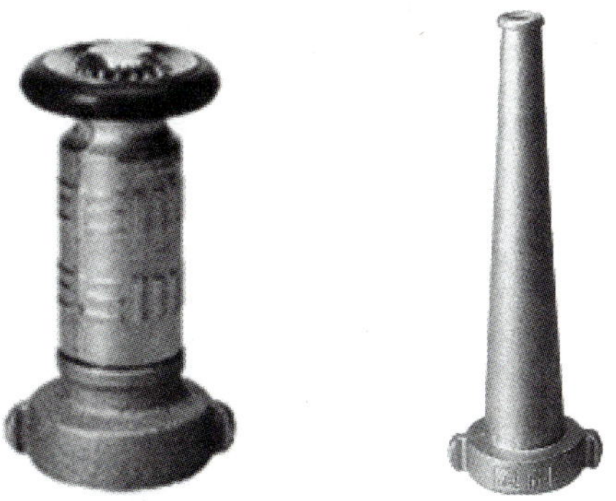

(a) 직방사형 (b) 직사형

그림 2.32 방수구

2.6 펌프의 연결

2.6.1 직렬연결

(1) 운전특성

① 유량보다 양정을 늘릴 때 사용

② 펌프의 성능

- 동일유량에서 양정은 2배 증가 : 2H
- 펌프 1대의 H–Q곡선 : AC, 펌프 2대 H–Q곡선 : PC

③ 운전점

- 배관의 저항곡선을 DR이라면 저항곡선과 H–Q곡선과의 교점
- 펌프 1대 운전 시 유량 : Q_1, 양정 : H_1 이며,
- 펌프 2대 운전 시 유량 : Q_2, 양정 : H_2가 된다.

(2) 장 · 단점

① 배관계통에 고양정이 필요하거나 booster pump를 두어야 할 경우 이용한다.

② 적은 관경에 소요유량을 보내고자 할 때 이용한다.

③ 상류에 있는 펌프는 압입운전이 되기 때문에 흡입관의 내압에 주의를 하여야 하며, 흡입유량이 항상 확보되어야 한다.

④ 양정의 증가율은 일정하지 않고 배관의 고유저항에 따라 크게 달라진다.

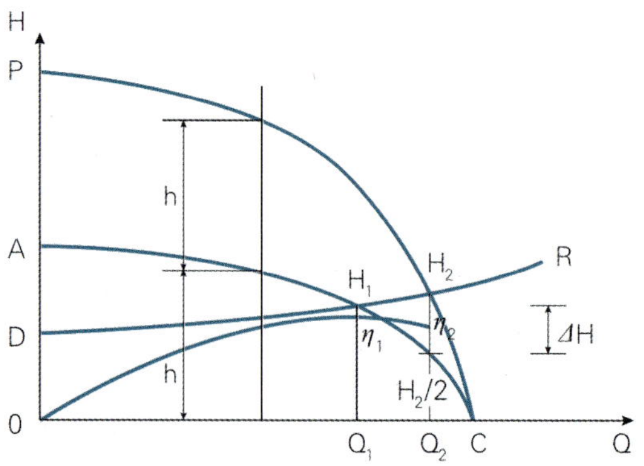

그림 2.32 펌프직렬 운전

2.6.2 병렬연결

(1) 운전특성

① 양정보다 유량을 늘릴 때 사용

② 펌프의 성능

- 토출량은 2배 증가 : 2Q
- 펌프 1대의 H–Q곡선 : AB, 펌프 2대 H–Q곡선 : AC

③ 운전점

- 배관의 저항곡선을 DR라면 저항곡선과 H–Q곡선과의 교점
- 펌프 1대 운전 시 유량 : Q_1, 양정 : H_1이며
- 펌프 2대 운전 시 유량 : Q_2, 양정 : H_2가 된다.

(2) 장 · 단점

① 전체유량을 Q = 2로 가정할 경우 1대 고장 시에도 Q = 1.5 ~ 1.6을 얻을 수 있어 비상시에 유용하며 대수제어로 유량조절이 가능하다.

② 다량의 유량이 필요할 경우 사용한다.

③ 유량의 증가율은 실양정이 낮고 송수관의 길이가 길수록 송수관의 저항손실의 비율이 높을수록 낮아진다.

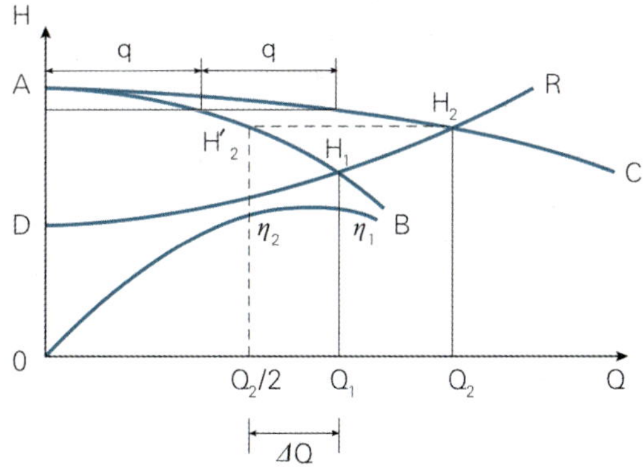

그림 2.33 펌프병렬 운전

2.7 펌프의 이상현상

2.7.1 공동현상(Cavitation)

펌프의 흡입양정이 높거나 유속의 급변, 와류의 발생 등에 의해서 배관 내의 유체 압력이 포화증기압 이하로 내려갈 때 국부적으로 비등현상이 일어나서 기포가 발생되는 현상을 공동현상이라고 한다.

이는 펌프의 회전차 입구에서 발생되는데, 이는 생성된 기포가 액체(유체)의 흐름을 따라 이동하여 고압부(토출측 입구)에서 붕괴되기 때문이다. 이러한 현상으로 펌프의 성능이 급격히 저하되고, 소음, 진동이 발생하며, 심한 경우에는 양수불능이 되기도 한다.

(1) 발생원인

① 펌프의 흡입측 수두가 클 경우

② 펌프의 마찰손실이 클 경우

③ 펌프의 흡입관경이 너무 작을 경우

④ 이송하는 유체가 고온인 경우

⑤ 펌프의 흡입압력이 유체의 포화증기압보다 낮은 경우

⑥ 임펠러 속도가 지나치게 클 경우

(2) 방지대책

① 수조를 펌프보다 높게 설치한다.

② 흡입배관의 마찰손실수두를 작게 한다.
흡입배관의 굴곡, 관경, 재질, 부속류, 배관 상태 등은 마찰손실이 경감되는 방향으로 시공한다.

③ 펌프의 비속도를 줄인다.

④ 펌프의 토출량이 많을 경우는 양흡입 펌프로 설치한다.

⑤ 흡입배관의 관경을 크게 한다.

⑥ 펌프 설계 시 $NPSH_{av} \geq NPSH_{re} \times 1.3$이 되도록 설계한다.
특히 소방펌프의 $NPSH_{re}$ 계산 시 유량은 정격 토출량의 150%를 적용하여 비속도를 계산한다.

2.7.2 수격작용(Water Hammer)

수격작용이란 배관 내를 유체가 흐를 때 펌프의 순간적인 정지 및 기동, 밸브의 급격한 개폐, 배관의 급격한 굴곡 등에 의해 유체의 속도가 급히 변화하면 유체가 가지고 있는 운동 에너지가 압력에너지로 변하여 순간적으로 큰 압력변화가 발생하는 현상이다.

(1) 발생원인

배관 내를 유체가 흐를 때 정전 등으로 펌프의 순간적인 정지, 배관의 급격한 굴곡 및 밸브의 급격한 개폐에 의해 발생된다.

(2) 충격파 현상

① 유체가 정지 시에 수격작용에 의한 충격파가 발생할 경우 압력상승의 크기는 아래의 식으로 구할 수 있다.

$$\Delta P = \frac{9.8 \times a \times V}{g}$$

여기서, ΔP : 상승압력[KPa]

a : 압력파의 속도[m/s]

V : 유속[m/s]

g : 중력가속도[m/s^2]

② 수격작용 시 발생하는 충격파는 다음과 같은 특징이 있다.

- 상승압력(압력변화)은 유체의 속도 및 압력파의 속도에 비례하여 상승한다.
- 상승압력은 배관의 길이 및 형태와는 무관하다.
- 충격파의 속도는 유체 속에서 음속과 동일하다.

(3) 수격작용의 피해

① 수압 상승으로 충격파가 발생하여 소음 및 진동, 충격을 발생한다.

② 충격으로 배관 및 밸브가 손상되어 설비의 기능 저하를 가져온다.

(4) 수격방지 대책

① 관 내 유속을 낮게 한다.

② 펌프에 플라이 휠(fly wheel)을 부착하여 급격한 속도 변화를 방지한다.
③ 서지탱크를 설치한다.
④ Air Chamber를 설치한다.
⑤ 자동 수압조절밸브를 설치한다.
⑥ 밸브의 급격한 개폐를 억제한다.
⑦ 관경을 크게 하여 관내의 유속을 저하시킨다.
⑧ 충격을 흡수하는 수격방지기(WHC : Water Hammer Cushion)를 설치한다.

2.7.3 맥동(Surging) 현상

맥동이란 펌프나 송풍기를 저유량 영역에서 펌프 입구와 출구의 진공계 및 압력계의 지침이 흔들이고 동시에 송출유량과 송출압력 사이에 주기적인 변동이 생기는 현상을 말한다.

(1) 맥동 발생원인

① 펌프의 양정곡선이 저(소)유량 영역에서 산고곡선이고 사용범위가 그림 2-34의 A~S 사이인 곡선의 상승부에서 발생한다.
② 토출배관이 길고 배관 도중에 물탱크나 기체상태의 공기탱크가 있을 때 발생한다.
③ 유량조절밸브가 탱크의 뒤쪽에 있을 때 발생한다.

(2) 맥동 현상의 방지대책

① 회전차나 안내깃 등의 치수나 형상을 바꾸어 펌프의 운전특성을 변화시킨다.
② 펌프의 $H-Q$ 곡선이 산형특성이 아닌 것을 사용한다.
③ 유량조절밸브는 토출측 직후에 설치한다.
④ 바이패스(By-pass)관을 설치한다.
⑤ 배관 중에 불필요한 수조 또는 기체 상태에 있는 잔류공기를 제거하고, 배관의 단면적, 유량 등을 변화시킨다.
⑥ 회전차의 회전수를 변화시킨다.

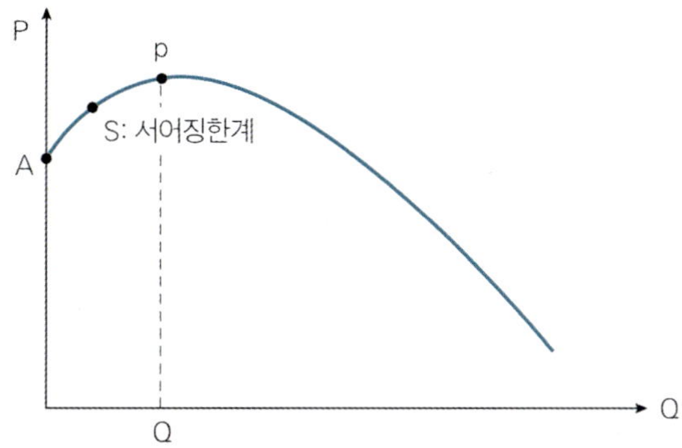

그림 2.34 펌프성능 곡선에서 맥동현상이 나타나는 영역

2.8 NPSH와 Cavitation과의 관계

2.8.1 용어정의

(1) NPSH(Net Positive Suction Head) : 흡입수두

NPSH란 펌프의 흡입측 배관에서 공동현상을 일으키지 않고 물을 끌어 올릴 수 있는 높이를 수치화한 값을 말하며, 유효흡입양정과 필요흡입양정으로 구성된다.

(2) $NPSH_{av}$(available Net Positive Suction Head) : 유효흡입수두

펌프 흡입측 플랜지 중앙에서의 여유 수두, 흡입 전양정에서 그때의 수온 증기압을 뺀 흡입수두 값을 말한다.

$$NPSH_{av} = \frac{P_\alpha}{\gamma} - \left(\frac{P_v}{\gamma} + H_L + H_s\right)$$

여기서, P_a : 대기압[kg/m²]

P_v : 포화증기압[kg/m²]

γ : 물 비중량[kg/m³]

H_L : 배관 마찰손실수두[m]

(3) $HPSH_{re}$: 필요흡입수두

펌프에서의 부차적 손실로 임펠러 깃에서의 손실수두를 말한다. 펌프가 유체를 흡입을 위해 필요한 흡입수두로 펌프의 특성에 따라서 펌프가 가지고 있는 고유한 값으로 설치하는 위치 및 조건과는 상관이 없는 수치이다.

$$NPSH_{re} = \left(\frac{n\sqrt{Q}}{S} \right)^{4/3}$$

여기서, n : 회전수[rpm]

Q : 유량[m^3/min]

S : 비속도[= $n\sqrt{Q} / H^{3/4}$]

2.8.2 NPSH와 Cavitation과의 관계

① 토출량이 증가하면 $NPSH_{av}$는 감소하나 반면에 $NPSH_{re}$는 증가한다.

② 따라서 $NPSH_{av}$가 $NPSH_{re}$보다 충분히 크지 않으면 두 값은 펌프운전 중에 만나게 되어 공동현상(Cavitation)을 발생시킨다.

③ $NPSH_{re}$를 알게 되면 공동현상을 일으키지 않고 운전할 수 있도록 펌프를 설계하여야 한다. 통상 공동현상을 방지하기 위해 30% 이상의 안전율을 적용한다.

- $NPSH_{av} = NPSH_{re}$: 발생한계
- $NPSH_{av} > NPSH_{re}$: 발생하지 않음
- $NPSH_{av} \geq NPSH_{re} \times 1.3$: 설계

  시 적용

30%의 여유율은 경년변화에 따른 배관의 마찰손실 증가 등을 고려한 수치이다.

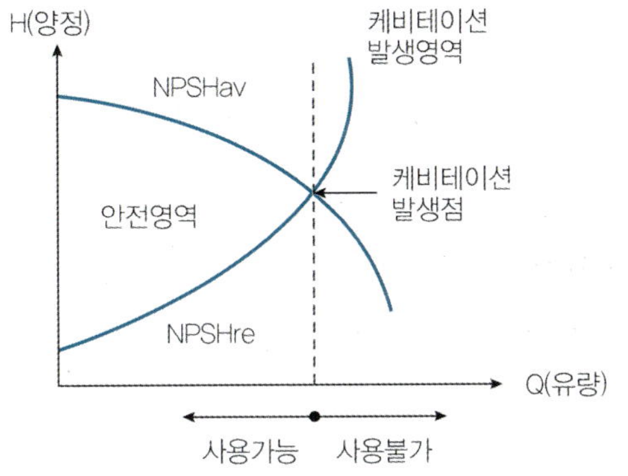

그림 2.35 케비테이션과 NPSH와 관계

2.9 고층 건축물

2.9.1 1차 수원(주수원)

저수량이 옥내소화전의 설치개수가 가장 많은 층의 설치개수(5개 이상 설치된 경우 5개)를 동시에 사용할 수 있는 양 이상이 되도록 해야 한다.

2.9.2 2차 수원(보조수원, 옥상수원)

산출된 1차 유효수량 외에 유효수량의 3분의 1 이상을 옥상(옥내소화전설비가 설치된 건축물의 주된 옥상)에 설치해야 한다.

2.9.3 가압송수장치

가압송수장치는 옥내소화전설비 전용으로 설치해야 하며, 주펌프와 동등 이상의 성능이 있는 별도의 펌프로서 내연기관의 기동과 연동하여 작동되거나 비상전원을 연결한 예비펌프를 추가로 설치해야 한다.

- 내연기관의 연료량은 펌프를 40분(50층 이상인 건축물의 경우 60분) 이상 운전할 수 있는 용량일 것

2.9.4 급수배관

급수배관은 전용으로 해야 한다.

50층 이상인 건축물의 옥내소화전 주배관 중 수직배관은 2개 이상(주배관 성능을 갖는 동일 호칭배관)으로 설치해야 하며, 하나의 수직배관의 파손 등 작동 불능 시에도 다른 수직배관으로부터 소화용수가 공급되도록 구성해야 한다.

2.9.5 비상전원

비상전원은 자가발전설비, 축전지설비 또는 전기저장장치로서 옥내소화전설비를 유효하게 40분(50층 이상인 건축물의 경우 60분) 이상 작동할 수 있어야 한다.

TIP

수원의 양 ≥ N × 5.2 m^2 (30~49층, N 최대 5개),
N × 7.8 m^2 (50층 이상, N 최대 5개)

① 방사시간 : 30층 ~ 49층 40분, 50층 이상 60분

- 5.2 m^3 : 소화전 1개당 법정 방사량인 130 LPM에 방사시간(40분)을 곱한 것

130 LPM × 40 min = 5200 L = 5.2 m^3

- 7.8 m^3 : 소화전 1개당 법정 방사량인 130 LPM에 방사시간(60분)을 곱한 것

130 LPM × 60 min = 7800 L = 7.8 m^3

② 옥상 수원의 저수량

수원의 양 ≥ N 2.6×1/3(30층 미만)
≥ N 5.2×1/3(30~49층 미만)
≥ N 7.8×1/3(50층 이상)

연습문제

1. 어떤 건물에 옥내소화전이 1층에 4개, 2층에 6개, 3층에 4개 설치되어 있을 때 이 건물에 옥내소화전을 위한 수원의 양(m^3)은 얼마인가?

2. 옥내소화전 설비에서 옥상에 산출된 유효수량의 1/3을 저장하는 이유와 생략할 수 있는 5가지 경우를 들으시오

3. 다음( )안에 알맞은 말 또는 수치를 넣으시오.
옥내소화전함의 재질은 (㉮) 이상의 강판 또는 (㉯) 이상의 합성수지재료로 한다. 문짝의 면적은 (㉰) 이상으로 하여 밸브의 조작, 호스의 수압 등에 충분한 여유를 갖도록 하고 위치를 표시하는 표시등은 함의 상부에 설치하되 그 불빛은 부착면으로부터 (㉱) 이상의 범위 안에서 부착지점으로 (㉲) 이내의 어느 곳에서도 쉽게 식별할 수 있는 (㉳) 으로 하여야 한다.

4. 옥내소화전설비에서 최고 압력을 0.7 MPa로 규정하는 이유에 대해 기술하시오

5. 그림은 어느 건물 내에 설치된 옥내소화전의 호스내장함의 문을 열었을 때 보여진 모습을 나타내고 있다. 잘못된 점을 2가지만 지적하고 그 이유를 설명하시오.

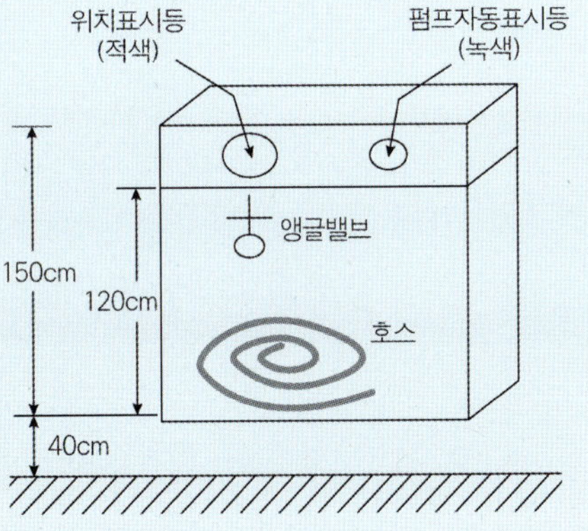

6. 연성계와 압력계의 차이점을 비교 설명하시오.

7. 물올림장치의 기능에 대하여 설명하시오.

연습문제

8. 펌프의 성능시험 배관에 대하여 설명하시오.

9. 릴리프밸브와 세이프티밸브의 차이점에 대하여 설명하시오.

10. 순환배관을 설치하는 이유에 대해 설명하시오.

11. 수격방지기의 설치목적과 설치위치 2곳의 예를 쓰시오.

12. 11층과 12층 사무실에 옥내소화전을 설치하였다. 아래 조건을 참조하여 물음에 답하시오.

[조건]
1. 기동 방식은 기동용 수압개폐 방식이다.
2. 소화전 설치개수는 11층에 7개, 12층에 10개이다.
3. 낙차는 20 m이며 배관 및 관부속품의 마찰손실수두는 10 m이다.
4. 물의 비중량은 1000 kgf/m^{3}이다.
5. 소화펌프의 효율은 60%이며 여유율은 15%이다.
6. 소방용 호스는 아마호스로서 마찰손실수두는 12 m이다.

[물음]
① 소화펌프의 토출량(m^3/min)은 얼마인가?
② 지하수조의 저수량(m^3)을 산출하시오.
③ 충압펌프의 정격토출압력(MPa)은 얼마인가?
④ 송수펌프의 전동기 용량(kW)을 산출하시오.

13. 다음 도면을 참조하며 물음에 답하시오.

[조건] 1. 전동기 효율은 65%이며, 여유율은 10%이다.
2. 실양정은 10 m이며, 배관의 마찰손실수두는 32 m, 소방용 호스의 마찰손실수두는 7 m이다.

연습문제

13. 다음 도면을 참조하며 물음에 답하시오.

[조건]

1. 전동기 효율은 65%이며, 여유율은 10%이다.
2. 실양정은 10 m이며, 배관의 마찰손실수두는 32 m, 소방용 호스의 마찰손실수두는 7 m이다.

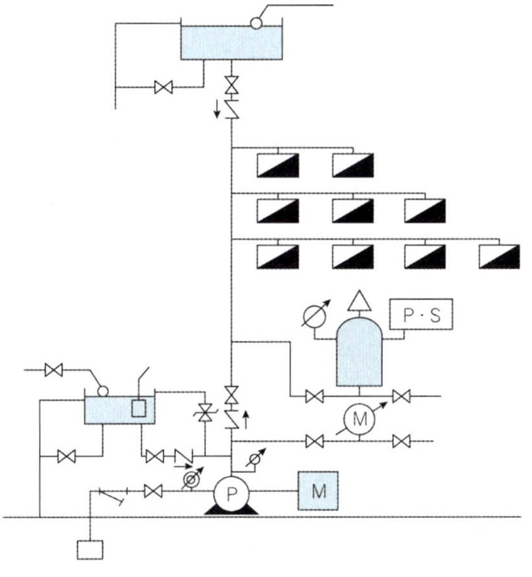

[물음]

① 펌프의 토출량(m^3/min)은 얼마인가?

② 수원의 저장량(m^3)은 얼마인가?

③ 소화펌프의 총 양정(m)을 계산하시오.

④ 전동기의 동력(kW)은 얼마인가?

CHAPTER 3

옥외소화전설비(NFTC/PC 109)

3.1 개요

옥외소화전설비는 건물의 1, 2층과 옥외설비 등에서 발생하는 화재의 진압 또는 인접 건축물로의 연소 확대를 방지할 목적으로 방호대상물의 옥외에 설치하는 수동식 고정소화설비이다.

화재 시 소방대상물의 전층을 유효하게 소화할 수 있는 설비가 아니고 건축물의 1, 2층 화재에만 유효한 소화설비로서 초기화재는 물론 중기화재 이후의 대화재에도 대응력이 있다. 화재 시 소방 대상물의 관계자, 자위소방대원 또는 상시 거주자가 이를 사용, 소화하도록 한 설비이다.

옥내소화전설비와 유사하고 소화작업 순서도 같다. 그러나 대화재 또는 주위 건물까지 소화활동에 대처하여야 하기 때문에 옥내소화전설비보다 방수압이 높고 방수량은 많다. 그리고 소화전을 건물 외부에 설치한 것이 다르다.

그림 3.1 옥외소화전

■ 작동과정

① 소방관이 옥외소화전함을 개방한다.

② 옥외소화전함에 보관된 소방호스를 옥외소화전 방수구에 연결한다.

③ 개폐밸브를 개방하여 화재를 진압한다.

3.2 적용대상물

설치대상	기준
문화재보호법	국보 또는 보물로 지정된 목조건축물
지상 1·2층	바닥면적 합계 9,000 m^2 이상 동일구내에 2개 이상 소방대상물이 연소우려가 있는 구조인 경우 하나의 소방대상물로 취급
특수가연물 저장·취급	공장 창고로서 지정수량 750배 이상

■ 설치면제

옥외소화전설비를 설치해야 하는 문화재인 목조건축물에 ~~상수도소화용수~~설비를 화재안전기준에서 정하는 방수압력·방수량·옥외소화전함 및 호스의 기준에 적합하게 설치한 경우에는 설치가 면제된다.

3.3 종류

3.3.1 지상식

건물 외벽 주위의 지반보다 1.5 m 이하의 곳에 몸체를 설치하고 개폐장치는 지상에서 제어할 수 있도록 설치되어 있어 입관식 또는 스탠드식이라고도 한다. 밸브 몸체는 지하에 설치되는데 이는 지상 상부에 물이 체류하게 되면 동결의 우려가 있기 때문이다.

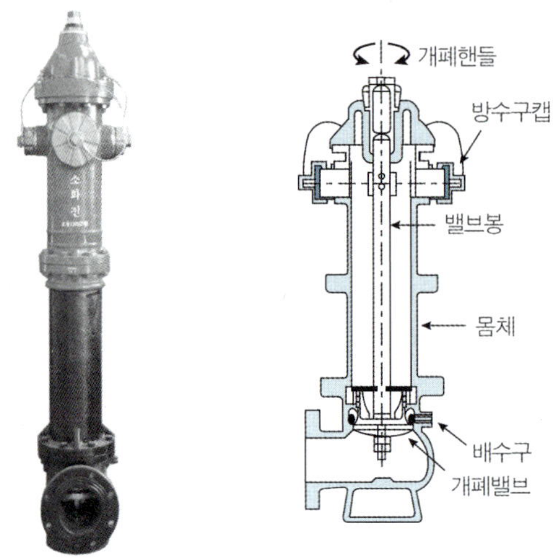

그림 3.2 지상식

3.3.2 **지하식**

지하식은 매립식이라고도 하며 소화전 몸통을 지하에 설치한다.

밸브개방장치(밸브봉, 캡)는 지표면에서 0.6 m 이내, 호스 접결구는 지반밑 0.3 m 이내에 설치한다.

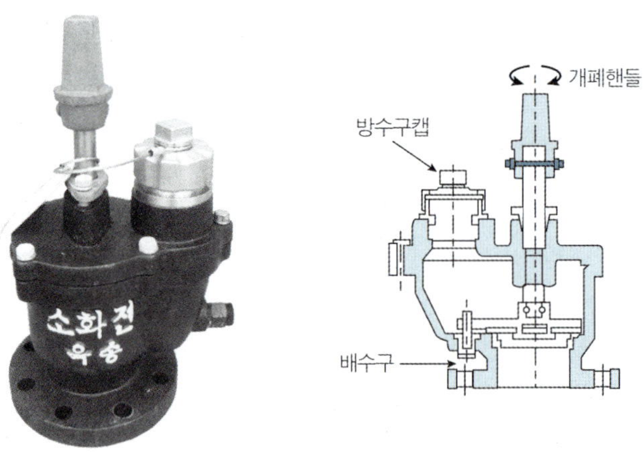

그림 3.3 지하식

3.4 옥외소화전설비의 구성요소

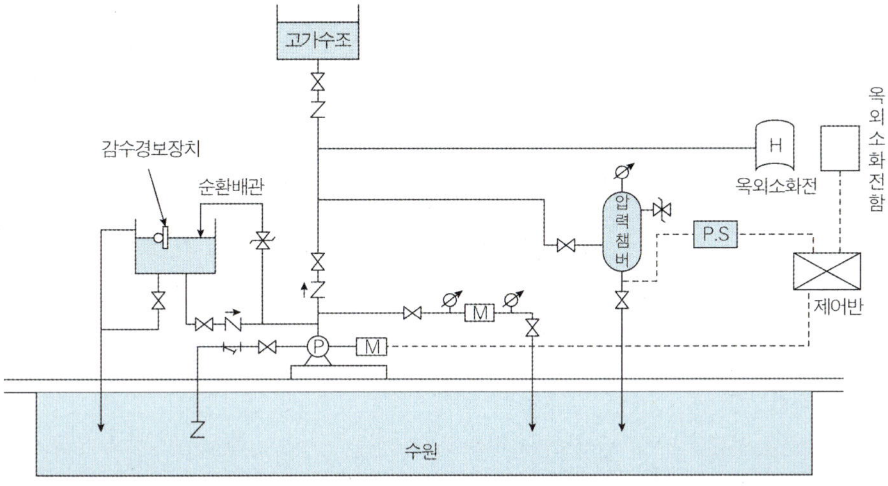

그림 3.4 옥외소화전의 구성

3.4.1 수원

옥외소화전설비의 수원은 그 저수량이 옥외소화전의 설치개수(최대 2개)에 7 m^3을 곱한 양 이상이 되도록 하여야 한다.

$$Q = N \times 350L/min \times 20min = N \times 7m^3$$

여기서, Q : 수원의 양[m^3]

N : 옥외소화전 설치개수[최대 2개]

3.4.2 가압송수장치

가압송수장치의 설치는 옥내소화전설비의 규정에 준용한다. 단 토출량 350 LPM, 방수압 0.25 MPa이다. 다만 노즐선단에서 방수압력이 0.7 MPa를 초과하는 경우에는 호스접결구인입측에 감압장치를 설치한다.

(1) 펌프 방식

펌프 및 전동기를 이용한 가압송수 방식의 전양정은 다음의 식에 의하여 산출한 수치 이상이 되도록 한다.

$$H = h_1 + h_2 + h_3 + 25$$

여기서, H : 전양정[m]

h_1 : 실양정[m]

h_2 : 배관 마찰손실수두[m]

h_3 : 소방호스 마찰손실수두[m]

25 m : 노즐 선단의 방수압력 환산수두[m]

(2) 압력수조 방식

압력수조에는 수위계, 배수관, 급수관, 급기관, 압력계, 자동식 에어콤프레셔, 안전장치 및 맨홀을 설치한다.

$$P = P_1 + P_2 + P_3 + 0.25$$

여기서, P : 필요한 압력[MPa]

P_1 : 배관 마찰손실수두압[MPa]

P_2 : 낙차 환산수두압[MPa]

P_3 : 소방호스 마찰손실수두압[MPa]

0.25 m : 노즐 선단의 방수압

(3) 고가수조 방식

고가수조 방식은 건축물의 옥상 또는 별도의 구조물 등에 설치하는 수원으로 수위계, 배수관, 급수관, 오버플로우관 및 맨홀을 설치한다.

$$H = h_1 + h_2 + 25$$

여기서, H : 필요한 낙차[m]

h_1 : 배관 마찰손실수두[m]

h_2 : 소방호스 마찰손실 수두[m]

25 m : 노즐 선단 방수압력 환산수두

3.4.3 배관

① 호스접결구는 지면으로부터 높이가 0.5 m 이상 1 m 이하의 위치에 설치하고 특정 소방대상물의 각 부분으로부터 하나의 호스접결구까지의 수평거리가 40 m 이하가 되도록 설치하여야 한다.

② 호스는 구경 65 mm의 것으로 하여야 한다.

③ 배관과 배관이음쇠는 다음의 어느 하나에 해당하는 것 또는 동등 이상의 강도·내식성 및 내열성 등을 국내·외 공인기관으로부터 인정받은 것을 사용해야 하고, 배관용 스테인리스 강관(KS D 3576)의 이음을 용접으로 할 경우에는 텅스텐 불활성 가스 아크 용접방식에 따른다.

- 배관 내 사용압력이 1.2 MPa 미만일 경우에는 다음의 어느 하나에 해당하는 것
  - ㉮ 배관용 탄소 강관(KS D 3507)
  - ㉯ 이음매 없는 구리 및 구리합금관(KS D 5301). 다만, 습식의 배관에 한한다.
  - ㉰ 배관용 스테인리스 강관(KS D 3576) 또는 일반배관용 스테인리스 강관(KS D 3595)
  - ㉱ 덕타일 주철관(KS D 4311)
- 배관 내 사용압력이 1.2 MPa 이상일 경우에는 다음의 어느 하나에 해당하는 것
  - ㉮ 압력 배관용 탄소 강관(KS D 3562)
  - ㉯ 배관용 아크용접 탄소강 강관(KS D 3583)

④ 소방용 합성수지배관으로 설치할 수 있는 경우

㉮ 배관을 지하에 매설하는 경우

㉯ 다른 부분과 내화구조로 구획된 덕트 또는 피트의 내부에 설치하는 경우

㉰ 천장(상층이 있는 경우에는 상층바닥의 하단을 포함.)과 반자를 불연재료 또는 준불연재료로 설치하고 소화배관 내부에 항상 소화수가 채워진 상태로 설치하는 경우

⑤ 급수배관은 전용으로 해야 한다. 다만, 옥외소화전의 기동장치의 조작과 동시에 다른 설비의 용도에 사용하는 배관의 송수를 차단할 수 있거나, 옥외소화전설비의 성능에 지장이 없는 경우에는 다른 설비와 겸용할 수 있다.

⑥ 펌프의 흡입 측 배관은 다음의 기준에 따라 설치해야 한다.

㉮ 공기 고임이 생기지 않는 구조로 하고 여과장치를 설치할 것

㉯ 수조가 펌프보다 낮게 설치된 경우에는 각 펌프(충압펌프를 포함한다)마다 수조로부터 별도로 설치할 것

⑦ 펌프의 성능시험배관은 다음의 기준에 적합하도록 설치해야 한다.

㉮ 성능시험배관은 펌프의 토출 측에 설치된 개폐밸브 이전에서 분기하여 직선으로 설치하고, 유량측정장치를 기준으로 전단 직관부에는 개폐밸브를 후단 직관부에는 유량조절밸브를 설치할 것. 이 경우 개폐밸브와 유량측정장치 사이의 직관부 거리 및 유량측정장치와 유량조절밸브 사이의 직관부 거리는 해당 유량측정장치 제조사의 설치사양에 따르고, 성능시험배관의 호칭지름은 유량측정장치의 호칭지름에 따른다.

㉯ 유량측정장치는 펌프의 정격토출량의 175% 이상까지 측정할 수 있는 성능이 있을 것

⑧ 가압송수장치의 체절운전 시 수온의 상승을 방지하기 위하여 체크밸브와 펌프 사이에서 분기한 구경 20 mm 이상의 배관에 체절압력 미만에서 개방되는 릴리프밸브를 설치할 것

⑨ 배관은 동결방지조치를 하거나 동결의 우려가 없는 장소에 설치해야 한다. 다만, 보온재를 사용할 경우에는 난연재료 성능 이상의 것으로 해야 한다.

⑩ 급수배관에 설치되어 급수를 차단할 수 있는 개폐밸브(옥외소화전방수구 제외)는 개폐표시형으로 할 것. 이 경우 펌프의 흡입측 배관에는 버터플라이밸브 외의 개폐표시형밸브를 설치해야 한다.

⑪ 배관은 다른 설비의 배관과 쉽게 구분이 될 수 있는 위치에 설치하거나, 그 배관표면 또는 배관 보온재표면의 색상은 「한국산업표준(배관계의 식별 표시, KS A 0503)」 또는 적색으로 식별이 가능하도록 소방용설비의 배관임을 표시해야 한다.

⑫ 확관형 분기배관을 사용할 경우에는 소방청장이 정하여 고시한 「분기배관의 성능인증 및 제품검사의 기술기준」에 적합한 것으로 설치해야 한다.

3.4.4 옥외소화전설비의 소화전함

(1) 옥외소화전함의 설치

① 옥외소화전설비에는 옥외소화전마다 그로부터 5 m 이내의 장소에 소화전함을 다음 기준에 따라 설치하여야 한다.

㉮ 옥외소화전이 10개 이하 설치된 때에는 옥외소화전마다 5 m 이내의 장소에 1개 이상의 소화전함을 설치하여야 한다.

㉯ 옥외소화전이 11개 이상 30개 이하 설치된 때에는 11개 이상의 소화전함을 각각 분산하여 설치하여야 한다.

㉰ 옥외소화전이 31개 이상 설치된 때에는 옥외소화전 3개마다 1개 이상의 소화전함을 설치하여야 한다.

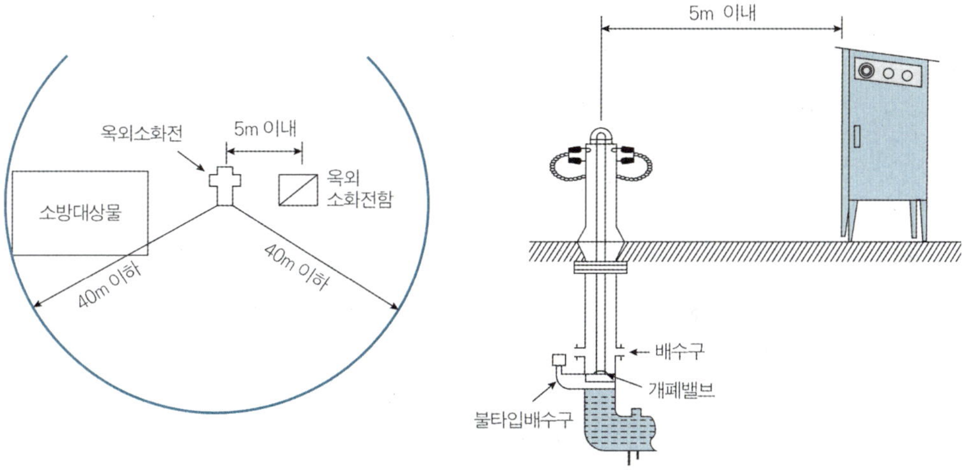

그림 3.5 옥외소화전의 수평거리

표 3.1 소화전 설치기준

소화전의 개수	설치기준
10개 이하	옥외소화전마다 5 m 이내에 1개 이상
11개 이상 30개 이하	11개를 각각 분산
31개 이상	옥외소화전 3개마다 1개 이상

② 옥외소화전설비의 함은 소방청장이 정하여 고시한 소화전함 성능인증 및 제품검사의 기술기준에 적합한 것으로 설치하되 밸브의 조작, 호스의 수납 등에 충분한 여

유를 가질 수 있도록 할 것. 연결송수관의 방수구를 같이 설치하는 경우에도 같다.

(2) 옥외소화전함 기준

① 옥외소화전함이 재질은 두께 1.5 mm 이상의 강판 또는 두께 4 mm 이상의 합성수지재로 한다.

② 문짝의 면적은 0.5 m^2 이상으로 하여 밸브의 조작, 호스의 수납 등에 충분한 여유를 가질 수 있도록 한다.

③ 옥외소화전함 표면에는 "옥외소화전"이라고 표시한 표지를 하고 가압송수장치의 조작부 또는 그 부근에는 가압송수장치의 기동을 명시하는 적색등을 설치하여야 한다.

다만, 자체소방대를 구성하여 운영하는 경우 가압송수장치의 기동표시등을 설치하지 않을 수 있다.

(3) 표시등 설치기준

① 위치 표시등은 함의 상부에 설치하고 불빛은 부착면으로부터 15° 이상의 범위 안에서 부착지점으로부터 10 m 이내의 어느 곳에서도 쉽게 식별할 수 있는 적색등으로 할 것

② 가압송수장치의 기동 표시등은 옥외소화전함의 상부 또는 그 직근에 적색등으로 설치할 것

표 3.2 옥내소화전 · 옥외소화전 · 연결송수관 비교

	옥내소화전	옥외소화전	연결송수관
방호개념	화재 초기 진압용 건물관리자가 소방대 도착 전까지 사용	저층부 화재 진압용 주변으로 연소확대방지	본격 화재 진압용 고층부화재에 효과적
사용자	건물 내 거주자	거주자 + 전문가(소방관)	전문가 전용
수원	건물 내 확보	건물 내 확보	소방차
포용거리	25 m	40 m	지하 3,000 m^2 이상 25 m 기타 : 50 m
방수구	40 A	65 A	65 A
방수량	130 LPM	350 LPM	2,400 LPM
방수압력	0.17 MPa	0.25 MPa	0.35 MPa

연습문제

1. 옥외소화전 설치 목적은?

2. 옥외소화전설비의 소화전함은 옥외소화전마다 몇 m 이내에 설치하여야 하는가?

3. 옥외소화전설비가 3개 설치되었을 때 가압송수장치의 토출량과 수원의 양을 구하시오

4. 소방대상물에 옥외소화전을 4개 설치하였을 때 다음 물음에 답하시오.

[물음]

① 수원의 양(m^3)은 얼마 이상인가?

② 가압송수장치의 토출량(L/min)은 얼마 이상인가?

5. 6층의 건축물에 옥외소화전을 4개 설치하였다. 다음의 조건을 참조하여 물음에 답하시오.

[조건]

1. 전양정은 43 m이다.
2. 펌프의 효율은 65%이다.
3. 여유율은 10%이다.

[물음]

① 소화용수의 저장량(m^3)은 얼마인가?

② 소화전에서의 규정방수압력과 방수량은 각각 얼마인가?

③ 송수펌프의 토출량(L/min)은 얼마인가?

④ 전동기의 용량(kW)을 산출하시오.

⑤ 옥외소화전 노즐에서 방수압력이 2.7 MPa이며, 노즐 구경이 19 mm일 때 방사량은 얼마인가?

6. 옥외 소화전이 61개 설치할 때 설치하여야 할 소화전함의 개수는?

CHAPTER 4

스프링클러설비(NFTC/PC 103)

4.1 개요

스프링클러설비는 화재가 발생한 경우 천장면이나 반자에 설치되어 있는 스프링클러헤드가 감열 작동하여 자동적으로 화원과 그 주변에 살수하여 화재를 초기단계에 진압하는 설비이다.

초기 소화 성공률이 96% 이상으로 매우 높고 대부분의 화재 시 스프링클러헤드 1~2개가 방수되어 소화할 수 있는 신뢰성이 매우 높은 소화설비이다.

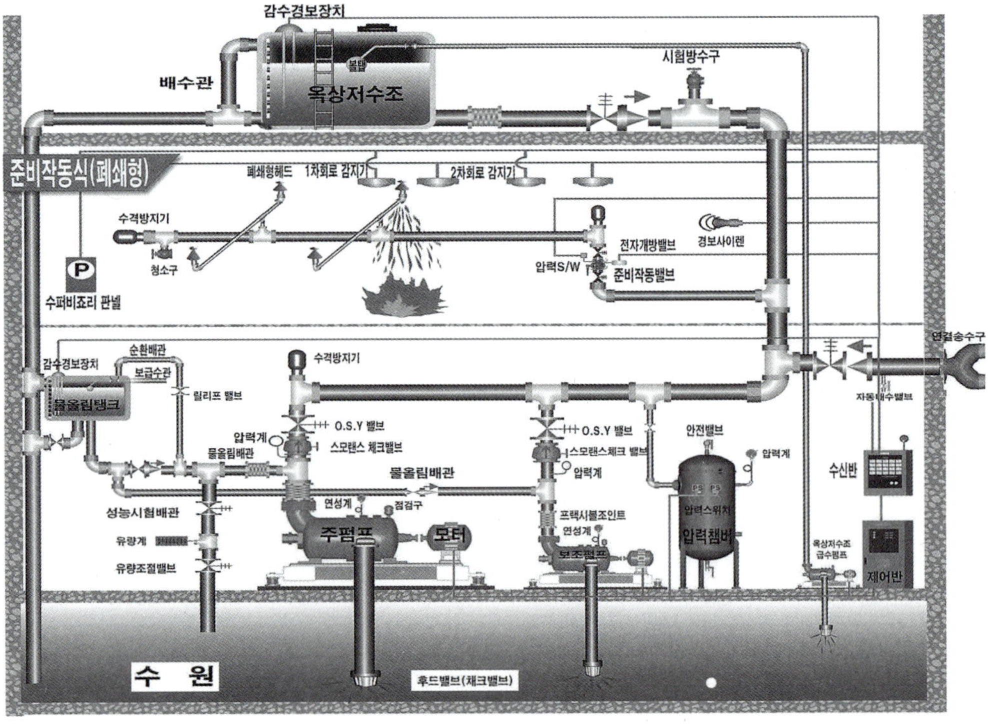

그림 4.1 스프링클러설비도

장점	① 초기화재 진압에 절대적인 효과가 있다. ② 시설의 수명이 반영구적이다. ③ 감지부의 구조가 기계적이므로 오동작이나 오보가 적다. ④ 조작이 간편하며 안전하다. ⑤ 완전자동으로 사람이 없는 야간에도 효과적으로 소화할 수 있다. ⑥ 소화제가 물이기 때문에 값이 싸다.
단점	① 시공이 다른 시설보다 복잡하다. ② 초기 시설비가 많이 든다. ③ 유지보수가 번거롭다. ④ 수손피해가 심하다.

4.2 적용 대상물

① 층수가 6층 이상인 특정소방대상물의 경우에는 모든 층. 다만, 다음의 어느 하나에 해당하는 경우는 제외

㉮ 주택 관련 법령에 따라 기존의 아파트등을 리모델링하는 경우로서 건축물의 연면적 및 층의 높이가 변경되지 않는 경우

㉯ 스프링클러설비가 없는 기존의 특정소방대상물을 용도변경하는 경우. 다만, ②부터 ⑥까지 및 ⑨부터 ⑫까지는 스프링클러설비를 설치

② 기숙사(교육연구시설 · 수련시설 내에 있는 학생 수용을 위한 것) 또는 복합건축물로서 연면적 5천 m^2 이상인 경우 모든 층

③ 문화 및 집회시설(동 · 식물원은 제외), 종교시설(주요구조부가 목조인 것은 제외), 운동시설(물놀이형 시설 및 바닥이 불연재료이고 관람석이 없는 운동시설 제외)로서 다음의 어느 하나에 해당하는 경우 모든 층

㉮ 수용인원이 100명 이상인 것

㉯ 영화상영관의 용도로 쓰는 층의 바닥면적이 지하층 또는 무창층인 경우 500 m^2 이상, 그 밖의 층의 경우 1천 m^2 이상인 것

㉰ 무대부가 지하층 · 무창층 또는 4층 이상의 층에 있는 경우 무대부의 면적이 300 m^2 이상인 것

㉱ 무대부가 ㉰ 외의 층에 있는 경우 무대부 면적이 500 m^2 이상인 것

④ 판매시설, 운수시설 및 창고시설(물류터미널로 한정)로서 바닥면적의 합계가 5천 m^2 이상이거나 수용인원이 500명 이상인 경우 모든 층

⑤ 다음의 어느 하나에 해당하는 용도로 사용되는 시설의 바닥면적의 합계가 600 m^2

이상인 것은 모든 층

㉮ 근린생활시설 중 조산원 및 산후조리원

㉯ 의료시설 중 정신의료기관

㉰ 의료시설 중 종합병원, 병원, 치과병원, 한방병원 및 요양병원

㉱ 노유자 시설

㉲ 숙박이 가능한 수련시설

㉳ 숙박시설

⑥ 창고시설(물류터미널은 제외)로서 바닥면적 합계가 5천 m^2 이상인 경우 모든 층

⑦ 특정소방대상물의 지하층 · 무창층(축사는 제외) 또는 층수가 4층 이상인 층으로서 바닥면적이 1천 m^2 이상인 층이 있는 경우 해당 층

⑧ 레크식 창고(rack warehouse) : 랙을 갖춘 것으로서 천장 또는 반자(반자가 없는 경우에는 지붕의 옥내에 면하는 부분)의 높이가 10 m를 초과하고, 랙이 설치된 층의 바닥면적의 합계가 1천5백 m^2 이상인 경우 모든 층

⑨ 공장 또는 창고시설로서 다음의 어느 하나에 해당하는 시설

㉮「화재의 예방 및 안전관리에 관한 법률 시행령」 별표 2에서 정하는 수량의 1천배 이상의 특수가연물을 저장 · 취급하는 시설

㉯ 중 · 저준위방사성폐기물의 저장시설 중 소화수를 수집 · 처리하는 설비가 있는 저장시설

⑩ 지붕 또는 외벽이 불연재료가 아니거나 내화구조가 아닌 공장 또는 창고시설로서 다음의 어느 하나에 해당하는 것

㉮ 창고시설(물류터미널로 한정) 중 ④에 해당하지 않는 것으로서 바닥면적의 합계가 2천5백 m^2 이상이거나 수용인원이 250명 이상인 경우 모든 층

㉯ 창고시설(물류터미널은 제외) 중 ⑥에 해당하지 않는 것으로서 바닥면적의 합계가 2천5백 m^2 이상인 경우 모든 층

㉰ 공장 또는 창고시설 중 ⑦에 해당하지 않는 것으로서 지하층 · 무창층 또는 층수가 4층 이상인 것 중 바닥면적이 500 m^2 이상인 경우 모든 층

㉱ 레크식 창고 중 ⑧에 해당하지 않는 것으로서 바닥면적의 합계가 750 m^2 이상인 경우 모든 층

㉲ 공장 또는 창고시설 중 ⑨㉮에 해당하지 않는 것으로서 500배 이상의 특수가연물을 저장 · 취급하는 시설

⑪ 교정 및 군사시설 중 다음의 어느 하나에 해당하는 장소

㉮ 보호감호소, 교도소, 구치소 및 그 지소, 보호관찰소, 갱생보호시설, 치료감호시설, 소년원 및 소년분류심사원의 수용거실

㉯ 보호시설(외국인보호소의 경우 보호대상자의 생활공간)로 사용하는 부분. 다만, 보호시설이 임차건물에 있는 경우는 제외한다.

㉰ 유치장

㉱ 지하가(터널 제외)로서 연면적 1천 m^2 이상인 것

⑬ 발전시설 중 전기저장시설

⑭ ①부터 ⑬까지의 특정소방대상물에 부속된 보일러실 또는 연결통로 등

4.3 스프링클러 소화설비의 종류

스프링클러설비는 설치장소나 방호 대상물에 따라 폐쇄형 스프링클러헤드와 개방형 스프링클러헤드를 사용하는 2가지 방식이 있다.

폐쇄형 방식은 감열부가 열에 의해 녹아 개방되는 방식으로 습식, 건식, 준비작동식 등이 있고 개방형 방식은 감열부가 없어 감지기 동작으로 살수되는 일제살수식(Deluge system)이 있다.

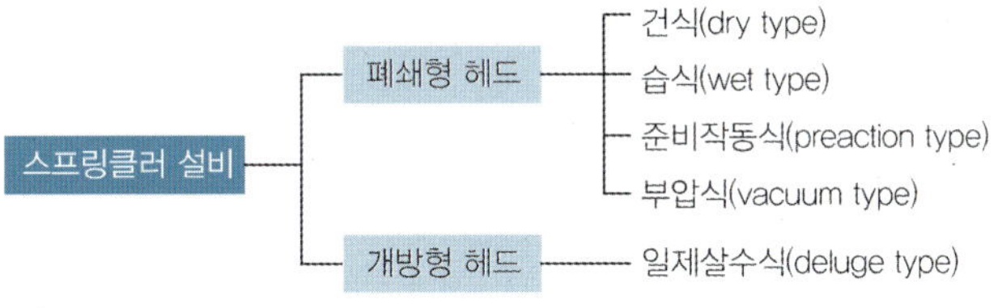

표 4.1 스프링클러 소화설비 종류별 특징

구분	1차측	유수검지장치	2차측	헤드	감지기 유무
습식	가압수	알람밸브	가압수	폐쇄형	X
건식	가압수	드라이밸브	압축공기	폐쇄형	X
준비작동식	가압수	프리액션밸브	대기압	폐쇄형	○
부압식	가압수	프리액션밸브	부압	폐쇄형	○
일제살수식	가압수	일제살수식밸브	대기압	개방형	○

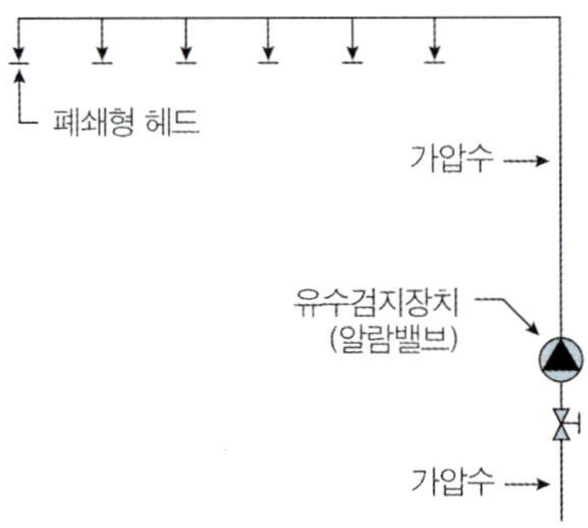

(a) 습식

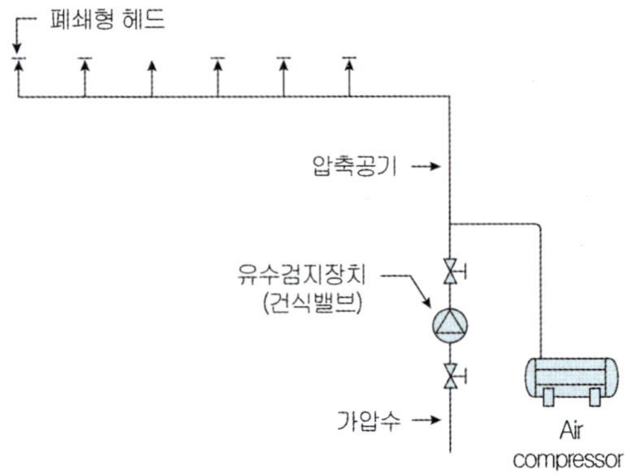

(b) 건식

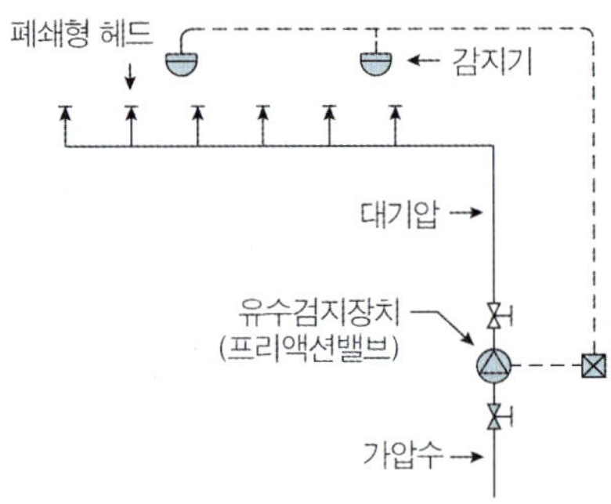

(c) 준비작동식

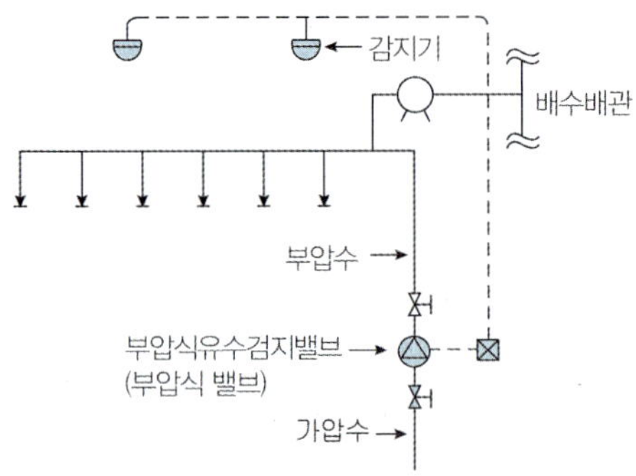

(d) 부압식

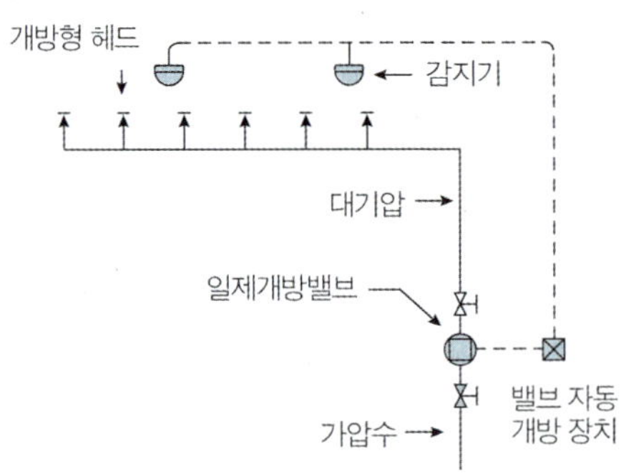

(e) 일제살수식

그림 4.2 스프링클러설비 구조

TIP

폐쇄형과 개방형

1. 폐쇄형 : 스프링클러헤드 선단이 막혀 있고, 감열부가 있는 것
   - 건식 스프링클러설비 : 1차측에 가압수, 2차측에는 압축공기가 차 있는 것
   - 습식 스프링클러설비 : 1차측과 2차측 모두 가압수가 차 있는 것
   - 준비작동식 스프링클러설비 : 1차측에는 가압수, 2차측에는 대기압 상태
2. 개방형 : 스프링클러 선단이 개방돼 있고, 감열부가 없는 것
   - 일제살수식 스프링클러설비 : 1차측에 가압수, 2차측에는 대기압 상태

4.4 스프링클러설비의 구조 및 작동원리

4.4.1 폐쇄형 스프링클러

(1) 습식 스프링클러 소화설비(Wet Pipe Sprinkler System)

가장 일반적인 스프링클러설비로서 1차측에 가압수가 충수되어 있으며, 유수검지 장치로는 알람(Alarm)밸브를 사용한다.

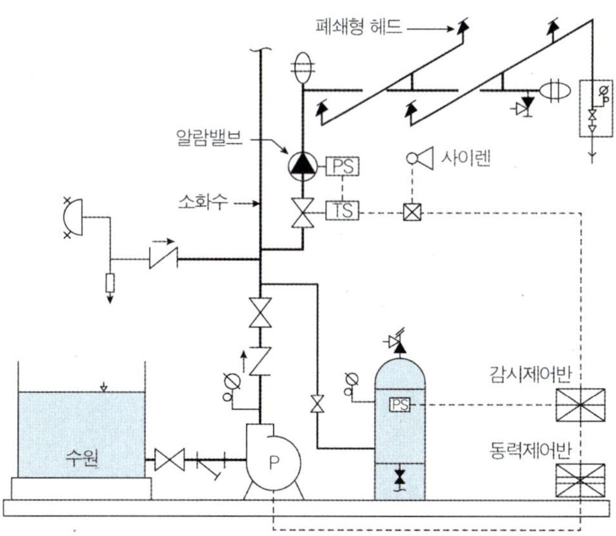

그림 4.3 습식 스프링클러설비도

화재가 발생하여 헤드가 개방되면 2차측의 물이 방출되며 이때 알람밸브가 개방되어 1차 측의 가압수가 2차측으로 유입하여 방사되는 설비이다. 동결의 우려가 없는 장소로서 층고가 높지 않은 장소에 적용된다.

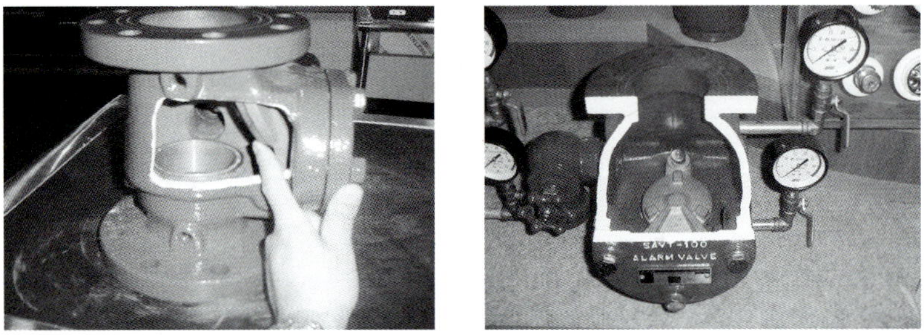

그림 4.4 알람밸브 단면

장점	단점
① 구조가 간단하다. ② 유지관리가 용이하다. ③ 헤드개방 시 즉시 살수가 된다.	① 동결의 우려가 있는 곳은 사용이 제한된다. ② 오동작 시에는 수손의 피해가 있다. ③ 층고가 높으면 개방이 지연되어 초기 화재에 대처가 느리다.

1) 작동원리

① 화재가 발생하여 스프링클러헤드 주위온도가 상승한다.

② 화열에 의하여 폐쇄형 스프링클러헤드가 개방된다.

③ 배관 내의 물이 개방된 헤드를 통하여 분사되므로 유수검지장치 2차측 압력이 저하된다.

④ 2차측의 압력저하로 1차측의 압력이 높아져 알람밸브의 클래퍼가 열린다.

⑤ 알람밸브 1차측 압력이 기준치 이하로 떨어지면 압력스위치에 의해 가압송수장치가 동작된다.

⑥ 헤드로 물이 방사되어 화재가 진압된다.

2) 습식 스프링클러의 구성

① 유수검지장치

유수검지장치는 자동경보밸브(Alarm Check Valve), 패들형 유수검지기, 유수검지기 등이 있으나 자동경보밸브가 가장 많이 사용된다.

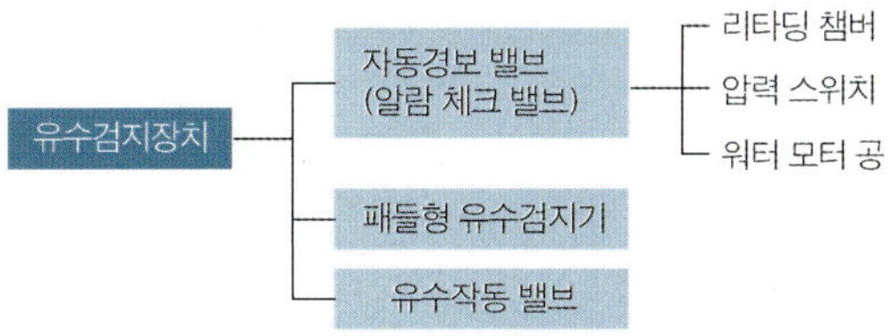

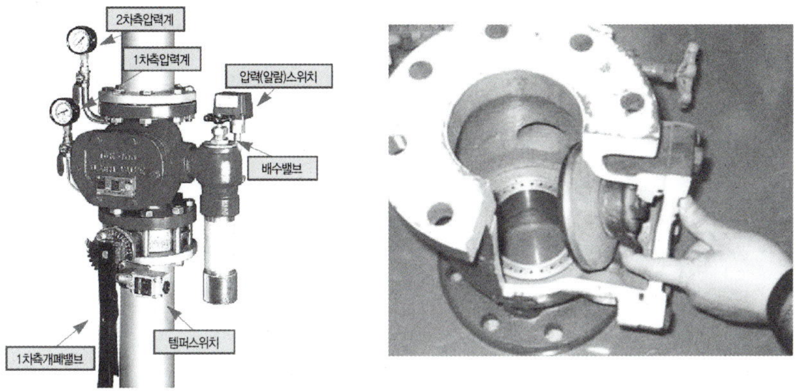

그림 4.5 자동경보밸브

① 자동경보밸브(Alarm check valve)

유수검지장치는 하나의 방호구역마다 설치되는데 클래퍼를 기준으로 1차측과 2차측으로 구분되며, 1차에는 가압송수장치에 의해 가압수를 공급하고 2차측에도 가압수가 충수되어 있다. 1차측과 2차측에는 각각 압력계가 부착되어 배관 내의 압력을 측정하고 평

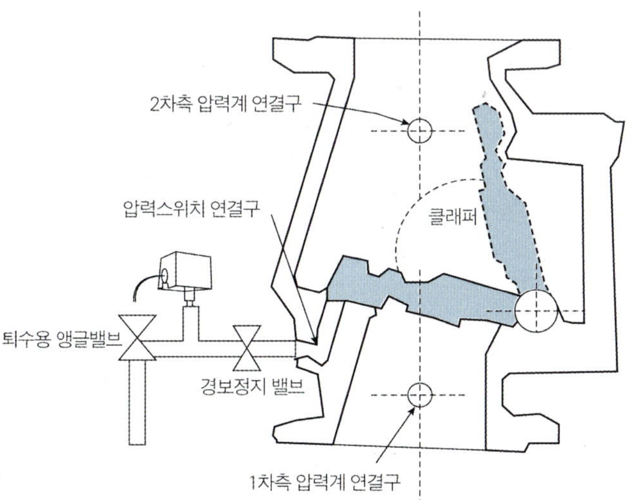

그림 4.6 자동경보밸브

상시에는 같은 압력이 유지되어 평형을 이루다가 화재가 발생되면 헤드가 개방되어 2차측의 압력이 감소되면서 알람밸브가 개방되어 수신반에 화재표시등을 점등시킴과 동시에 경보를 발령하게 된다.

㉮ 리타딩챔버(Retarding Chamber)

리타딩챔버의 설치목적은 누수로 인한 경보밸브의 오동작 방지, 안전밸브 역할, 배관 및 압력스위치가 손상되는 것을 방지하는 것이다.

리타딩챔버의 용량은 7.5 L정도가 사용되며, 압력스위치의 작동지연시간은 약 20초 정도이다. 그러나 최근에는 거의 사용되지 않고 압력스위치 내부의 지연타이머를 부착하여 접점이 이루어지더라도 작동을 지연시켜서 오보를 방지하도록 하고 있다.

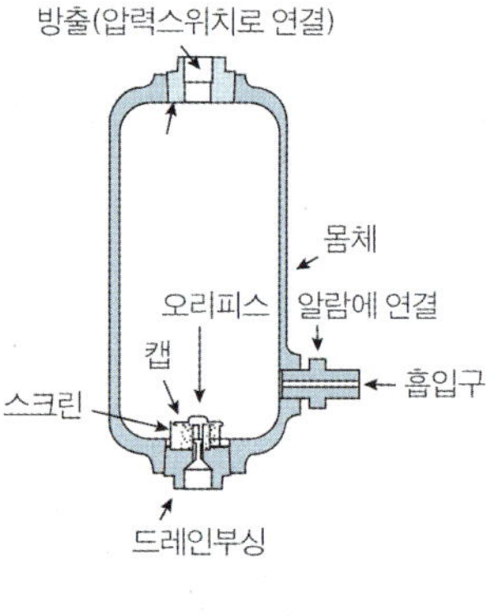

그림 4.7 리타딩챔버

㉯ 압력스위치(Pressure switch)

리타딩챔버 상단 또는 알람밸브와 직접 연결된 압력스위치는 경보 체크밸브의 측로을 통하여 흐르는 물의 압력으로 압력스위치의 벨로우즈(Bellows)가 가압되면 수신반에 신호를 보내 화재표시 및 경보를 발령하고 펌프를 기동시키는 장치이다.

구분	기계식	전자식
사진		
특징	• 아날로그 방식 • 전원 불필요 • 미세 압력 조정에 어려움 • 육안 식별에 어려움	• 디지털 방식 • 전원 필요 • 미세 압력 조정이 가능 • 육안 식별이 용이

그림 4.8 압력스위치

㉰ 워터 모터 공(Water motor gong)

일종의 작은 펠톤수차 형식으로 유수검지장치의 클래퍼가 개방되면 리타딩챔버로 유입되는 가압수가 수차를 회전시키고 회전하는 수차가 공을 울리게 된다. 현재는 전기식 경보장치의 보급으로 거의 사용되지 않고 있다.

② 패들형 유수검지기

배관 내에 패들이라는 얇은 판을 부착시켜 물이 흐를 때 패들이 유수를 감지하여 경보를 발생한다.

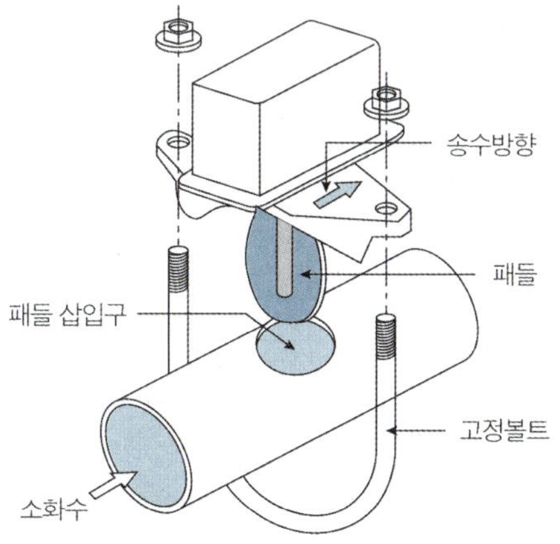

그림 4.9 패들형 우수검지기

③ 유수작동밸브

체크밸브의 구조로서 물의 흐름에 의해 밸브에 부착되어 있는 마이크로 스위치가 작동되어 수신반으로 전달되어 경보 및 화재를 표시하게 된다.

(2) 건식 스프링클러설비(Dry Pipe System)

건식밸브를 기준으로 1차측에는 가압송수장치에 의한 가압수가, 2차측에는 자동식 공기 압축기(Air-compressor)를 이용한 압축공기나 질소가 충전되어 있다.

화재가 발생하여 헤드가 개방되면 2차측 압축공기가 방출되며 이때 건식밸브가 개방되어 1차측의 가압수가 2차측으로 유입되어 방출하는 소화설비이다. 2차측의 배관에는 물이 들어있지 않아 보온을 하지 않아도 되는 장점이 있어 동파의 위험이 있는 주차장, 대공간 등에 사용한다. 그러나 압축공기가 전부 방출된 후 살수가 되므로 살수개시까지 시간 지연이 발생한다. 따라서 신속히 이 압축공기를 배출시켜주는 급속개방장치(Quick Opening Devices)가 필요하다.

장 점	단 점
① 동결의 우려가 있는 장소에도 사용이 가능하다. ② 수손의 피해를 줄일 수 있다. ③ 보온이 필요하지 않다. ④ 옥외에서도 사용이 가능하다.	① 소화시간이 지연된다. ② 화재 초기에는 압축공기가 방출되므로 화점 주위에는 화세를 촉진시킬 수 있다. ③ 설비가 복잡하다.

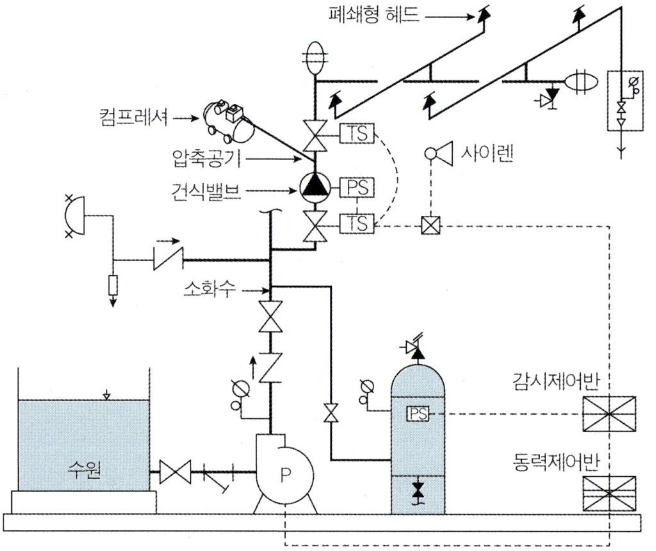

그림 4.10 건식 스프링클러설비 주요 구성부

1) 작동원리

① 화재가 발생하여 스프링클러헤드 주위온도가 상승한다.

② 화열에 의하여 폐쇄형 스프링클러헤드가 개방된다.

③ 배관 내의 압축공기가 헤드로 분사되므로 건식밸브 2차측 압력이 저하된다.

④ 2차측의 압력저하로 1차측의 압력이 높아져 알람밸브의 클래퍼가 열린다.

⑤ 건식밸브 1차측 압력이 기준치 이하로 떨어지면 압력스위치에 의해 가압송수장치가 동작된다.

⑥ 펌프가 기동되고 헤드로 물이 공급되어 화재가 진압된다.

2) 건식 스프링클러의 구성

1 건식밸브(Dry Pipe Valve)

건식밸브는 1차측에는 가압수를 채워두지만 2차측에는 가압공기나 질소가스가 압축되어 있다가 화재발생 시 열에 의해 헤드가 개방되어 소화한다.

클래퍼 상부에는 클래퍼의 공기누설을 방지하고 밸브의 오작동을 막기 위하여 수위조절밸브에 의한 일정한 수면(Priming Water Level)을 유지하여야 한다. 1차측 물공급 압력과 2차측 공기압력은 제조회사의 설계치에 맞추면 되나 일반적으로 2차측의 공기압력이 1차측 수압의 약 10% 정도 감소되었을 때 열리게 된다.

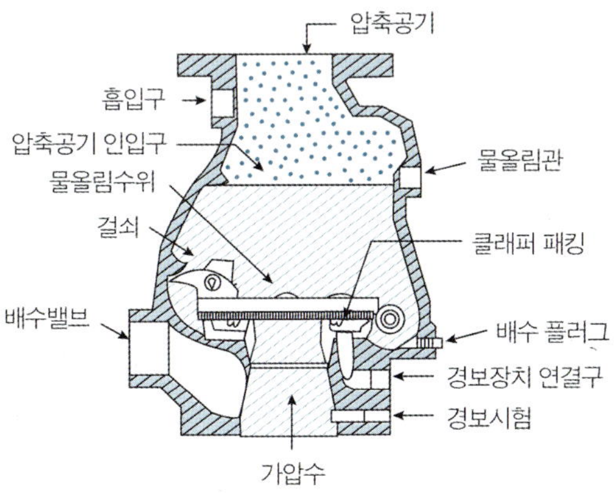

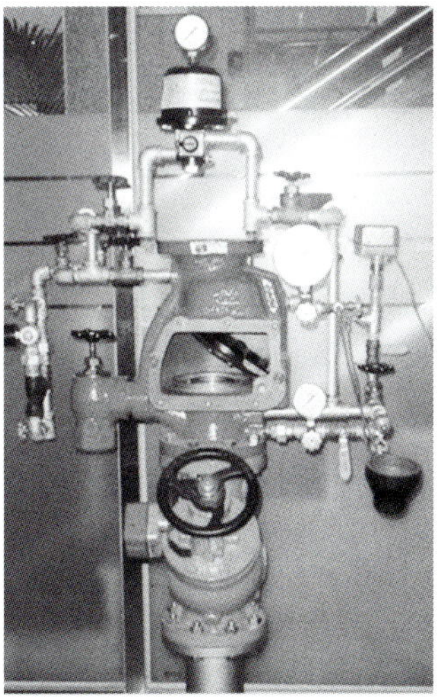

그림 4.11 건식밸브

TIP

건식밸브의 기능

- 자동경보 기능 : 화재발생 시 건식밸브의 클래퍼가 열리면 가압수가 방출되어 압력스위치 또는 워터 모터공을 작동시켜 화재발생을 알림
- 체크밸브 기능 : 클래퍼를 중심으로 1차측에 가압수, 2차측에는 압축공기 또는 질소가스로 가압되어 있는데, 2차측의 가스가 1차측으로 유입되는 것을 방지함

2 급속개방장치(Quick Opening Devices)

건식설비에서는 2차측 관로 중의 압축기체가 모두 방출되어야 물이 헤드를 통해 방사될 수 있기 때문에 습식설비보다는 작동시간이 늦어져 초기소화에 차질이 생길 수 있다. 따라서 헤드가 개방되었을 때 단시간 내에 압축공기를 배출시키는 급속개방장치가 필요하다. 급속개방장치에는 가속기와 공기배출기가 사용되고 있다.

① 가속기(Accelerator)

헤드가 개방되어 2차측의 공기압력이 규정치보다 낮아졌을 때 가속기가 작동하여 2차측 압축공기의 일부를 클래퍼 1차측 중간 챔버로 보내면 이 압축공기가 클래퍼를 밀어 올려 클래퍼가 빨리 열리고 유수가 신속하게 시작된다.

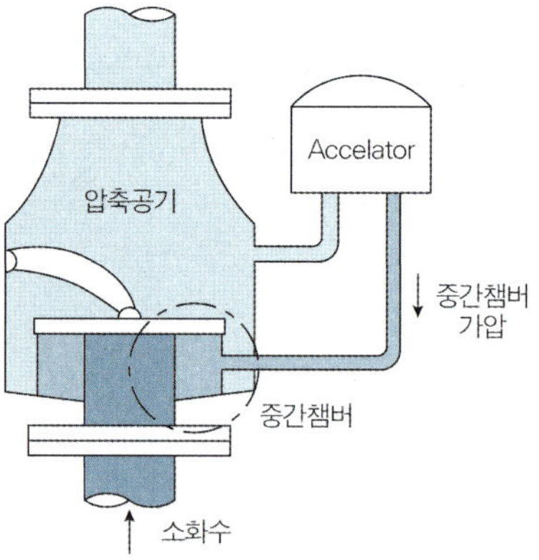

그림 4.12 가속기

② 공기배출기(Exhauster)

공기배출기의 입구측은 건식밸브 직상부 2차측에 연결되어 있으며 출구는 대기 중으로 노출되어 있다. 헤드의 개방으로 건식밸브 2차측의 공기 압력이 셋팅 압력보다 낮아졌을 때 공기배출기가 작동하여 2차측의 압축공기가 대기 중으로 신속히 배출되도록 한다.

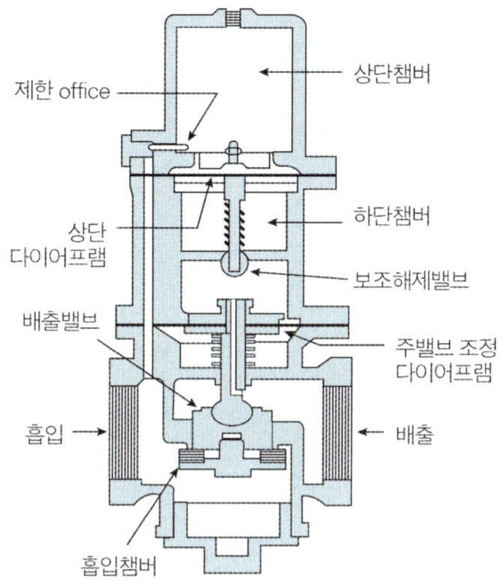

그림 4.13 공기배출기

표 4.2 accelerator와 exhauster차이점

	accelerator	exhauster
개념	• 밸브의 트립시간 단축을 위해 사용 • 2차측 공기압을 이용 클래퍼 개방 속도 가속	• 소화수 이송시간을 줄이기 위해 사용 • 2차측 공기압을 배출
장 · 단점	① 개방속도 빠르다. ② 시간지연이 짧다. ③ 유지관리가 용이	① 밸브 개방속도, 개방효과가 낮다 ② 시간지연이 길다 ③ 유지관리 불편

3 공기압축기(Air compressor)

공기압축기는 건식밸브의 2차측에 압축공기를 채우기 위해 설치한다. 이것은 주로 스프링클러설비 전용의 것으로 하나 일반 공기압축기를 사용하는 경우에는 드라이밸브와 주공기 공급관 사이에 반드시 공기압력조절기를 설치하여야 한다.

그림 4.14 에어콤프레셔

④ 드라이펜던트형 헤드(Dry pendent type)

건식설비의 헤드는 상향형 헤드를 사용하면 좋으나 하향형 헤드를 사용해야 하는 경우에는 동파방지를 위하여 드라이펜던트형 헤드를 설치하여야 한다. 건식설비에는 배관 내에 물이 없기 때문에 하향형 헤드 설치 시 작동되어 급수가 되면 헤드 내에 물이 들어가 배수를 시키더라도 물이 남아있게 되어 동파될 우려가 있기 때문에 드라이펜던트형 헤드를 설치한다.

그림 4.15 드라이펜던트형 헤드

TIP

Priming water를 채우는 이유

- 저압의 공기로 클래퍼 상부의 일정한 압력유지
- 클래퍼 상부의 기밀유지
- 화재 시 클래퍼의 빠른 개방 → 신속 소화

(3) 준비작동식 스프링클러설비(Pre-Action System)

준비작동식 스프링클러설비는 난방이 되지 않는 옥내에 설치하는 스프링클러설비로서 1차측에는 가압수가, 2차측에는 대기압 상태로 유지된다. 화재가 발생하면 감지기 동작에 의해 솔레노이드밸브(Solenoid valve)가 기동되고 이로 인하여 준비작동식밸브가 개방되면 1차측의 가압수가 2차측으로 유입된다. 이후 헤드가 열에 의해 개방되면 유입된 물이 방사되는 설비이다.

이는 습식 스프링클러설비의 빠른 초기진화의 장점을 살리고, 건식 스프링클러설비의 살수 시간지연 등의 단점을 보완한 설비이다.

장 점	단 점
① 동결의 우려가 있는 장소에 사용이 가능하다. ② 조기대응이 가능하다 ③ 평상시 헤드가 파손 등으로 개방되어도 밸브개방 전까지는 수손의 피해가 없다.	① 별도의 감지기를 설치하여야 한다. ② 소화시간 지연 우려가 있다. ③ 헤드나 배관의 손상여부 확인이 어렵다. ④ 습식보다 고가이다.

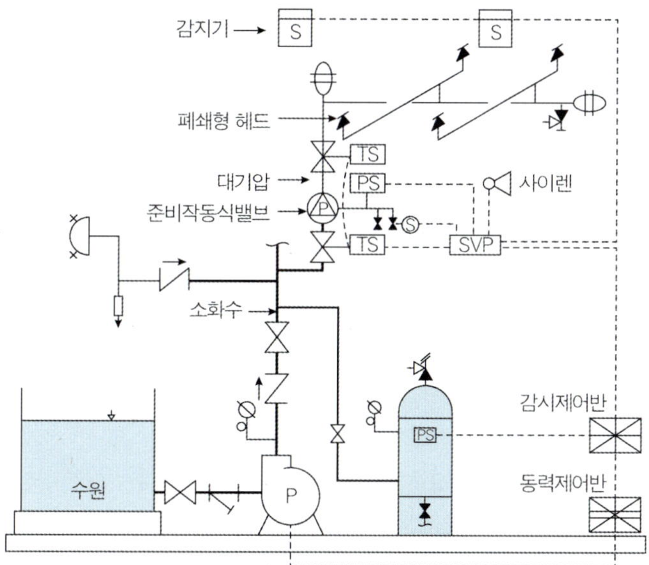

그림 4.16 준비작동식 스프링클러설비 계통도

1) 작동원리

① 화재가 발생하여 스프링클러헤드의 주위온도가 상승한다.

② 감지기가 동작하여 솔레노이드(전자)밸브를 개방한다.

③ 1차측의 가압수가 2차측으로 유입되어 스프링클러헤드까지 물이 충수되며, 밸브 2차측의 압력스위치가 작동하여 경보를 울리게 된다.

④ 화열에 의하여 스프링클러헤드가 개방된다.

⑤ 헤드가 개방되면 가압수가 분사되어 소화한다.

2) 구성 부품

1 준비작동밸브(Pre action valve)

준비작동밸브에는 전기식, 기계식, 뉴메틱식이 있으며 이 가운데 전기식이 가장 많이 사용된다. 감지기가 화재를 감지하면 전기적으로 솔레노이드밸브를 작동시켜 클래퍼를 가압수의 압력으로 밀어 올려 가압수를 공급하는 구조이다.

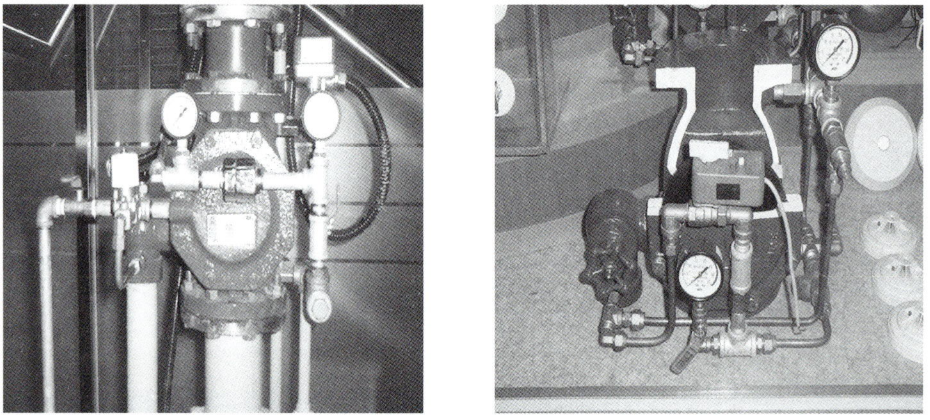

그림 4.17 준비작동밸브

2 슈퍼비조리판넬(Supervisory Panel)

스프링클러설비의 밸브와 전원상태를 항상 감시기능을 하는 장치이다. 수동으로 밸브를 개방시킬 수 있는 기능이 있어 기동스위치를 누르면 화재감지기가 작동된 것과 같이 솔레노이드 밸브가 개방되어 준비작동밸브가 작동된다.

자체고장을 알리는 경보장치가 설치되어 있으며, 화재감지기의 동작에 따라 준비작동밸브를 동작시키는 기능 외에 방화댐퍼의 폐쇄 등 관련 설비의 작동 기능도 있다.

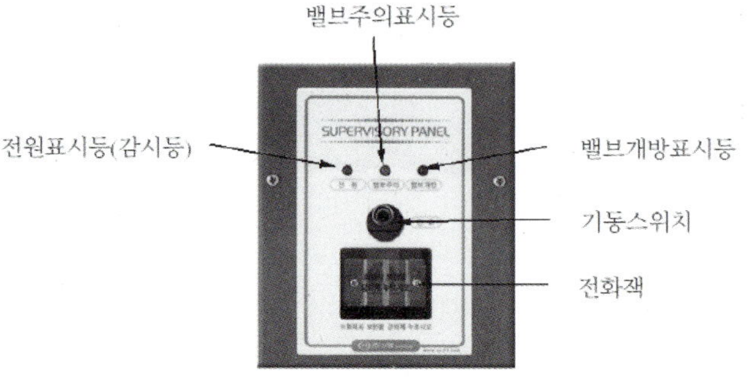

그림 4.18 슈퍼비조리판넬

③ 전자밸브(Solenoid valve)

전자밸브의 기능은 감지기 작동이나 수동조작함의 기동스위치 조작 또는 화재수신반의 수동 개방스위치 조작 시 자동으로 솔레노이드 밸브를 개방시키고 중간챔버의 압력을 감소시켜 준비작동밸브의 디스크를 개방시켜주는 밸브로서 평상시에는 폐쇄상태로 유지된다.

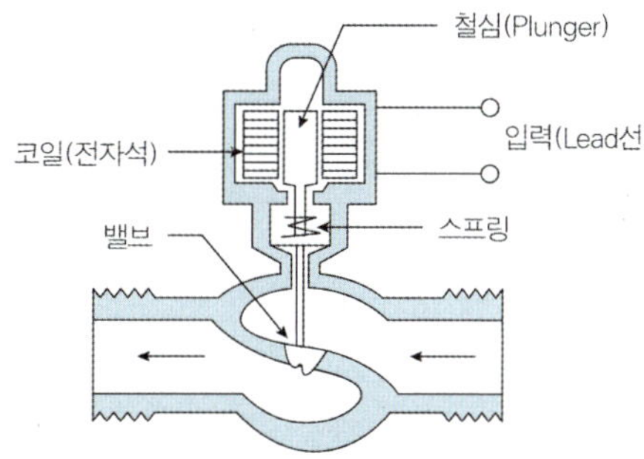

그림 4.19 솔레노이드밸브

(4) 부압식 스프링클러설비(Vacuum System)

부압식 스프링클러설비는 준비작동식 스프링클러설비에 2차측만 별도의 부압시스템을 적용하여 헤드의 파손이나 오동작으로 인한 수손피해를 막기 위해 개발된 스프링클러 시스템이다.

가압송수장치에서 준비작동식유수검지장치의 1차측까지는 정압으로 물이 가압되고 2차측 -0.05 MPa 정도의 소화수를 충수 하고 있다가 화재 시 감지기의 작동에 의해 가압충수하고 헤드 개방시 방수하여 소화한다.

헤드가 열에 의한 개방이 아닌 오작동 시에도 소화수가 방수되지 않으며 배관 내의 부식 또는 지진으로 인하여 Pin hole이 발생하여도 소화수가 방수되지 않아 수손피해를 방지할 수 있다.

장점	단점
① 2차측이 소화수로 충수되어 초기소화 가능하다. ② 헤드 파손 등으로 인한 수손피해를 방지할 수 있다.	① 진공펌프, 부압제어부 등의 설치로 시스템이 복잡하다. ② 시스템이 복잡하여 유지관리가 어렵다. ③ 동결우려 장소에는 사용이 제한된다.

1) 부압식 스프링클러 작동

① 평상시

① 진공펌프 작동하여 프리액션 2차측 감압(부압상태 유지)

② 감압 완료시 진공펌프 정지 후 감시

2 화재시

① 화재발생으로 화재 감지기 작동

② 진공펌프 정지 및 진공 제어반 화재신호 발신

③ 프리액션 밸브 개방으로 유수검지장치 압력 스위치 작동

④ 가압송수장치 기동 → 소화

3 오동작

① 스프링클러 헤드 파손 등의 오작동

② 부압(진공)스위치 작동 → 화재수신반(수동조작함) 표시

③ 2차측 진공상태 유지(진공펌프 작동)

④ 소화수가 방출되지 않아 수손피해 방지

2) 적응장소

① 수손피해가 우려되는 장소

② 반도체 공장, 클린룸 등

③ 시간 지연시 피해가 우려되는 장소

3) 구성부품

1 부압제어부

배관 내의 압력과 화재수신기 및 가압펌프 등을 감시하다 화재 시 진공펌프를 정지시키고 가압펌프를 작동시켜 소화수가 방출되도록 한다. 오동작일 경우에는 진공펌프를 작동시켜 배관 내 소화수를 흡입하여 소화수로 인한 피해을 방지하는 역할을 한다.

2 진공펌프

진공펌프는 배관 내의 압력을 일정 진공압력으로 유지시키는 역할을 한다. 진공압력이 떨어지게 되면 진공펌프는 자동으로 작동을 시작하여 배관 내의 압력이 일정 진공압(-0.05～-0.08 MPa)이 유지되면 작동으로 멈춘다

3 진공밸브

진공밸브(Vaccum Valve)는 오작동 시에 진공펌프가 작동하면 개방되어 소화수를 흡입할 수 있도록 작동하며, 정상상태에서는 배관 내의 압력이 진공압력으로 형성되면 진공밸브를 닫아 진공압력이 유지될 수 있도록 하는 역할을 한다.

진공펌프
(Vaccum Pump)

진공밸브
(Vaccum Valve)

부압제연반
(System Unit)

진공스위치
(Vaccum Switch)

사진출처 : 마스테코

4.4.2 개방형 스프링클러설비

(1) 일제살수식 스프링클러설비(Deluge System)

일제살수식 스프링클러설비는 1차측에는 가압수, 2차측에는 대기압 상태로 있다가 화재가 발생하면 감지기 동작에 의해 일제개방밸브가 개방되고 해당 방호구역에 물이 공급되어 개방형 헤드에서 동시에 살수가 이루어지게 된다. 이는 연소 확대가 빠른 장소에서 신속하게 다량의 물을 주수할 목적으로 설치하는 설비이다. 그러나 방호공간 전체에 살수되므로 대량의 물을 급수할 수 있는 대규모 급수체계가 필요하고 2차 수손피해가 큰 단점도 있다.

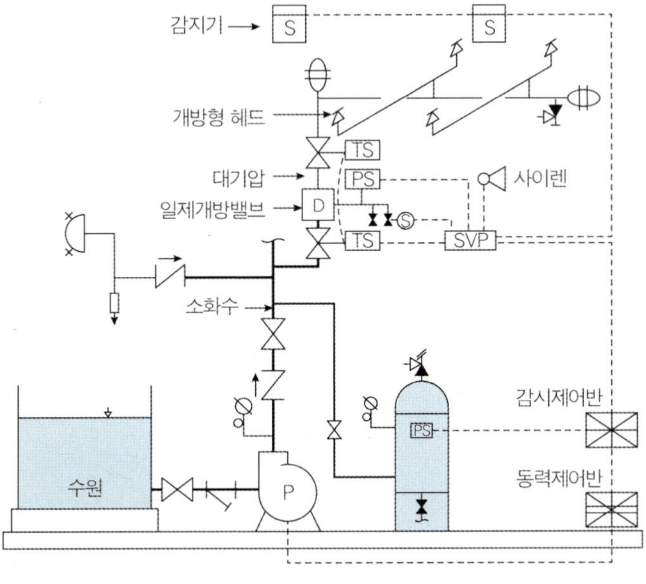

그림 4.20 일제살수식 스프링클러설비

장　점	단　점
① 대형화재나 연소속도가 빠른 화재에도 신속하게 대처할 수 있다. ② 감지기에 의한 기동 방식이므로 층고가 높은 경우에도 적용할 수 있다.	① 소화 수량이 많이 필요하다. ② 오동작 시에는 수손 피해가 크다. ③ 별도의 감지기를 설치하여야 한다.

(2) 작동원리

① 화재가 발생하여 스프링클러헤드의 주위온도가 상승한다.

② 감지기가 동작하여 일제개방밸브를 개방한다.

③ 1차측의 가압수가 2차측으로 유입되어 개방형 스프링클러헤드에서 물이 방사된다.

④ 가압수가 분사되어 소화한다.

(3) 구성 부품

1 일제개방밸브(Deluge valve)

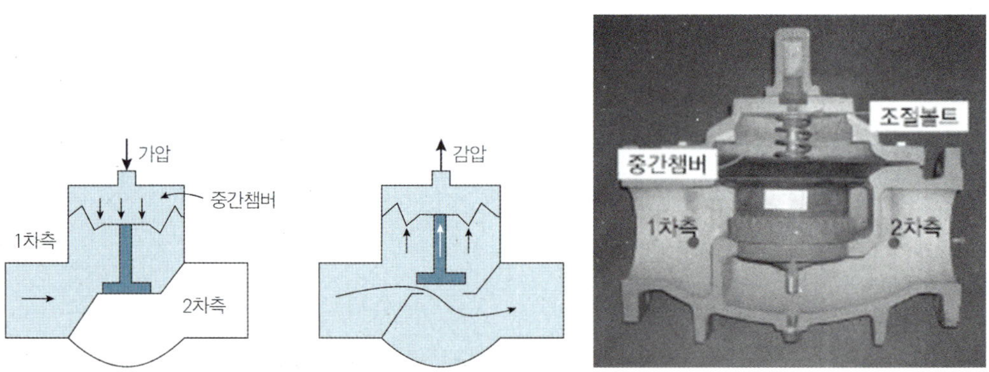

동작 전　　동작 후　　일제개방밸브 단면

그림 4.21 일제개방밸브

① 감압개방 방식

평상시에는 가압상태로 있다가 감압에 의해 개방되는 방식이다.

화재감지기가 화재를 감지해서 전자개방밸브를 개방시키거나, 수동개방밸브를 개방하면 가압수가 실린더를 감압하여 일제개방밸브가 개방되는 방식이다.

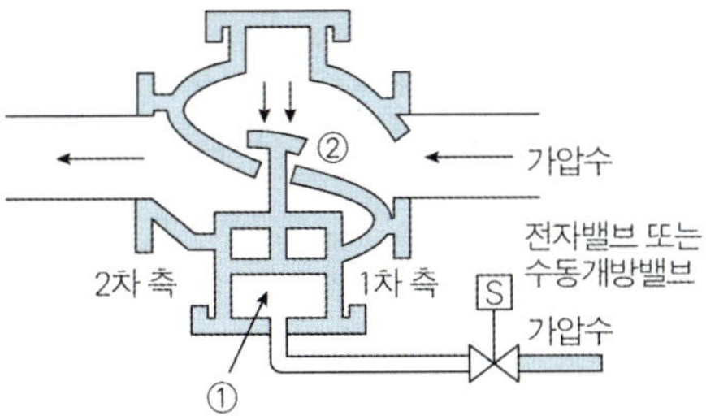

(a) 감압식

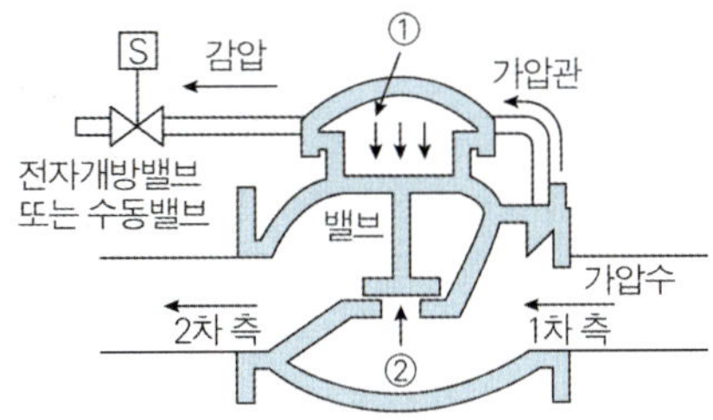

(b) 가압식

그림 4.22 일제개방밸브 구조

② 가압개방 방식

평상시 제어밸브는 가압되지 않은 상태로 폐쇄되어 있다.

감지기가 화재를 감지해서 전자개방밸브를 개방시키거나 수동개방밸브를 개방하면 가압수가 실린더 실을 가압하여 밸브를 개방하는 방식이다.

4.5 주요 구성요소

4.5.1 스프링클러헤드

(1) 헤드의 구조

스프링클러헤드의 구조는 나사부, 후레임, 감열체, 디플렉터(반사판) 등으로 구성된다.

① 나사부

스프링클러헤드의 가지배관 말단부와 연결하기 위해서 헤드의 상부에 나사를 만들어 놓은 부분

② 후레임

나사부와 반사판을 연결하는 이음쇠

③ 감열체

열에 의해 일정온도에 달하면 방수구가 녹거나 파괴되어 방수구를 열리게 하는 요소

④ 반사판(deflector)

방사되는 물이 반사판에 부딪쳐 적상이나 무상으로 분사되도록 하는 요소

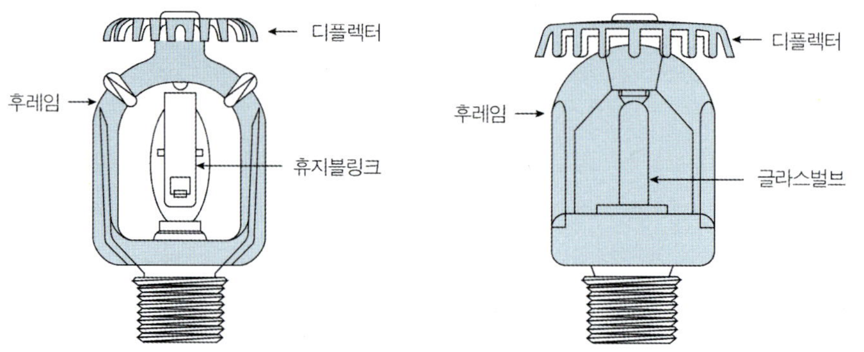

그림 4.23 스프링클러헤드의 구조

(2) 스프링클러헤드의 종류

1) 감열부 유무에 따른 분류

1 폐쇄형(Closed Type)

정상상태에서 헤드의 방수구가 휴지블 링크나 글래스 벌브에 의해 막혀있는 헤드이다. 화재가 발생하여 감열체가 일정온도에 도달하면 녹거나 파괴되어 방수구가 개방되는 것으로 습식, 건식, 준비작동식 스프링클러설비에 사용된다.

① 휴지블 링크형(Fusible link type)

열에 녹는 이융성의 금속을 Lever형으로 조립한 감열체를 이용한 것이다.
화재감지속도가 빨라 신속히 작동하며 파손 시 재생이 가능하다.

② 글라스 벌브형(Glass bulb type)

유리구 안에 알코올, 에테르 같은 팽창 액체를 봉입하여 밀봉한 것으로 화재 시 액체가 팽창하여 유리관이 파열되어 헤드가 개방되는 것이다.
동작이 정확하며 녹이 슬 염려가 없어 반영구적으로 사용할 수 있다.

(a) 휴지블 링크형

(b) 글로브 벌브형

그림 4.24 폐쇄형 스프링클러헤드

② 개방형(Open Type)

감열체가 없이 방수구가 열려져 있는 스프링클러헤드로 일제살수식 스프링클러설비에 이용된다.

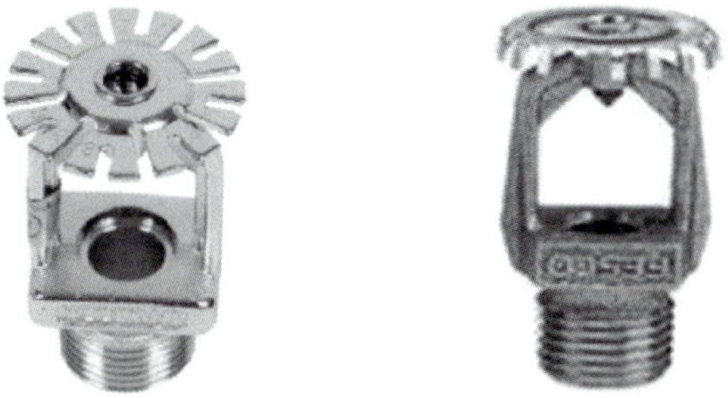

그림 4.25 개방형 스프링클러헤드

2) 감도별 분류

감도란 화재 시 헤드의 열감도에 해당하는 것으로 헤드의 열에 의한 민감도를 수치화한 것이 화재반응지수(RTI : Response time index)이다. 이는 화재 시 기류의 온도 속도 및 작동시간에 대하여 스프링클러헤드의 반응을 예상한 지수이다. 표준형 헤드의 경우 RTI값에 따라 감도를 다음과 같이 구분한다.

① 표준반응(Standard response) 헤드

가장 일반적인 스프링클러헤드로서 RTI가 80 초과 350 이하인 헤드

2 특수반응(Special response) 헤드

특수용도의 방호를 위하여 사용하는 스프링클러헤드로서 RTI가 50초과 80이하인 헤드

3 조기반응(Fast response) 헤드

속동형에 사용되는 스프링클러헤드로서 RTI가 50 이하인 헤드

3) 설치 방향에 따른 분류

1 상향형(upright type)

스프링클러헤드의 디플렉터가 위쪽을 향해 설치하며 반자가 없는 곳에 설치한다. 특징은 다음과 같다.

① 천장이 콘크리트 스라브 등으로 마감되어 반자가 없는 곳에 설치한다.
② 반사판은 40 mm 이상이며 분사패턴이 가장 우수하다.
③ 반사판의 형태가 니플 쪽을 향하여 구부러져 있다.

2 하향형(pendent type)

스프링클러헤드의 디플렉터가 아래쪽을 향하게 하고 반자가 있는 곳에 설치한다. 특징은 다음과 같다.

① 습식설비에 사용되며 반자가 있는 곳에 주로 사용한다.
② 반사판은 36 mm로 분사패턴이 상향형보다는 떨어지나 반자의 수손을 적게 한다.
③ 반구형의 패턴으로 분사되는 장점이 있다.

3 측벽형(sidewall type)

실내의 벽면에 설치하여 횡으로 살수하는 것으로 폭이 9 m 이하인 경우에 사용한다.

① 벽 측면에 설치한다.
② 기계식 주차설비의 2단 주차 하단부에 주로 설치한다.

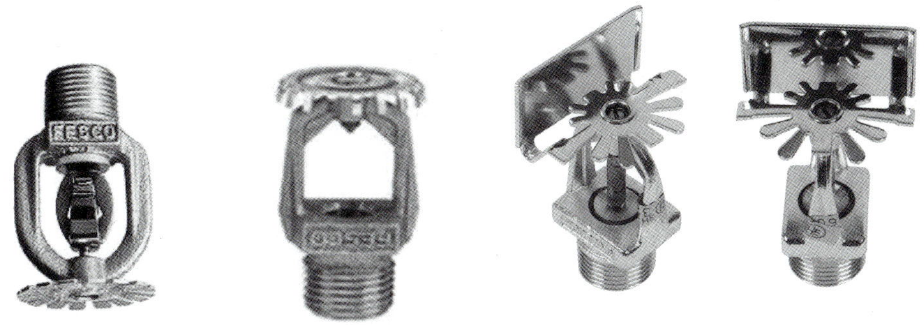

(a) 하향형헤드 (b) 상향형헤드 (c) 측벽형헤드

그림 4.26 설치방향에 따른 분류

4) 성능 및 특성에 따른 분류

① 조기 진압형 헤드(Early suppression fast-response head)

표준형 스프링클러헤드보다 화재를 조기 진압할 수 있도록 기류 온도 및 기류 속도 등에 조기에 반응하여 물을 방사할 수 있는 성능을 갖춘 헤드이다.

속동형 헤드의 감도성능을 가지고 있으며 화재발생 초기에 강력한 화염에 침투할 수 있도록 입자가 큰 물방울을 방사하도록 오리피스 구경이 큰 헤드로 랙크식 창고와 천장이 높은 장소에 사용한다.

② 속동형 헤드(Quick response head)

화재 초기에 작동될 수 있도록 열에 의한 감도 성능이 우수하며 빠른 감도성능과 화재발생 초기에 강력한 화염에 침투할 수 있도록 입자가 큰 물방울을 방사하도록 설계된 헤드이다. 사람이 밀집한 지역이나 인명피해가 우려되는 장소에 사용된다.

③ 분사형 헤드(Spray head)

헤드에서 방사 시 헤드의 축심을 중심으로 한 반원상에 균일하게 물이 분사되는 일반형의 헤드를 말한다.

분사형 헤드의 경우 작은 물방울은 쉽게 증발하여 화열로부터 열을 흡수하여 천장의 온도를 낮추는 역할을 하고 중간 크기 물방울은 화염 근처의 가연물을 적셔 연소 확대를 방지하는 역할을 하며 큰 물방울은 화염 속에 침투하여 연소를 제어하거나 화재를 진압하는 역할을 한다.

④ 드라이펜던트 헤드(Dry Pendent head)

드라이펜던트형 헤드는 습식형 중에서 냉동창고, 냉장고 등 냉한 장소의 방호에 사용되며, 부동액을 충전한다.

건식 시스템 중 최하부에 물의 누수로 인한 고임위험으로 동파가 우려되는 개소에 적용할 수 있다.

⑤ 라지드롭형 헤드(Large drop head)

확산이 빠른 고강도의 화재에 사용하기 위하여 설계된 헤드로 표준형 헤드보다 큰 물방울을 방출한다. 물방울이 화염을 뚫고 침투하도록 하여 저장창고 등에서 발생하는 대형 화재를 진압할 수 있다.

⑥ 주거형 헤드(Residential head)

인명안전을 중시하여 주거용 헤드가 개발되었다. 내장된 가구나 커튼 등의 화재로 인한 연소 확대를 방지할 수 있도록 표준형보다 방사각도를 크게 하여 더 높이 적셔줄 수 있도록 된 헤드이다.

⑦ 포용 확장형 헤드(Extended coverage head)

표준형 헤드와 같은 분사형 방사 형태를 갖는 헤드로서 1개당 방호면적이 표준형 헤드보다 훨씬 넓은 공간의 화재를 제어하기 위하여 개발된 헤드이다.

⑧ 은폐형(Concealed Type)

리세스드 스프링클러헤드에 덮개가 부착된 스프링클러헤드로서 설치 후 외부에서 보이지 않는 헤드이다. 천장면과 동일한 표면에 설치되는 덮개판에 의해 헤드가 은폐되도록 되어 있다.

⑨ 매입형(Recessed Type)

부착나사의 몸체 일부나 전부가 보호집 안에 설치되어 있는 스프링클러헤드로서 설치 후 천장면 밖으로 돌출될 수 있는 높이를 조정할 수 있으며 내부배관과 천장면과의 차이로 인한 높이의 조정폭이 크므로 설치작업이 편리한 헤드이다.

(a) 매입형 (b) ESFR (c) in rack 형

그림 4.27 헤드의 종류

(3) 스프링클러헤드의 선정

1) 표시온도

폐쇄형 헤드는 설치장소의 평상시 최고주위온도에 따라 표 4.3에 의한 온도의 헤드로 설치하여야 한다. 표시온도 및 최고주위온도와의 관계식은 다음과 같다. 다만, 높이가 4 m 이상인 공장 및 창고에 설치하는 헤드는 설치장소의 평상시 최고주위온도에 관계없이 121℃ 이상의 것으로 할 수 있다.

$$T_a = 0.9T_m - 27.3$$

여기서, T_a : 최고 주위온도

T_m : 표시온도

표 4.3 폐쇄형 헤드의 표시온도

설치장소의 최고 주위온도	표시 온도
39℃ 미만	79℃
39℃ 이상 ~ 64℃ 미만	79℃ 이상 ~ 121℃ 미만
64℃ 이상 ~ 106℃ 미만	121℃ 이상 ~ 162℃ 미만
106℃ 이상	162℃ 이상

2) 표시색

폐쇄형의 표시온도에 따른 색 표시는 휴지블 링크형은 프레임에 글라스 벌브형은 감열부의 액체에 나타낸다.

표 4.4 폐쇄형헤드의 표시온도에 따른 색표시

휴지블 링크형		글라스 벌브형	
표시온도(℃)	색(프레임에 표시)	표시온도(℃)	색(액체의 표시)
77℃ 미만	표시 없음	57℃	오렌지
78℃ ~ 120℃	흰색	68℃	빨강
121℃ ~ 162℃	파랑	79℃	노랑
163℃ ~ 203℃	빨강	93℃	초록
204℃ ~ 259℃	초록	141℃	파랑
260℃ ~ 319℃	오렌지	182℃	연한자주
320℃ 이상	검정	227℃ 이상	검정

(4) 헤드의 배치

스프링클러설비의 배치형태는 정방형, 장방형, 지그재그형이 있다.

① 스프링클러헤드는 소방대상물의 천장·반자·천장과 반자 사이·덕트·선반 기타 이와 유사한 부분(폭 1.2 m 초과)에 설치하여야 한다(단, 폭이 9 m 이하인 실내에 있어서는 측벽에 설치할 수 있다).

② 무대부 또는 연소할 우려가 있는 개구부에는 개방형 스프링클러헤드를 설치하여야 한다.

1) 정방형(정사각형)의 배치

헤드간의 배치 거리가 그림 4.28과 같이 정사각형 형태의 배치형태를 말한다.

$$S = 2R\cos 45, \qquad L = S$$

여기서, S : 헤드 간격[m]

R : 수평거리[m]

L : 배관간격[m]

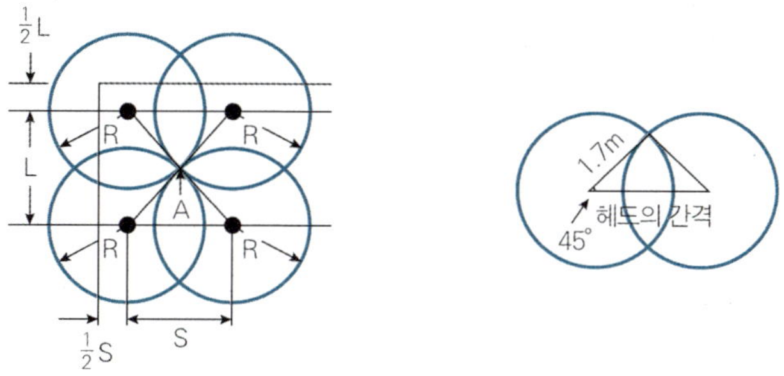

그림 4.28 정사각형 배치

2) 장방형(직사각형)의 배치

스프링클러헤드의 배치 거리가 그림 4.29와 같이 직사각형 형태를 이루고 있는 배치 형태를 말한다.

$$S = \sqrt{4R^2 - L^2}, \qquad L = 2R\cos\theta$$

여기서, S : 수평 헤드 간격[m]

R : 수평거리[m]

L : 배관 간격[m]

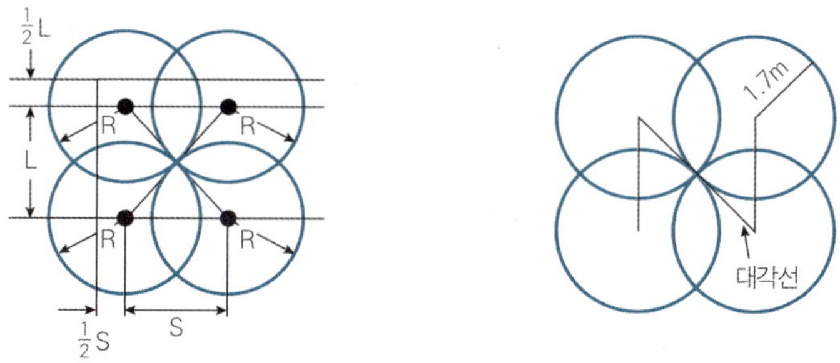

그림 4.29 직사각형 배치

3) 지그재그형(나란히꼴) 배치

3개의 헤드가 정삼각형을 이루고 4개의 헤드는 나란히꼴을 이루는 배치형태로 이것은 일반적인 건물의 형태인 직사각형이나 정사각형이 아닌 형태의 건물에 적용되는 배치형태이다.

$$S = 2R\cos 30, \qquad b = 2S\cos 30, \qquad L = \frac{b}{2}$$

여기서, S : 헤드 간격[m]

R : 수평거리[m]

b : 수직헤드 간격[m]

L : 배관 간격[m]

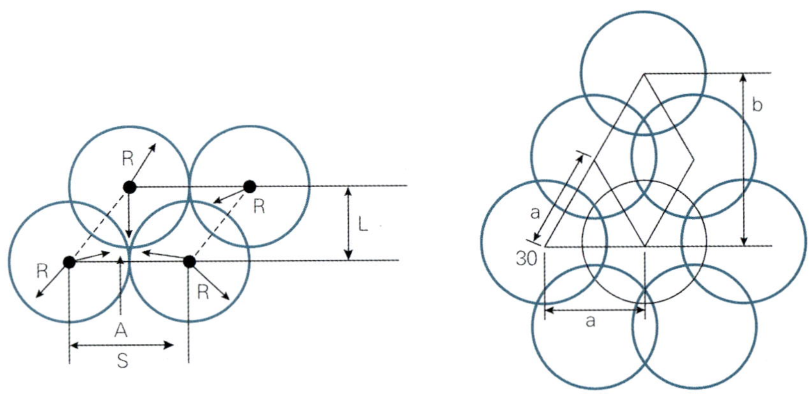

그림 4.30 지그재그형 배치

표 4.5 스프링클러헤드의 배치기준

소방 대상물		수평 거리(R)
무대부 · 특수가연물을 저장 취급하는 장소		1.7 m 이하
랙크식창고		2.5 m 이하
아파트		3.2 m 이하
기타 소방대상물	비내화구조	2.1 m 이하
	내화구조	2.3 m 이하

(5) 헤드의 설치기준

① 살수가 방해되지 아니하도록 스프링클러헤드로부터 반경 60 cm 이상의 공간을 보유할 것. 단, 벽과 헤드간의 공간은 10 cm 이상으로 한다.

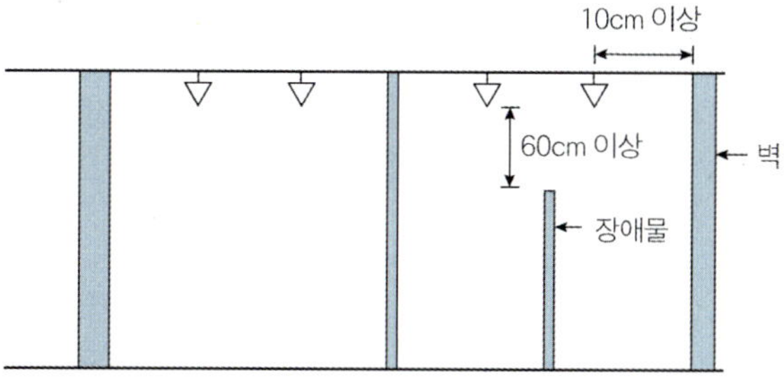

그림 4.31 헤드설치 공간

② 헤드와 그 부착면(상향식 헤드의 경우는 헤드 직상부의 천장, 반자 또는 이와 비슷한 것)과의 거리는 30 cm 이하로 할 것

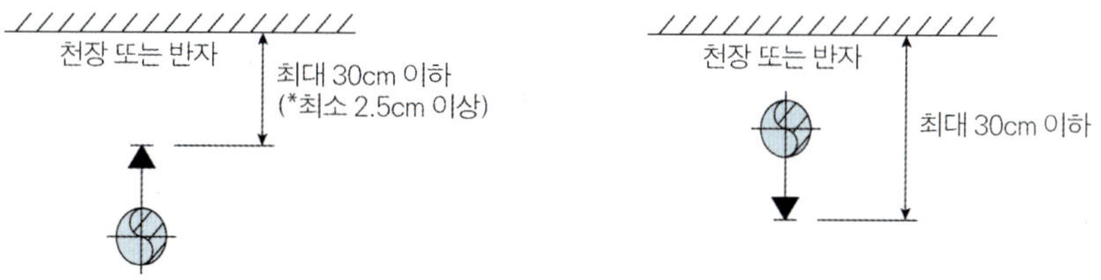

그림 4.32 스프링클러헤드와 그 부착면과의 거리

③ 배관 · 행가 및 조명기구 등 살수를 방해하는 것이 있는 경우에는 그로부터 아래에 설치하여 살수에 장애가 없도록 할 것. 단, 스프링클러헤드와 장애물과의 이격거리를 장애물 폭의 3배 이상 확보한 경우에는 그러하지 아니하다.

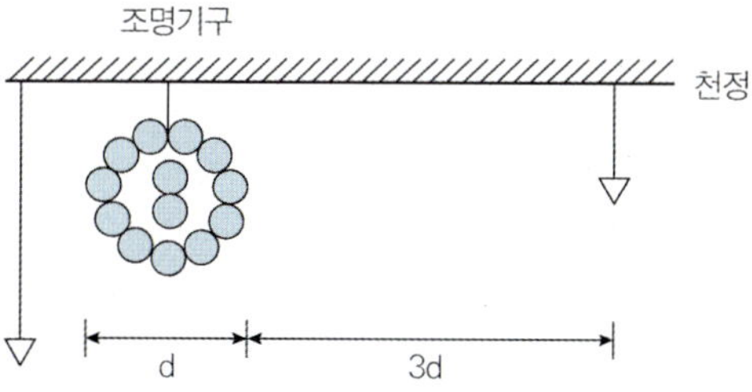

그림 4.33 살수 방해기구와 거리

④ 스프링클러헤드의 반사판은 그 부착면과 평행하게 설치할 것. 단, 측벽형과 연소할 우려가 있는 개구부의 경우는 그러하지 아니하다.

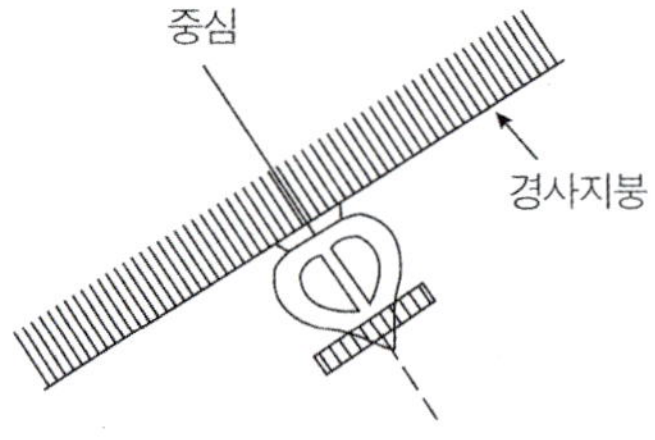

그림 4.34 경사면에 설치

⑤ 경사 지붕에 스프링클러헤드를 설치하는 경우에는 다음 기준에 의하여 설치한다.

㉮ 천장의 기울기가 1/10을 초과하는 경우에는 가지관을 천장의 마루와 평행하게 설치

㉯ 천장의 최상부에 헤드를 설치하는 경우에는 반사판을 수평으로 설치

㉰ 천장 최상부를 중심으로 가지관을 서로 마주보게 헤드를 설치하는 경우에는 최상부의 가지관 상호 간의 거리는 가지관상의 스프링클러헤드 상호 간 거리의 1/2이하(최소 1 m 이상)가 되게 설치한다. 가지관의 최상부에 설치하는 헤드는 천장의 상부로부터 수직거리가 90 cm 이하가 되도록 한다. 톱날지붕, 둥근지붕, 기타 이와 유사한 지붕의 경우에도 이에 준한다.

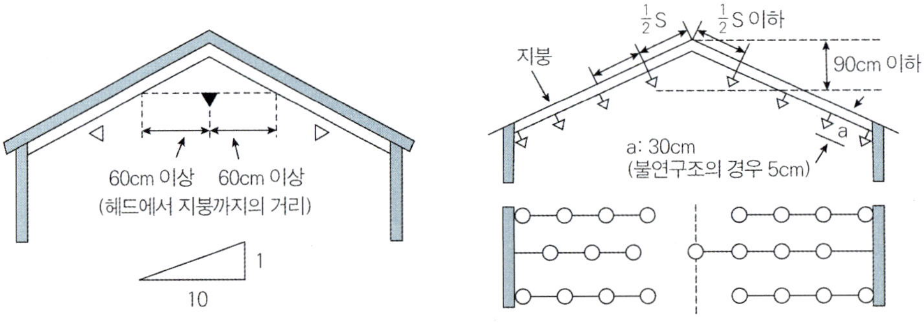

그림 4.35 경사지붕에 설치하는 경우

⑥ 연소할 우려가 있는 개구부에는 그 상하좌우 2.5 m로(개구부의 폭이 2.5 m 이하인 경우에는 그 중앙에) 스프링클러헤드를 설치하되, 스프링클러헤드와 개구부의 내측면으로부터의 직선거리는 15 cm 이하가 되도록 하여야 한다. 이 경우에는 사람이 상시 출입하는 개구부로 통행에 지장이 있을 때에는 개구부의 상부 또는 측면(개구부의 폭이 9 m 이하의 경우에 한함)에 설치하되, 헤드 상호 간의 간격은 1.2 m 이하로 설치하여야 한다.

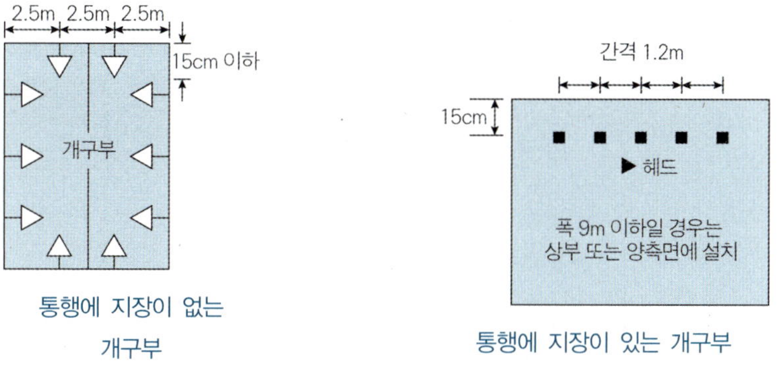

그림 4.36 연소의 우려가 있는 개구부에 헤드를 설치하는 예

⑦ 보와 헤드의 거리

화재초기 헤드의 빠른 감열을 위해 부착면으로부터 30 cm 이내에 설치하여야 한다. 그러나 보가 설치되는 경우 살수장애를 일으켜 화재진압에 문제가 발생하게 되므로 보의 가장 가까운 곳에 설치하는 헤드(보에서 좌우 가장 가까운 곳의 헤드)는 보의 하단부를 기준으로 하여 일정거리를 이격하여 설치할 수 있도록 한 것이다.

㉮ 천장면에서 보의 하단까지 길이가 55 cm 이하인 경우

부착면과의 거리에도 불구하고 소방대상물의 보와 가장 가까운 스프링클러헤드는 표 4.6의 기준에 의하여 설치하여야 한다.

표 4.6 보와 헤드의 거리

스프링클러헤드의 반사판 중심과 보의 수평거리(L)	스크링클러헤드의 반사판 높이와 보의 하단 높이의 수직거리(H)
0.75 m 미만	보의 하단보다 낮을 것
0.75 m 이상 ~ 1 m 미만	0.1 m 미만일 것
1 m 이상 ~ 1.5 m 미만	0.15 m 미만일 것
1.5 m 이상	0.3 m 미만일 것

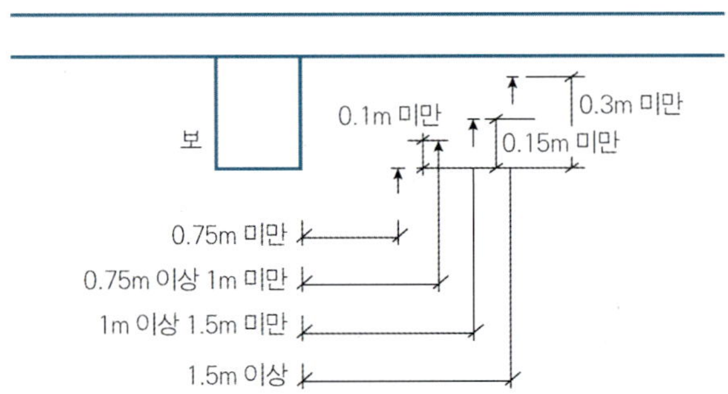

그림 4.37 보와 가장 가까운 헤드의 설치

㉯ 천장면에서 보의 하단까지 길이가 55 cm를 초과하는 경우

보의 중심으로부터 헤드까지의 거리가 스프링클러헤드 상호 간 거리의 1/2 이하가 되는 경우에는 헤드와 그 부착면과의 거리를 55 cm 이하로 할 수 있다.

이것은 보의 깊이가 매우 깊은(55 cm 초과) 경우 보의 하단을 기준으로 헤드를 설치할 경우 헤드가 보와 보 사이에 매달려 있는 형상이 되므로, 보의 깊이가 55 cm를 초과하고, 보의 중심에서 헤드까지의 거리가 헤드 간격의 1/2을 초과하는 경우 천장면에서 최대 55 cm 이하까지 설치할 수 있도록 설치기준을 완화하여 적용한 것이다.

⑧ 습식 및 부압식 스프링클러설비 외의 설비에는 상향식 스프링클러헤드를 설치할 것. 단, 다음의 경우에는 그러하지 아니한다.

㉮ 드라이펜던트 스프링클러헤드를 사용하는 경우

㉯ 스프링클러헤드의 설치장소가 동파의 우려가 없는 경우

㉰ 개방형 스프링클러헤드를 사용하는 경우

⑨ 측벽형 스프링클러헤드를 설치하는 경우 폭 4.5 m 미만인 실에 있어서는 긴 변의 한쪽 벽에 설치하고, 폭이 4.5 m 이상 9 m 이하인 실에 있어서는 긴 변의 양쪽에 각각 일렬로 설치하되, 마주보는 스프링클러헤드가 나란한 꼴이 되도록 3.6 m 이내마다 설치할 것

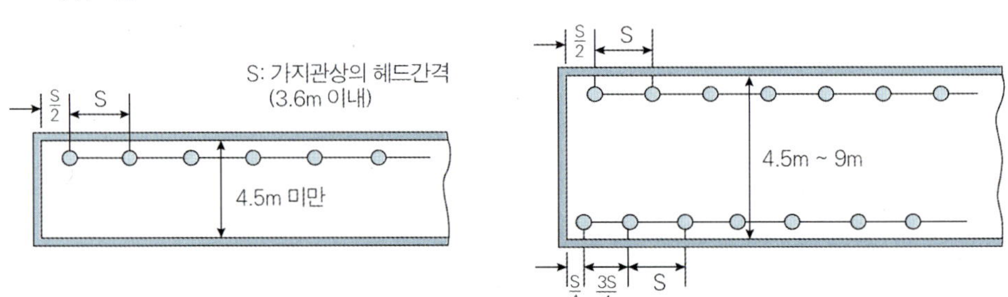

그림 4.38 측벽형 헤드설치

⑩ 상부에 설치된 헤드의 방출수에 따라 감열부에 영향을 받을 우려가 있는 헤드에는 방출수를 차단할 수 있는 유효한 차폐판을 설치할 것

TIP

상향식 스프링클러헤드 설치 제외장소
- 드라이펜던트헤드를 사용하는 경우
- 스프링클러헤드의 설치장소가 동파의 우려가 없는 경우
- 개방형 스프링클러헤드를 사용하는 경우

(6) 특수 장소의 스프링클러헤드 설치

1) 랙크(Rack)식 창고

특수가연물을 취급하는 것에 있어서는 높이 4 m 이하마다, 그 외의 것을 취급하는 것에 있어서는 높이 6 m 이하마다 스프링클러헤드를 설치하여야 한다. 다만, 랙크식 창고의 천장높이가 13.7 m 이하로써 화제조기 진압용 헤드를 설치한 경우에는 천장에만 설치할 수 있다.

무대부 및 연소 우려가 있는 개구부에는 개방형 스프링클러헤드를 설치하여야 하나 드렌쳐 헤드를 설치할 수도 있다.

그림 4.39 랙크식 창고

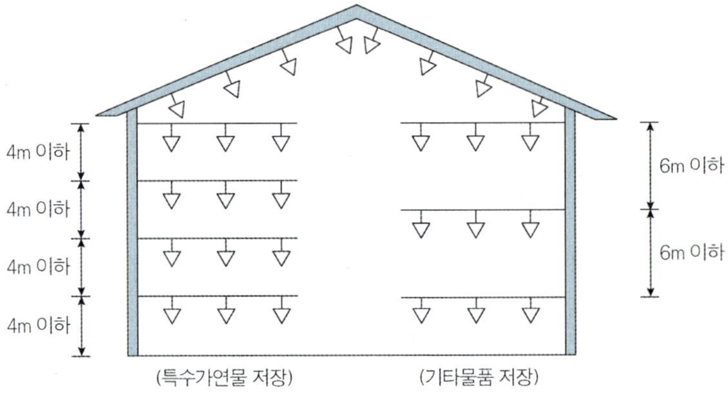

그림 4.40 랙크식 창고의 헤드설치

> **TIP**
>
> **랙크(Rack)식 창고란**
>
> 랙크식 창고란 층고가 10 m 이상으로 선반 등을 설치하고 자동식 승강장치에 의해 수납물을 운반하는 장치를 갖춘 자동화창고의 일종이다.

(7) 스프링클러의 헤드 설치 제외 장소

① 계단실(특별피난계단의 부속실을 포함한다) · 경사로 · 승강기의 승강로 · 비상용승강기의 승강장 · 파이프덕트 및 덕트피트(파이프 · 덕트를 통과시키기 위한 구획된 구멍에 한한다) · 목욕실 · 수영장(관람석부분을 제외한다) · 화장실 · 직접 외기에 개방되어 있는 복도 · 기타 이와 유사한 장소

② 통신기기실 · 전자기기실 · 기타 이와 유사한 장소

③ 발전실 · 변전실 · 변압기 · 기타 이와 유사한 전기설비가 설치되어 있는 장소

④ 병원의 수술실 · 응급처치실 · 기타 이와 유사한 장소

⑤ 천장과 반자 양쪽이 불연재료로 되어 있는 경우로서 그 사이의 거리 및 구조가 다음 각 목의 어느 하나에 해당하는 부분

㉮ 천장과 반자 사이의 거리가 2 m 미만인 부분

㉯ 천장과 반자 사이의 벽이 불연재료이고 천장과 반자 사이의 거리가 2 m 이상으로서 그 사이에 가연물이 존재하지 아니하는 부분

⑥ 천장 · 반자 중 한쪽이 불연재료로 되어 있고 천장과 반자 사이의 거리가 1 m 미만인 부분

⑦ 천장 및 반자가 불연재료 외의 것으로 되어 있고 천장과 반자 사이의 거리가 0.5 m 미만인 부분

⑧ 펌프실 · 물탱크실 엘리베이터 권상기실 그 밖의 이와 비슷한 장소

⑨ 현관 또는 로비 등으로서 바닥으로부터 높이가 20 m 이상인 장소

⑩ 영하의 냉장창고의 냉장실 또는 냉동창고의 냉동실

⑪ 고온의 노가 설치된 장소 또는 물과 격렬하게 반응하는 물품의 저장 또는 취급 장소

⑫ 불연재료로 된 특정소방대상물 또는 그 부분으로서 다음 각 목의 어느 하나에 해당하는 장소

㉮ 정수장 · 오물처리장 그 밖의 이와 비슷한 장소

㉯ 펄프공장의 작업장 · 음료수공장의 세정 또는 충전하는 작업장 그 밖의 이와 비슷한 장소

㉰ 불연성 금속 · 석재 등의 가공공장으로서 가연성물질을 저장 또는 취급하지 아니하는 장소

㉱ 가연성 물질이 존재하지 않는 방풍실

⑬ 실내에 설치된 테니스장 · 게이트볼장 · 정구장 또는 이와 비슷한 장소로서 실내 바닥 · 벽 · 천장이 불연재료 또는 준불연재료로 구성되어 있고 가연물이 존재하지 않는 장소로서 관람석이 없는 운동시설(지하층은 제외한다)

⑭ 공동주택 중 아파트의 대피공간

4.5.2 수원

(1) 수원의 저수량 산정

수원은 스프링클러헤드의 기준개수의 수에 의해서 계산되는데 헤드의 개수는 표 4.7에 의한 개수를 따른다.

표 4.7 폐쇄형 스프링클러헤드의 기준개수

<table>
<tr><th colspan="3">스프링클러 설치장소</th><th>헤드 수</th></tr>
<tr><td rowspan="6">지하층을 제외한 층수가 10층 이하인 소방대상물</td><td rowspan="2">공장 또는 창고
(랙크식창고 포함)</td><td>특수 가연물의 저장, 취급하는 것</td><td>30</td></tr>
<tr><td>그 밖의 것</td><td>20</td></tr>
<tr><td rowspan="2">근린생활시설, 판매시설 및 영업시설 또는 복합건축물</td><td>슈퍼마켓·도매시장·소매시장 또는 복합건축물(슈퍼마켓·도매시장·소매시장이 설치된 복합건축물을 말한다)</td><td>30</td></tr>
<tr><td>그 밖의 것</td><td>20</td></tr>
<tr><td rowspan="2">그 밖의 것</td><td>헤드의 부착높이가 8 m 이상인 것</td><td>20</td></tr>
<tr><td>헤드의 부착높이가 8 m 미만인 것</td><td>10</td></tr>
<tr><td colspan="3">아파트</td><td>10</td></tr>
<tr><td colspan="3">지하층을 제외한 층수가 11층 이상인 소방대상물(아파트 제외) 또는 지하가 및 지하역사</td><td>30</td></tr>
</table>

1 폐쇄형 스프링클러헤드를 사용하는 경우

수원의 산정은 스프링클러설비 설치 장소별 헤드(아파트의 경우에는 설치개수가 가장 많은 층 또는 설치 개수가 가장 많은 세대)의 기준에 $1.6m^3$을 곱한 양 이상의 저수량이 되도록 계산한다.

$Q = 1.6\ m^3 \times N(80\ L/min \times 20\ min) = 1600\ L = 1.6\ m^3)$: 30층 미만
$Q = 3.2\ m^3 \times N(80\ L/min \times 40\ min) = 3200\ L = 3.2\ m^3)$: 30~49층 사이
$Q = 4.8\ m^3 \times N(80\ L/min \times 60\ min) = 4800\ L = 4.8\ m^3)$: 50층 이상

여기서, Q : 수원의 양
N : 스프링클러헤드 수

2 개방형 스프링클러헤드를 사용하는 경우

① 최대방수구역에 설치된 스프링클러헤드의 개수가 30개 이하일 경우
설치헤드 수에 $1.6m^3$을 곱한 양 이상의 수량으로 계산한다.
$= N \times 80\ L/min \times 20\ min = N \times 1.6\ m^3$ 이상

② 30개를 초과하는 경우
헤드 선단정격토출압력은 0.1~ 1.2 MPa의 방수압이 될 수 있도록 하고, 0.1 MPa의 방수압력 기준으로 80 L/min 이상의 방수량에 의하여 산출된 가압송수장치의

1분당 송수량에 20 min을 곱한 양 이상이 되도록 한다.

$$Q = K\sqrt{P}$$

여기서, Q = 수원의 양

K = 상수

P = 방수압력[MPa]

③ 다른 설비와 겸용할 경우의 수원 계산

스프링클러설비와 옥내 · 외 소화설비, 물분무소화설비, 포소화설비 등 다른 설비와 겸용하여 사용할 경우의 저수량은 각 소화설비에 필요한 저수량은 모두 합산한 저수량 이상의 수원을 확보해야 하며, 수원의 양 계산은 다음과 같다.

$$Q = N \times 80\text{L/min} \times 20\text{min}$$

여기서, N = 가장 많이 설치된 층의 헤드 수

4.5.3 가압송수장치

스프링클러설비의 가압송수장치는 스프링클러헤드와 소방호스가 다를 뿐 옥내 · 외 소화전설비에서 사용하는 펌프방식, 고가수조 방식, 압력수조 방식과 같다.

가압송수장치는 부식 등으로 인한 펌프의 고착을 방지할 수 있도록 다음 각 목의 기준에 적합한 것으로 할 것. 다만, 충압펌프는 제외한다.

① 임펠러는 청동 또는 스테인리스 등 부식에 강한 재질을 사용할 것

② 펌프축은 스테인리스 등 부식에 강한 재질을 사용할 것

(1) 전동기를 이용한 방식(펌프방식)

$$H = h_1 + h_2 + 10\text{m}$$

여기서, H : 펌프의 전양정[m]

h_1 : 실양정[m]

h_2 : 배관 및 부속 밸브류 마찰손실[m]

10 m : 헤드선단의 방수압력 환산수두

(2) 고가수조 방식

고가수조에는 수위계 · 배수관 · 급수관 · 오버플로우관 및 맨홀을 설치

$$H = h_1 + 10\ \mathrm{m}$$

여기서, H : 필요한 낙차[m]

h_1 : 배관 및 밸브류 마찰손실[m]

10 m : 헤드선단의 방수압력 환산수두

(3) 압력수조 방식

압력수조에는 수위계 · 급수관 · 배수관 · 급기관 · 맨홀 · 압력계 · 안전장치 및 자동식 공기압축기를 설치

$$P = P_1 + P_2 + 0.1(\mathrm{MPa})$$

여기서, P : 필요한 압력[MPa]

P_1 : 낙차 환산수두압[MPa]

P_2 : 배관 마찰손실수두압[MPa]

0.1 MPa : 헤드선단 방수압

(4) 가압수조

① 가압수조는 방수량 및 방수압이 20분 이상 유지되도록 할 것

② 가압수조 및 가압원은 건축법 시행령 제46조에 따른 방화구획된 장소에 설치할 것

③ 가압수조를 이용한 가압송수장치는 소방청장이 정하여 고시한 기준에 적합한 것으로 설치할 것

4.5.4 배관

배관에는 입상관, 수평주행배관, 교차배관, 가지배관 등이 있다.

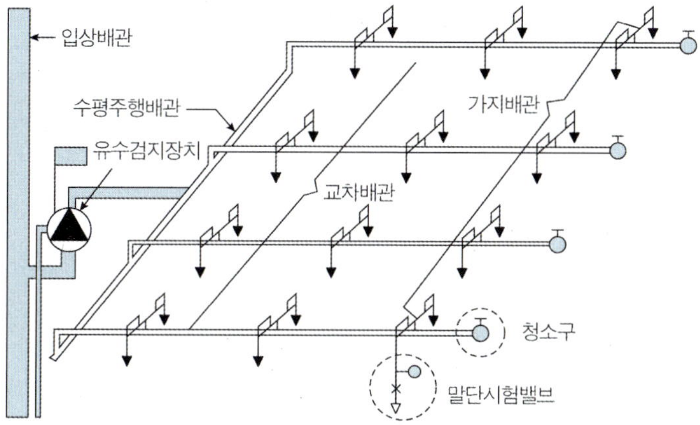

그림 4.41 배관 명칭도

(1) 입상배관(주배관)

가압송수장치로부터 수직으로 각 층을 관통하여 층마다 물을 공급해주는 급수배관이다.

① 입상 배관은 전용으로 설치한다(단, 스프링클러설비의 기동장치가 작동될 때 다른 설비의 용도로 사용되는 배관으로의 송수를 차단할 수 있거나, 스프링클러설비의 성능에 지장이 없는 경우에는 다른 용도의 설비와 겸용할 수 있다).

② 급수 차단 개폐밸브는 개폐표시형으로 한다(단, 펌프 흡입측 배관에는 버터플라이 밸브 외의 개폐표시형 밸브를 설치한다).

표 4.8 스프링클러헤드 수별 급수관 구경(단위 mm)

구분 \ 급수관의 구경	25	32	40	50	65	80	90	100	125	150
가	2	3	5	10	30	60	80	100	160	161 이상
나	2	4	7	15	30	60	65	100	160	161 이상
다	1	2	5	8	15	27	40	55	90	91 이상

주) 1. 폐쇄형 스프링클러헤드를 사용하는 설비의 경우로서 1개층에서 하나의 급수배관(또는 밸브 등)이 담당하는 구역의 최대면적은 3,000 m^2를 초과하지 아니할 것
2. 폐쇄형 스프링클러헤드를 설치하는 경우에는 "가" 란의 헤드 수에 의할 것. 다만, 100개 이상의 헤드를 담당하는 급수배관(또는 밸브)의 구경은 100 mm로 할 경우 수리계산을 통하여 배관의 유속에 적합하도록 할 것
3. 폐쇄형 스프링클러헤드를 설치하고 반자 아래의 헤드와 반자 속의 헤드를 동일 급수관의 가지관상에 병설하는 경우에는 "나"란의 헤드 수에 의할 것
4. 폐쇄형스프링클러헤드를 설치하는 설비의 배관구경은 "다"란에 따를 것
5. 개방형 스프링클러헤드를 설치하는 경우 하나의 방수구역이 담당하는 헤드의 개수가 30개 이하일 때는 "다"란의 헤드수에 의하고, 30개를 초과할 때는 수리계산 방법에 따를 것.

③ 수원 및 옥외 송수구로부터 스프링클러헤드에 급수하는 배관의 구경은 수리계산에 의하거나, 표 4.8의 기준에 의한다. 다만, 수리계산에 따르는 경우 가지배관의 유속은 6 m/s, 그 밖의 배관의 유속은 10 m/s를 초과할 수 없다.

(2) 수평주행배관

수평주행배관은 당해 층에서 유수검지장치로부터 교차배관까지 물을 공급시켜주는 역할을 한다. 수평주행배관에는 4.5 m 이내마다 1개 이상의 행가를 설치한다.

(3) 교차배관

교차배관은 직접 또는 수직배관을 통하여 가지배관에 급수하는 배관이다.

① 교차배관은 가지배관 아래에 수평으로 설치하고, 최소구경이 40 mm 이상이 되도록 한다.
② 청소구는 교차배관 끝에 구경 40 mm 이상의 개폐밸브를 설치하고 호스 접결이 가능한 나사식 또는 고정배수 배관식으로 한다. 이 경우 나사식 개폐밸브는 옥내소화전 호스 접결용으로 하고 나사보호용 캡으로 덮는다.
③ 교차배관에는 가지배관과 가지배관 사이마다 1개 이상의 행가를 설치하되, 가지배관 사이의 거리가 4.5 m를 초과하는 경우에는 4.5 m 이내마다 1개 이상 설치한다.
④ 수평주행배관에는 교차배관과 교차배관 사이마다 1개 이상의 행가를 설치하되, 교차배관 사이의 거리가 4.5 m를 초과하는 경우에는 4.5 m 이내마다 1개 이상 설치한다.

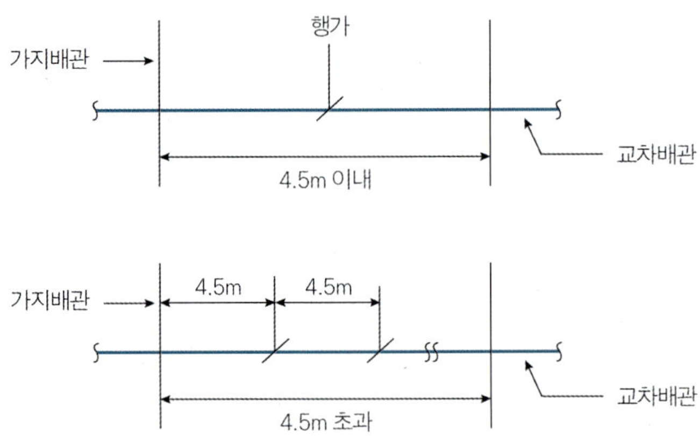

그림 4.42 교차배관의 행가

⑤ 하향식헤드를 설치하는 경우에 가지배관으로부터 헤드에 이르는 헤드 접속배관은 가지관 상부에서 분기하여야 한다(단, 소화설비용 수원의 수질이 먹는물 관리법에 의한 먹는물의 수질기준에 적합하고 덮개가 있는 저수조로부터 물을 공급받는 경우에는 가지배관의 측변 또는 하부에서 분기할 수 있다).

(4) 가지배관

가지배관은 스프링클러헤드가 부착되는 배관을 말한다.

① 가지배관의 배열은 토너먼트(tournament) 방식이 아니어야 한다.
② 교차배관에서 분기되는 지점을 기점으로 한쪽 가지배관에 설치되는 헤드의 개수는 8개 이하로 할 것. 다만 다음 각목에 해당하는 경우에는 그러하지 아니하다.
㉮ 기존의 방호구역 안에서 칸막이 등으로 구획하여 1개의 헤드를 증설하는 경우
㉯ 습식 스프링클러에 격자형 배관 방식을 채택하는 때에는 펌프의 용량, 배관의 구경등을 수리학적으로 계산한 결과 헤드의 방수압 및 방수량이 소화목적을 달성하는 데 충분하다고 인정되는 경우
③ 가지배관과 헤드 사이의 배관을 신축배관으로 하는 경우
㉮ 최고사용압력은 1.4 MPa 이상이어야 한다.
㉯ 최고사용압력의 1.5배의 수압에서 변형 · 누수되지 않아야 한다.
㉰ 진폭 5 mm, 진동수 25회/s로 6시간 작동시킨 경우 또는 0.35~3.5 MPa까지의 압력변동을 4000회 실시한 경우에도 변형 · 누수되지 않아야 한다.

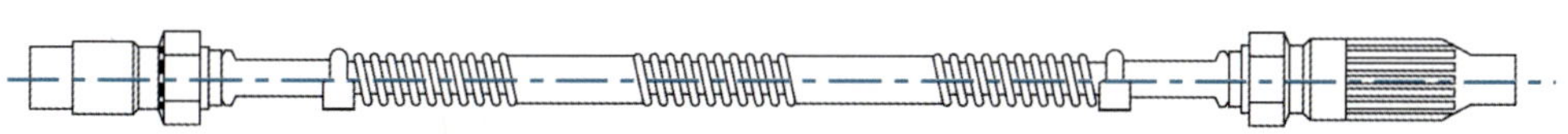

그림 4.43 신축배관

④ 가지배관에는 헤드의 설치지점 사이마다 1개 이상의 행가를 설치하되 헤드 간 거리가 3.5 m를 초과하는 경우에는 3.5 m 이내마다 1개 이상 설치한다(단, 상향식 헤드의 경우에는 그 헤드와 행가 사이에 8 cm 이상의 간격을 둘 것).

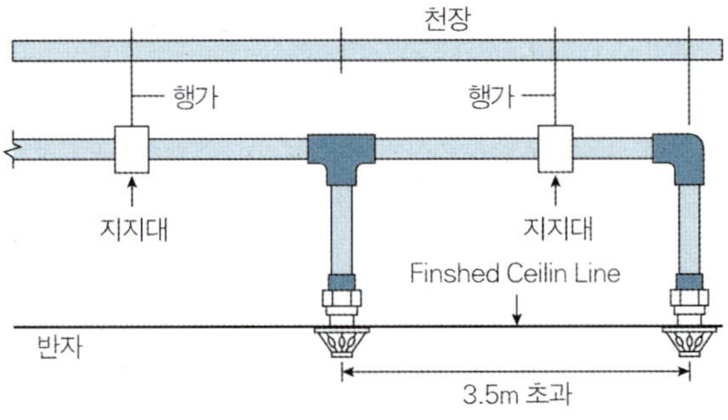

그림 4.44 행가의 고정방법

(5) 배수를 위한 배관의 기울기

① 습식 스프링클러설비 배관은 수평으로 할 것(단, 배관 구조상 소화수가 남아 있는 곳에는 배수밸브를 설치하여야 한다)

② 습식 스프링클러설비 외의 설비에는 헤드를 향하여 상향으로 수평주행배관의 기울기를 1/500 이상, 가지배관의 기울기를 1/250 이상으로 할 것(단, 배관의 구조상 기울기를 줄 수 없는 경우에는 배수를 원활하게 할 수 있도록 배수밸브를 설치한다)

(6) 시험장치

습식유수검지장치 또는 건식유수검지장치를 사용하는 스프링클러설비와 부압식스프링클러설비에는 동장치를 시험할 수 있는 시험 장치를 다음 각 호의 기준에 따라 설치하여야 한다.

① 습식스프링클러설비 및 부압식스프링클러설비에 있어서는 유수검지장치 2차측 배관에 연결하여 설치하고 건식스프링클러설비인 경우 유수검지장치에서 가장 먼 거리에 위치한 가지배관의 끝으로부터 연결하여 설치할 것. 유수검지장치 2차측 설비의 내용적이 2,840 L를 초과하는 건식스프링클러설비의 경우 시험장치 개폐밸브를 완전 개방 후 1분 이내에 물이 방사되어야 한다.

② 시험장치 배관의 구경은 25 mm 이상으로 하고, 그 끝에 개폐밸브 및 개방형헤드 또는 스프링클러헤드와 동등한 방수성능을 가진 오리피스를 설치할 것. 이 경우 개방형헤드는 반사판 및 프레임을 제거한 오리피스만으로 설치할 수 있다.

③ 시험배관의 끝에는 물받이 통 및 배수관을 설치하여 시험 중 방사된 물이 바닥에

흘러내리지 아니하도록 할 것. 다만, 목욕실·화장실 또는 그 밖의 곳으로서 배수처리가 쉬운 장소에 시험배관을 설치한 경우에는 그렇지 않다.

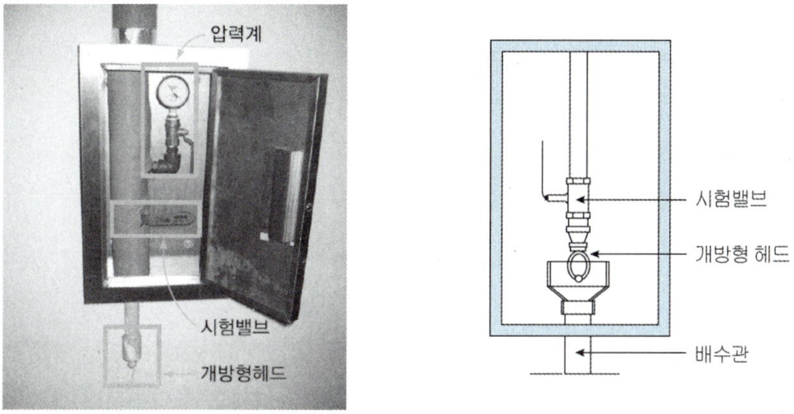

그림 4.45 시험장치

(7) **스프링클러의 배관**

① 배관은 배관용 탄소강관(KS D 3507) 또는 배관 내 사용압력이 1.2 MPa 이상일 경우에는 압력배관용 탄소강관(KS D 3562), 이와 동등 이상의 강도·내식성 및 내열성을 가진 것으로 하여야 한다. 다만, 습식 스프링클러설비의 배관은 이음매 없는 동 및 동합금(KS D 5301)의 배관용 동관을 사용할 수 있다.

② 소방용 합성수지배관으로 설치할 수 있는 경우

㉮ 배관을 지하에 매설하는 경우

㉯ 다른 부분과 내화구조로 구획된 덕트 또는 피트의 내부에 설치하는 경우

㉰ 천장(상층이 있는 경우에는 상층바닥의 하단을 포함한다)과 반자를 불연재료 또는 준불연재료로 설치하고 그 내부에 습식으로 배관을 설치하는 경우

4.5.5 송수구

화재발생 시 법정 수원을 사용하여도 소화할 수 없는 경우 소방차에 의해 외부로부터 스프링클러용 소화수를 공급하여 소화작업을 지속적으로 수행하기 위해서 송수구가 필요하며 설치기준은 다음과 같다.

① 송수구는 소방차가 쉽게 접근할 수 있는 잘 보이는 장소에 설치하되 화재층으로부터 지면으로 떨어지는 유리창 등이 송수 및 그 밖의 소화작업에 지장을 주지 아니하는 장소에 설치하여야 한다.

② 송수구로부터 스프링클러설비의 주배관에 이르는 연결배관에 개폐밸브를 설치한 때에는 그 개방상태를 쉽게 확인 및 조작할 수 있는 옥외 또는 기계실 등의 장소에 설치하여야 한다.

③ 구경 65 mm의 쌍구형으로 할 것

④ 송수구에는 그 가까운 곳의 보기 쉬운 곳에 송수압력범위를 표시한 표지를 할 것

⑤ 폐쇄형 스프링클러헤드를 사용하는 스프링클러설비 송수구는 하나의 층의 바닥면적이 3.000 m^2를 넘을 때마다 1개 이상을 설치할 것(5개를 넘을 때는 5개)

⑥ 지면으로부터 높이가 0.5 m 이상 1 m 이하의 위치에 설치할 것

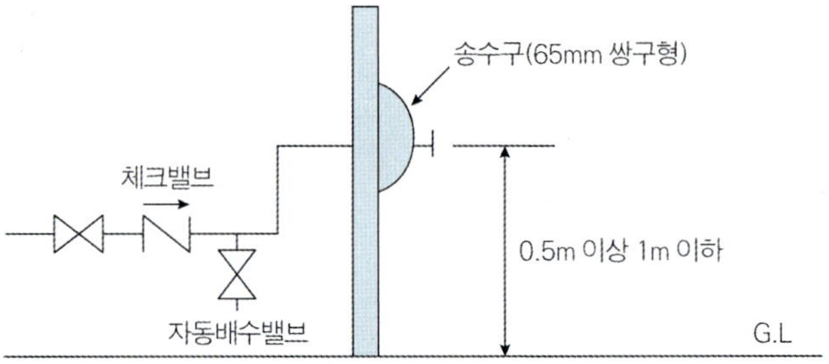

그림 4.46 송수구

⑦ 송수구의 가까운 부분에 자동배수밸브(또는 직경 5 mm의 배수공) 및 체크밸브를 설치할 것. 이 경우 자동배수밸브는 배관 안의 물이 잘 빠질 수 있는 위치에 설치하되, 배수로 인하여 다른 물건 또는 장소에 피해를 주지 아니하여야 한다.

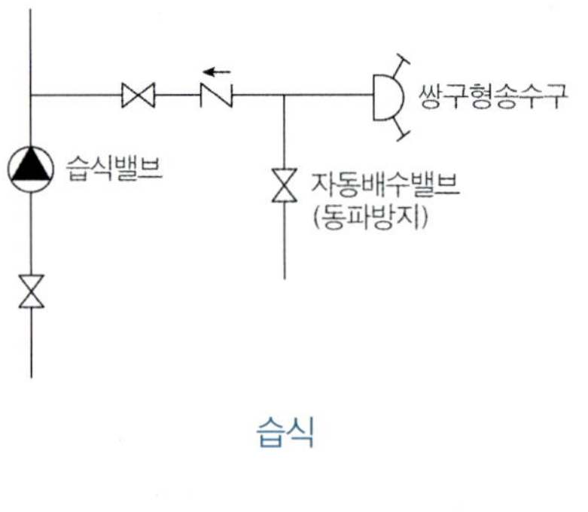

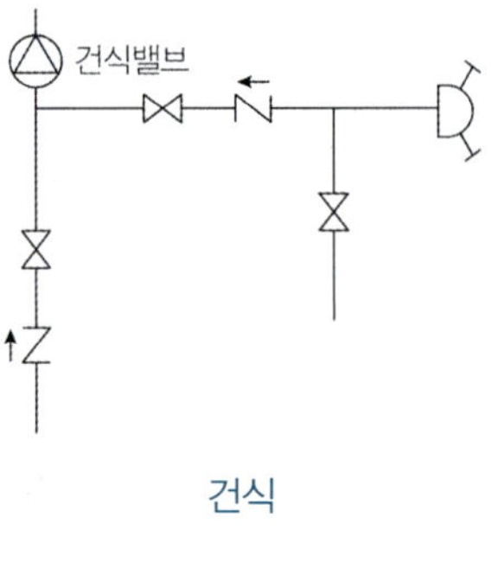

준비작동식 일제살수식

그림 4.47 송수구 접속 위치

⑧ 송수구에는 이물질을 막기 위한 마개를 씌워야 한다.

4.5.6 음향장치

스프링클러에 사용되는 음향장치에는 경종과 사이렌 등이 있으며 다음 기준에 따라 설치한다.

① 유수검지장치를 사용하는 설비에 있어서는 헤드가 개방되면 유수검지장치가 화재 신호를 발신하고 그에 따라 음향장치가 작동되도록 하여야 한다.
② 일제개방밸브를 사용하는 설비에는 화재감지기의 감지에 의하여 스프링클러설비의 음향장치가 작동되도록 하여야 하며 교차회로 방식인 경우에는 하나의 화재감지회로가 화재감지 시에도 음향장치가 작동되도록 하여야 한다.
③ 음향장치는 유수검지장치 등이 담당하는 구역마다 설치하되 그 구역의 각 부분으로부터 하나의 음향장치까지의 수평거리가 25 m 이하로 하여야 한다.
④ 음향장치의 음색은 다른 경보와 구별될 수 있는 것으로 하여야 한다.
⑤ 주 음향장치는 수신기의 내부 또는 그 직근에 설치하여야 한다.

4.5.7 기타

(1) 감시스위치

1 탬퍼스위치(Tamper Switch)

급수배관의 개폐표시형 밸브에 개방 유무를 확인하기 위해 탬퍼스위치를 설치하여 소화용수 차단을 방지한다.

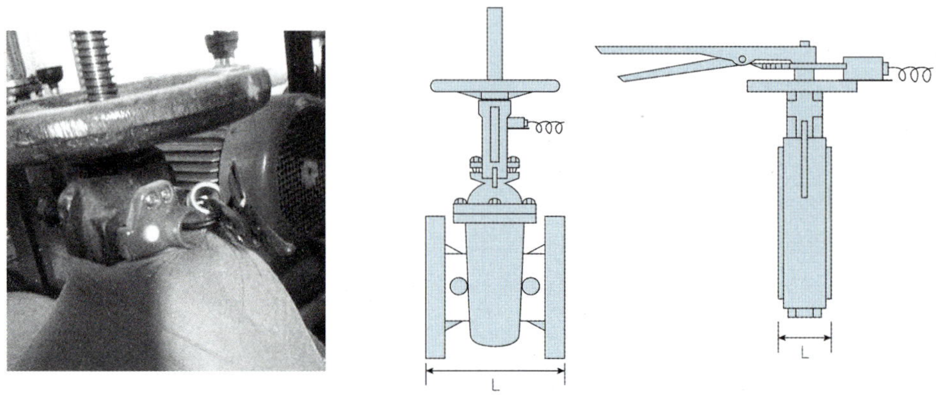

그림 4.48 탬퍼스위치

② 주밸브 감시스위치

주밸브 감시스위치는 주 관로상의 주밸브인 게이트밸브의 밸브 핸들에 부착시켜 밸브봉을 스위치의 접속부에 접속시켜 놓고, 밸브를 닫게 되면 접속부와 밸브봉이 떨어지게 되고 수신반에 이상신호를 보내어 항상 관로상의 주밸브를 감시한다.

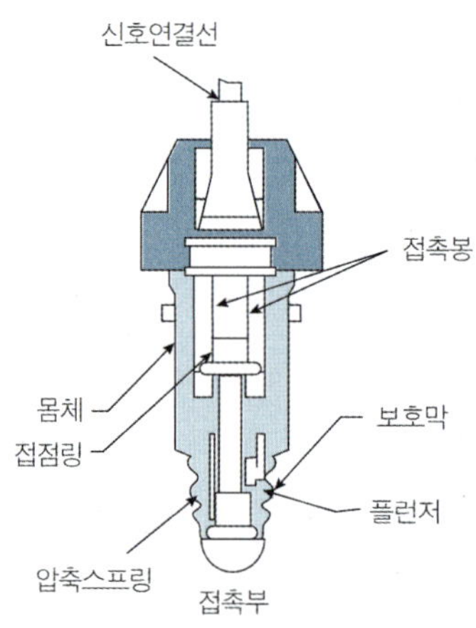

그림 4.49 주밸브 감시스위치

③ 모니터스위치

주밸브 감시스위치와 같이 주 관로상의 주밸브인 요오크밸브의 핸들, 즉 그림 4.49상의 게이트밸브의 요크에 걸어서 부착시키는데 밸브를 완전히 열어놓은 상태에서 부착시키면 밸브봉과 밸브스텝이 접촉되어 정상을 유지한다. 그러나 밸브를 닫게 되면 밸브봉이 짧아져서 밸브스템과 떨어지게 되고 수신반에 이상 경보를 발하여 주밸브의 개폐를 항상 감시한다.

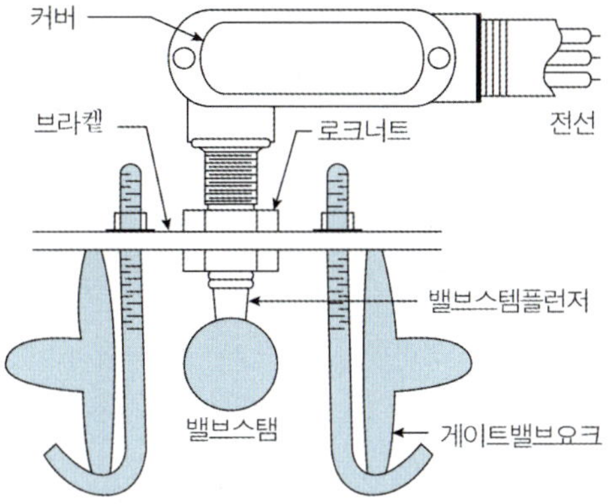

그림 4.50 모니터스위치

④ 수위 감시스위치

수위 감시스위치는 부판이 수위에 따라 부력에 의해 떠오른다. 부판 아래에 부착된 멈춤판에 의해 위에 설치된 멈춤판이 아래로 내려가면 접촉스위치를 접촉시켜 급수펌프를 가동시키고 아래에 부착된 멈춤판이 접촉스위치에 접촉되면 만수위를 의미하며 급수펌프의 기동을 중지시키게 된다.

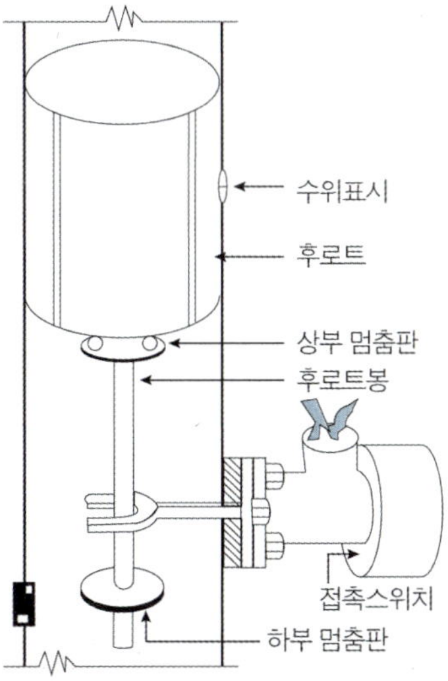

그림 4.51 수위 감시스위치

4.6 소화설비의 배관 방식(Loop, Grid, Tree, Tournament)

소화설비 가지관의 배관 방식은 루프형(Loop) 방식, 격자형(Grid) 방식, 가지형(Tree) 방식, 토너먼트형(Tournament) 방식이 있다. 이 중 토너먼트형 방식은 가스계 및 분말소화설비에 사용되며, 가지형 방식은 스프링클러설비 및 포소화설비에 사용된다. 또한 가지형 방식, 격자형 방식, 루프형 방식은 수계소화설비의 배관에 사용되는 방식이다. 현재 국내에서 가장 많이 사용되는 수계소화설비의 배관 방식은 규약 배관 방식에 의한 가지형(Tree) 방식이며, 격자형(Grid) 방식과 루프형(Loop) 방식은 수리계산 방법에 의하여 설계하여야 한다.

4.6.1 루프형 설비(Looped sprinkler System)

작동 중인 스프링클러헤드에 둘 이상의 배관에서 물이 공급되도록 여러 개의 교차 배관들이 서로 접속되어 있는 스프링클러설비로 가지배관은 접속되지 않는다.

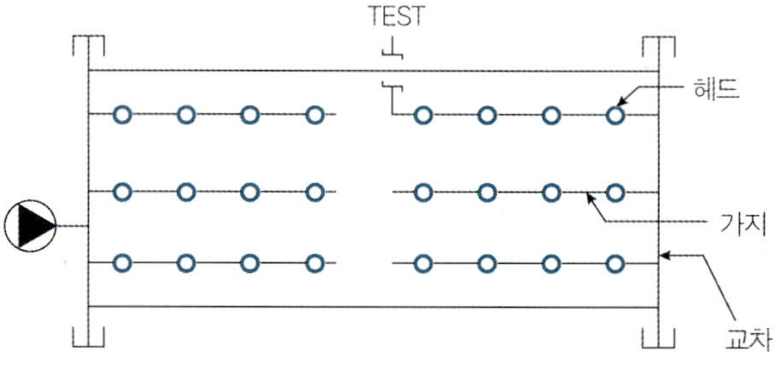

그림 4.52 루프형 설비(Looped sprinkler system)

4.6.2 격자형 설비(Grid System)

평행 교차배관들 사이에 다수의 가지배관(Branch line)을 접속한 스프링클러설비이다.

작동 중인 스프링클러헤드가 그 가지배관의 양쪽에서 물을 공급받는 동안 다른 가지배관들은 교차배관 간의 물 이송을 보조한다.

■ 소방배관을 Grid 배관으로 하는 이유

① 유수의 흐름이 분산되어 압력손실이 적고 고른 압력분포가 가능하다.

② 중간에 배관이 차단될 경우 대처가 가능하며, 고장 수리 시에도 공급이 가능하여 소화수 공급의 안정성을 기할 수 있다.

③ 관내 압력변동이 적고 충격파가 발생되어도 분산이 가능하다.

④ 소화설비의 증·개축 시 유리하다.

⑤ 소화용수 및 가압장치의 분산배치가 용이하다.

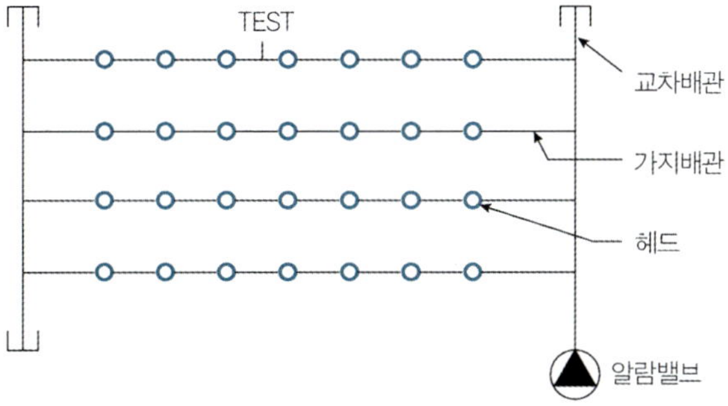

그림 4.53 격자형 설비(Gridded sprinkler system)

4.6.3 가지형 설비(Tree System)

티(Tee)에 의한 분기점은 가지 배관당 1개소로 마찰손실이 토너먼트 방식보다 줄어들고 헤드의 방사압력 및 방사량은 각 지점에서 균일하지 않다.

배관 주위에 각종 살수장애용 시설물이 있어도 적절한 배관설계가 가능하며 시공이 용이하고 편리하다.

마찰손실을 최소화하기 위하여 수계 및 포소화설비에 사용한다.

4.6.4 토너먼트형 설비(Tournament System)

티에 의한 분기점의 수량이 과다하여 마찰손실이 증가하게 되며 이로 인하여 말단의 헤드 방사압력이 저하되지만 헤드의 방사압력 및 방사량은 각 지점에서 균일하다. 배관 주위에 살수장애용 시설물이 있는 경우 균등한 배관설계가 어렵고 시공 시 많은 티를 사용하여야 하므로 시공이 불편하다.

그러나 균등한 약제의 방사 및 빠른 시간 내 확산을 위하여 가스계 및 분말 소화설비에 사용된다.

TIP

스크링클러설비 배관 방식에서 토너먼트 방식으로 하지 않는 이유

① 배관 내의 마찰손실이 커져서 규격 방수압과 방수량 유지가 곤란하다.

② 배관 내의 수격작용에 의해 배관에 충격이 커져 배관의 파손 우려가 있다.

4.7 스프링클러설비의 소화특성

4.7.1 소화의 원리

스프링클러설비의 소화원리는 냉각소화(Extinguishment by cooling)가 주체이며 보조적으로는 질식소화(Extinguishment by smothering)이다.

4.7.2 화재감지특성

스프링클러헤드의 감도특성을 결정짓는 요소로는 감도 반응시간지수(RTI)와 전도 열전달계수(Conductivity : C)이다.

(1) RTI(Response Time Index : 반응시간지수)

스프링클러헤드에서 가장 중요한 특성은 헤드의 감도와 반응시간지수(RTI)이다.

RTI는 기류의 온도 속도 및 작동시간에 대하여 스프링클러헤드의 반응을 예상한 지수로서 다음의 식에 의하여 계산한다.

$$\mathrm{RTI} = \tau\sqrt{u}$$

여기서, u : 기류속도[m/sec]

τ : 시간상수[$\frac{\mathrm{mc}}{\mathrm{hA}}$]

위의 식에서 RTI는 감열체의 질량이 작을수록, 표면적이 넓을수록, 비열이 작을수록 값이 작아지는 것을 알 수 있으며 이는 값이 작을수록 헤드의 작동지연시간이 짧아진다는 의미이다.

ISO 기준은 표준형 스프링클러헤드의 감도를 RTI 값에 따라 조기반응, 특수반응, 표준반응의 3가지로 다음과 같은 기준으로 구분한다.

- 조기반응(Fast response)의 RTI값은 50 미만
- 특수반응(Special response)의 RTI값은 50 이상 80 미만
- 표준반응(Standard response)의 RTI값은 80 이상 350 미만

따라서 RTI값을 측정함으로서 화재 시 헤드의 동작시간을 예측할 수 있다.

표 4.9 ISO 기준에 따른 스프링클러의 감도 범위

구 분	RTI	열전도계수(C)	적 용
조기반응형 스프링클러 (fast response)	50 미만	1 이하	• 주거용(residential) • 속동형(quick response) • ESFR
특별반응형 스프링클러 (special response)	50~80 미만	1 이하	• 측벽형 헤드(아트리움 등)
표준반응형 스프링클러 (standard response)	80~350 미만	2 이하	• 기존 표준형 헤드

(2) 전도 열전달계수(Conductivity : C)

전도 열전달계수는 스프링클러헤드의 주위로부터 흡수된 열량 중 스프링클러배관 및 수로(water way) 등으로 방출되는 열손실량에 대한 특성 값으로 값이 작을수록 전도 열손실량이 적어져 헤드가 빨리 작동하게 된다.

(3) 감도특성에 따른 헤드의 구분

소화설비에서 화재감지는 매우 중요한 요소로서 자동식 스프링클러소화 설비의 경우에는 반응시간지수 등의 특성치를 개발하여 방호대상물의 화재특성에 따라 화재감지시간을 제어할 수 있도록 하고 있다.

표 4.10 감도별 헤드구분

헤드의 구분	RTI($\sqrt{m \cdot sec}$)	C($\sqrt{m \cdot sec}$)
Fast Response	50 미만	1 미만
Special Response	50 이상 80 미만	1 미만
Standard Response	80 이상 350 미만	2 미만

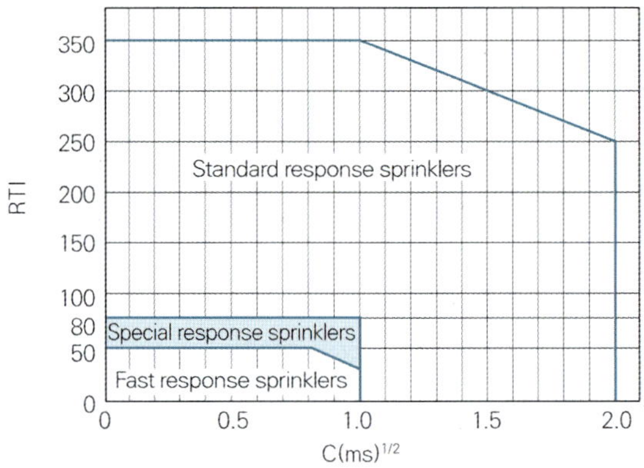

그림 4.54 감도특성에 따른 헤드의 구분

4.7.3 방사특성

스프링클러헤드의 소화특성은 화재제어(Fire Control)와 화재진압(Fire Suppression) 능력이다. ADD와 RDD는 화재제어 및 진압을 위한 방사특성을 결정짓는 중요한 요소이다.

(1) 화재제어(Fire Control)

헤드에서 살수 시 가연물에 도달하는 살수량 및 살수분포가 직접 화심 속으로 침투하는 비율이 낮을 경우 연소속도와 열방출률을 급격히 감소시키지는 못한다. 화재발생 주변에서는 열방출률을 억제하거나 제한시켜 화세를 줄여주고 연소 시 화염에 의해 확산되는 화재 시의 온도를 감소시켜 온도의 상승을 제한하고 주변의 구조물에도 손상이 되지 않도록 하는 특성을 뜻한다.

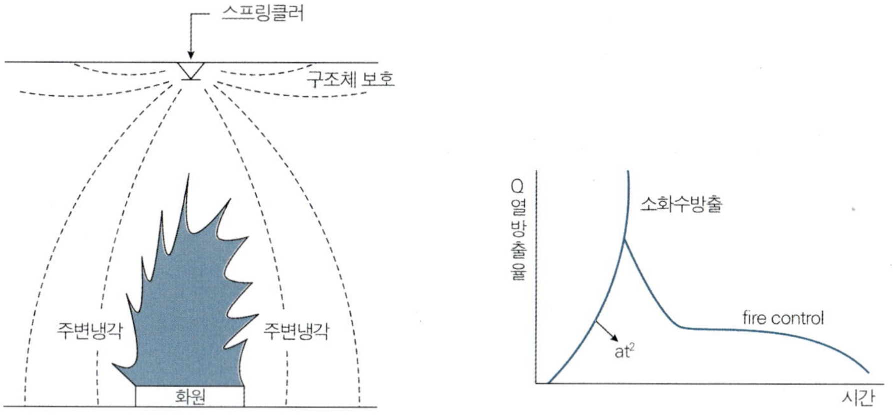

화재제어 화재제어 곡선

그림 4.55 화재제어

(2) 화재진압(Fire Suppression)

화재진압이란 불을 끄는 과정 중에 물에 의해 완전히 연소가 멈춰지는 소화의 개념으로 가연물로부터 발생되는 열방출률을 급격히 감소시켜 화재를 억제하고 소화가 되는 과정을 말한다. 헤드에서 살수 시, 물방울의 입자가 화재 시 발생하는 화염의 부력을 이기고 화염 속으로 침투하여 가연물까지 도달할 경우 효과는 더욱 커지게 된다.

물방울이 화염 속을 통과하면서 일부는 기화하여 열을 빼앗고 수증기에 의한 외부의 산소공급을 차단시켜준다. 이로 인하여 온도가 내려가면서 가연성 가스의 발생량이 줄어들고 최종적으로 화염 속을 침투한 물방울은 약해진 연소면을 적시어 열발생량을 감소시켜 소화된다.

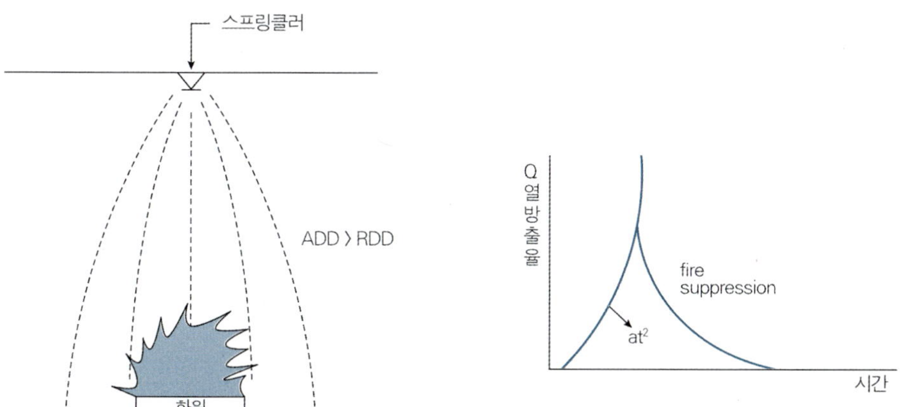

화재진압 화재진압 곡선

그림 4.56 화재진압

TIP

화재제어, 화재진압

1. 화재제어(fire control)
   - 방사된 물방울이 주위의 가연성 물질을 미리 적셔 화재크기를 제한하고 건축구조물의 피해가 없도록 천장부의 가스온도를 일정온도로 제어하여 소화에 이르는 방법
   - 열방출률을 완만히 제어하기 때문에 화재 진압보다 피해면적이 크고 재발화할 우려가 있다.
2. 화재진압(fire suppression)
   - 방사된 물방울의 침투력을 증가시켜 분해율, 증발률을 낮춰 연소속도를 낮추고 열방출비율을 급격히 줄여 소화에 이르는 방법
   - 화재의 재성장, 재발화를 방지하는 진압 방법으로, 조기진화를 목적으로 하는 경우 ADD를 RDD 보다 크게하여 소화한다.

(3) RDD(Required Delivered Density : 필요방사밀도)

필요방사밀도는 화재진압에 필요한 물의 양을 말하며, 연소표면에서 필요로 하는 물의 양을 가연물의 상단 표면적으로 나눈 값으로 소방대상물의 용도 및 화재하중에 따라 스프링클러시스템에 필요한 토출량이다.

(4) ADD(Actual Delivered Density : 실제 방사밀도, 침투밀도)

ADD란 스프링클러로부터 분사된 물 중에서 화염을 통과하여 연소 중인 가연물 상단에 도달한 양을 가연물 상단의 표면적으로 나눈 값(lpm/m^2)으로 침투된 물의 분포밀도를 나타내며 스프링클러의 성능을 가늠하는 중요한 요소이다.

헤드로부터 방사된 물이 화면에 실제 도달한 양을 뜻하며 이는 화재 시 소화작업에 이용되는 실제 방사량으로 스프링클러설비에서 방사 형태와 관련된 것이다.

(5) ADD와 RDD관계

RDD는 시간이 경과될수록 화세가 확대되고 더 많은 주수를 필요로 하므로 시간에 따라 증가하게 된다. 그러나 ADD의 경우는 시간이 지나면 확대된 화세로 인하여 화재플럼(Fire Plume) 주위로 물방울이 비산되거나 증발하는 양이 증가하게 되어 실제 화심 속으로 침투하는 양은 줄어들게 된다.

따라서 화재가 진압되기 위한 조건은 그림 4.56에서 ADD > RDD인 빗금친 영역이다. RDD 및 ADD의 단위는 lpm/m^2이다.

① RTI가 낮을수록 스프링클러는 개방 온도에 일찍 도달하므로 화재에 민첩하게 반응한다.
② 스프링클러헤드의 반응이 빠를수록(RTI 수치가 낮을수록) RDD는 낮고 ADD는 높다.

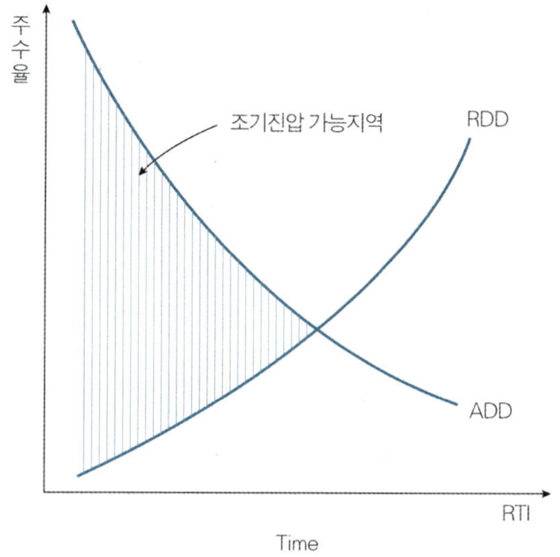

그림 4.57 RTI와 ADD, RDD와의 관계

4.7.4 스프링클러로 분사된 물방울의 화염 침투

(1) 중력에 의한 침투

물방울이 지닌 중력이 화염으로부터의 상승기류가 지닌 부양력보다 우세한 경우 침투가 일어나며 이 경우 물방울이 클수록 용이하다.

(2) 모멘텀(운동량)에 의한 침투

① 아래 방향으로의 모멘텀은 스프링클러 방사압력이 클수록 커지며 이 경우 아래 방향으로의 공기유동까지 유도하므로 더욱 유리하게 작용
② 모멘텀의 증가를 위해 압력을 증가시키면 물방울은 작아진다. 침투가 주로 모멘텀에 의해 좌우되는 경우에는 물방울입자의 크기는 그 중요성이 상대적으로 줄어든다.

4.7.5 스프링클러 성능을 결정하는 요소

(1) 반응시간지수(RTI)

① 감열부의 열민감도(thermal sensitivity), 열흡수능력

② 스프링클러 작동에 필요한 열을 주위로부터 얼마나 빠른 시간에 흡수할 수 있는지를 나타내는 특성치를 말한다.

(2) 디플렉터(deflector)

① 흐르는 소화수의 방향을 바꾸어 살수범위와 물방울의 크기를 결정한다.

② 디플렉터의 모양에 따라 살수범위 및 침투성능이 결정된다.

(3) 오리피스(orifice)

① 오리피스는 헤드의 방수량을 결정하는데 일반적으로 K factor라 한다.

② 표준형은 80, large drop은 160, ESFR은 200 ~ 357 정도이다.

연습문제

1. 8층의 백화점 건축물에 스프링클러소화설비를 설치할 경우 저수해야 할 수원의 양은 얼마인가?

2. 기동용 수압개폐장치의 목적은 무엇인가?

3. 펌프 성능시험곡선을 완성하고 설명하시오.

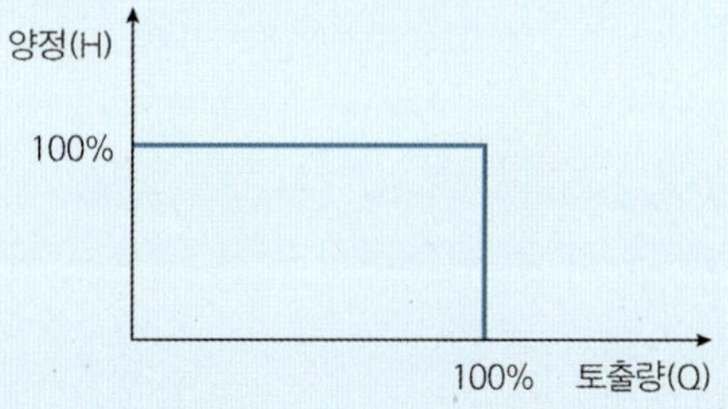

4. 스프링클러소화설비의 펌프 성능시험배관에 설치된 유량측정장치의 설치목적과 펌프 성능시험 방법에 관하여 설명하시오.

5. 준비작동식 스프링클러설비의 작동원리를 간략히 설명하시오.

6. 스프링클러소화설비의 가지배관은 토너멘트 배관 방식이 아니어야 하는데, 그 이유에 관하여 설명하시오.

7. 스프링클러의 반응시간지수(RTI)에 대하여 설명하시오.

8. ADD, RDD에 대해 설명하시오.

연습문제

9. 다음은 습식 폐쇄형 스프링클러소화설비 계통도이다. 다음 물음에 답하시오.

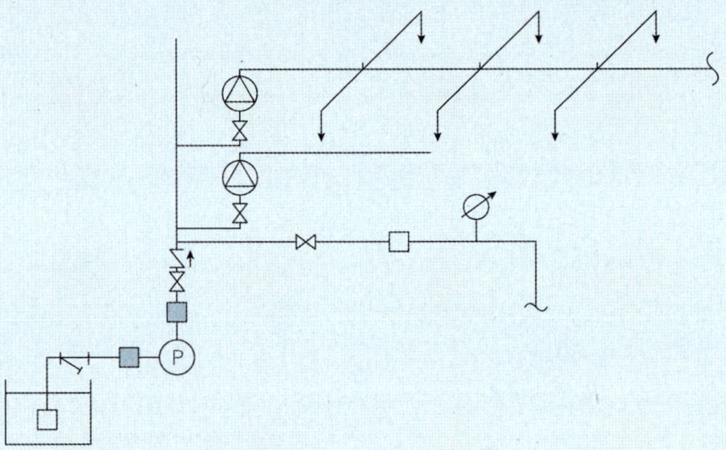

[물음]

1. 도면 중 잘못된 곳 4가지를 지적하시오.
2. 도면 중 누락된 곳 3가지를 지적하시오.
3. 설비의 최상층, 최선단에 설치하는 말단시험장치의 기능 2가지와 구성 부품에 관하여 쓰시오.

10. 13층의 백화점에 폐쇄형 습식 스프링클러소화설비를 설치하려고 한다. 전양정은 89 m이며, 이곳에 설치하는 소화펌프의 효율은 60%이며, 여유율은 10%이다.
다음의 물음에 답하시오.

[물음]

1. 필요한 소화용수의 양은 얼마인가?(m^3)
2. 펌프의 토출량은 얼마인가?(m^3/분)
3. 전동기의 용량(kW)을 산출하시오.
4. 내연기관의 용량(HP)은 얼마인가?
5. 최상단의 스프링클러헤드의 방사압력이 0.15 MPa일 경우 방사량은 얼마나 되겠는가?
(단, k = 80)
6. 스프링클러헤드의 규정 방사압력과 방사량은 얼마인가?

연습문제

11. 다음은 내화구조의 건축물 일부분이다. 폐쇄형 스프링클러헤드를 정방형으로 배치하는 경우를 설계하시오(단, 도면에 헤드 배치 시 상호간격을 기재하시오).

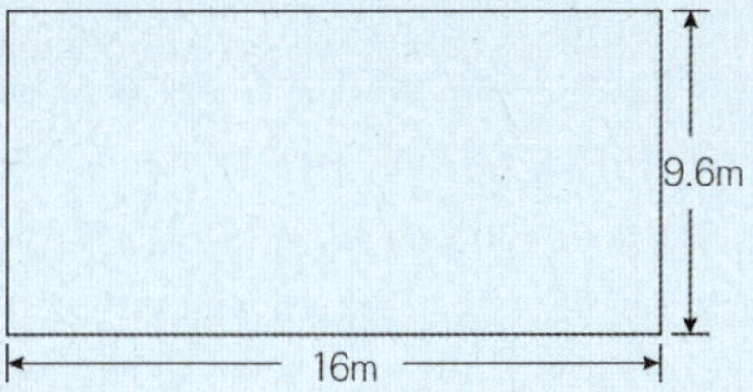

12. 다음 그림은 가로 20 m, 세로 10 m인 직사각형 형태의 실의 평면도이다. 이 실의 내부에는 기둥이 없고, 실내 상부는 반자로 고르게 마감되어 있다. 이 실내에 방호반경 2.3 m로 스프링클러헤드를 직사각형 형태로 설치하고자 할 때 배열할 수 있는 헤드의 최소개수를 답안지의 산출과정 순으로 작성하여 산출하시오(단 반자 속에는 헤드를 설치하지 아니하며, 전등 또는 공조용 디퓨져 등의 모듈은 무시하는 것으로 한다).

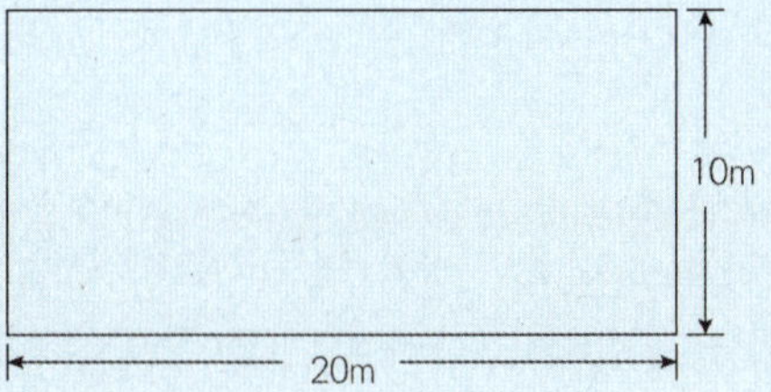

[유의사항] 산출과정의 작성(예)

(예) 가로변의 최소개수 : 최대개수 8~11

세로변의 최소개수 : 최대개수 7~9

가로열 헤드 수 / 세로열 헤드 수	8	9	10	11
7	56	63	70	77
8	64	72	80	88
9	72	81	90	99

연습문제

13. 지하 2층, 지상 12층의 사무소 건물에 있어서 11층 이상에 소방법, 동시행령 및 시행규칙과 아래 조건에 따라 스프링클러설비를 설계하려고 한다. 다음 각 물음에 답하시오.

[조건]

1. 11층 및 12층에 설치하는 폐쇄형 스프링클러헤드의 수량은 각각 80개이다.
2. 입상관의 내경은 150 mm이고, 높이는 40 m이다.
3. 펌프의 후드밸브로부터 최상층 스프링클러헤드까지의 실고는 50 m이다.
4. 입상관의 마찰손실수두를 제외한 펌프의 후드밸브로부터 최상층, 가장 먼 스프링클러헤드까지의 마찰 및 저항 손실수두는 15 m이다.
5. 모든 규격치는 최소량을 적용한다.
6. 펌프의 효율은 65%이다.

[물음]

① 펌프의 최소유량(L/min)을 산정하시오.

② 수원의 최소유효저수량(m^3)을 산정하시오.

③ 입상관에서의 마찰손실수두(m)를 계산하시오.
(입상관은 직관으로 간주, Darcy-Weisbach의 식을 사용, 마찰손실계수는 0.02)

④ 펌프의 최소양정(m)을 계산하시오.

⑤ 펌프의 축동력(kW)을 계산하시오.

⑥ 불연재료로 된 천장에 헤드를 그림과 같이 정방형으로 배치하려고 한다. A 및 B의 최대길이를 계산하시오. (건물은 내화구조이다)

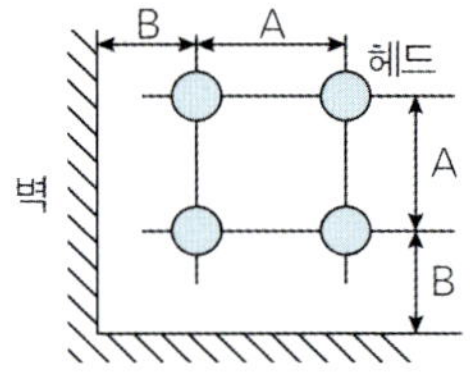

연습문제

14. 다음 도면은 압력탱크 기동 방식에 의한 스프링클러설비 중 펌프 토출측 부근에 대한 계통도로 본 도면에는 잘못 작성된 부분이 많이 있다. 이 도면의 잘못된 부분을 수정하여 계통도를 다시 작성하시오.

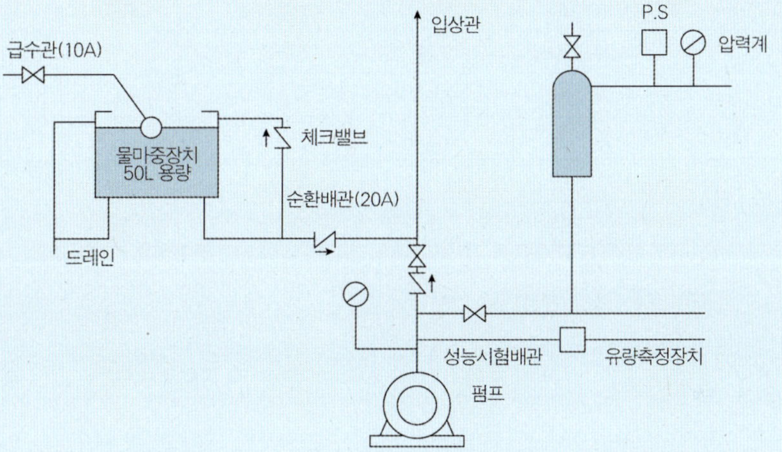

15. 폐쇄형 헤드를 사용한 스프링클러설비의 말단배관 중 K점에 필요한 압력수의 수압을 주어진 조건을 이용하여 산정하시오.

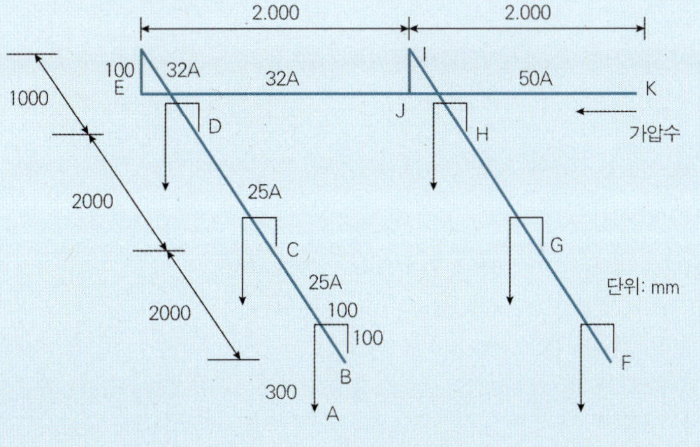

연습문제

[조건]

1. 직관길이 마찰손실수두(100 m당)

[단위 : m]

개수	유량	25A	32A	40A	50A
1	80(L/min)	39.82	11.38	5.40	1.68
2	160(L/min)	150.42	42.84	20.29	6.32
3	240(L/min)	307.77	87.66	41.51	12.93
4	320(L/min)	521.92	148.66	70.40	21.93
5	400(L/min)	789.04	224.75	106.31	32.99
6	480(L/min)		321.55	152.26	47.43

2. 관이음쇠 마찰손실에 해당하는 직관길이

[단위 : m]

관이음	25A	32A	40A	50A
엘보(90°)	0.9	1.2	1.5	2.1
레듀샤	0.54	0.72	0.9	1.2
티이(직류)	0.27	0.36	0.45	0.6
티이(분류)	1.5	1.8	2.1	3.0

3. 헤드나사는 PT 1/2(15A) 기준
4. 헤드방사압은 0.1 MPa 기준
5. 수압산정에 필요한 계산과정을 상세히 명시할 것

16. 아래 조건을 보고( )안에 알맞은 답을 쓰시오.

[조건]

① 주펌프의 토출량 Q = 1,500 L/min TDH = 1 MPa

② 보조펌프의 토출량 Q = 60 L/min TDH = 10 MPa

③ 각 압력스위치는 0.05 MPa 차이를 둔다.

<table>
<tr><td rowspan="2">답 란</td><td>주펌프의 기동압력 : (Ⓐ)</td><td>보조펌프의 기동압력 : (Ⓑ)</td></tr>
<tr><td>주펌프의 정지압력 : 1.05 MPa</td><td>보조펌프의 정지압력 : (Ⓒ)</td></tr>
</table>

연습문제

17. 아래 그림과 같이 스프링클러소화설비를 설치하였을 경우, 조건을 참조하여 각 물음에 답하시오.

[조건]

1. 화재 시 개방되는 헤드수는 10개로 한다.
2. 직관장의 길이는 70 m이다.
3. 배관상 마찰손실수두는 직관장 길이의 30%로 한다.
4. 펌프효율은 60%, 전동기 직결이며 K = 1.1이다.

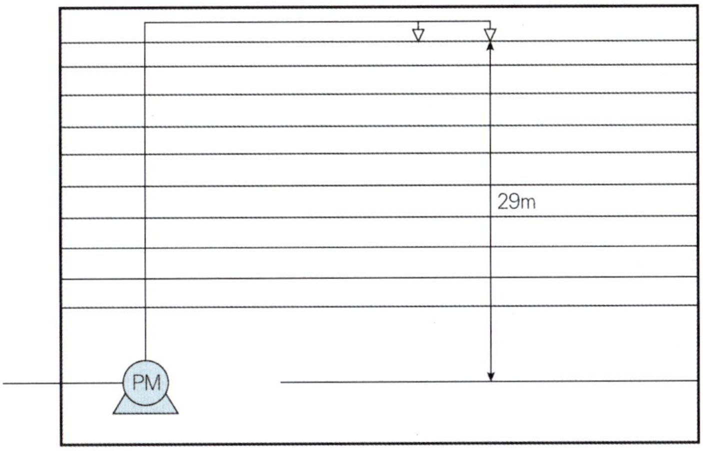

[물음]

① 펌프의 최소 토출량(L/분)은 얼마인가?

② 전양정을 산출하시오.

③ 펌프모터의 소요동력(kW)을 구하시오.

18. 스프링클러헤드 설치제외 장소 10가지만 나열하시오.

19. 급속개방장치에 대해 설명하시오.

CHAPTER 4-1

간이스프링클러설비(NFTC/PC 103A)

4-1.1 간이스프링클러설비(NFTC/PC 103A)

4-1.1.1 개요

간이스프링클러설비는 불특정 다수인이 이용하는 다중이용업소 등과 스프링클러설비가 설치되지 않는 규모의 장소 중 화재위험성이 있는 장소에 스프링클러설비를 약식으로 설치하여 화재 시 예상되는 인명피해 및 재산피해를 최소화하기 위해 도입된 소화설비이다.

특정소방대상물에 화재가 발생하여 온도가 상승하게 되면 간이헤드의 감열체가 작동하여 배관 내의 가압수가 간이헤드로 방사되어 소화작업을 한다.

간이헤드의 감도특성은 조기반응형이어야 하며 표준형 스프링클러헤드보다 방사각도를 크게 하여 벽면을 더 높이 주수하는 방사형태의 헤드를 말한다.

4-1.1.2 간이스프링클러설비 설치대상물

① 공동주택 중 연립주택 및 다세대주택(연립주택 및 다세대주택에 설치하는 간이스프링클러설비는 주택전용 간이스프링클러설비를 설치한다)

② 근린생활시설 중 다음의 어느 하나에 해당하는 것

㉮ 근린생활시설로 사용하는 부분의 바닥면적 합계가 1천 m^2 이상인 것은 모든 층

㉯ 의원, 치과의원 및 한의원으로서 입원실이 있는 시설

㉰ 조산원 및 산후조리원으로서 연면적 600 m^2 미만인 시설

③ 의료시설 중 다음의 어느 하나에 해당하는 시설

㉮ 종합병원, 병원, 치과병원, 한방병원 및 요양병원(의료재활시설은 제외한다)으로 사용되는 바닥면적의 합계가 600 m^2 미만인 시설

㉯ 정신의료기관 또는 의료재활시설로 사용되는 바닥면적의 합계가 300 m^2 이상

600 m^2 미만인 시설

㉰ 정신의료기관 또는 의료재활시설로 사용되는 바닥면적의 합계가 300 m^2 미만이고, 창살(철재 · 플라스틱 또는 목재 등으로 사람의 탈출 등을 막기 위하여 설치한 것을 말하며, 화재 시 자동으로 열리는 구조로 되어 있는 창살은 제외한다)이 설치된 시설

④ 교육연구시설 내에 합숙소로서 연면적 100 m^2 이상인 경우에는 모든 층

⑤ 노유자 시설로서 다음의 어느 하나에 해당하는 시설

㉮ 노유자 시설로 해당 시설로 사용하는 바닥면적의 합계가 300 m^2 이상 600 m^2 미만인 시설

㉯ 바닥면적의 합계가 300 m^2 미만이고, 창살(철재 · 플라스틱 또는 목재 등으로 사람의 탈출 등을 막기 위하여 설치한 것을 말하며, 화재 시 자동으로 열리는 구조로 되어 있는 창살은 제외한다)이 설치된 시설

⑥ 숙박시설로 사용되는 바닥면적의 합계가 300 m^2 이상 600 m^2 미만인 시설

⑦ 건물을 임차하여 「출입국관리법」 제52조제2항에 따른 보호시설로 사용하는 부분

⑧ 복합건축물 연면적 1천 m^2 이상인 것은 모든 층

■ 설치제외

스프링클러설비, 물분무소화설비, 미분무소화설비를 화재안전기준에 적합하게 설치한 경우에는 그 설비의 유효범위에서 설치가 면제된다.

4-1.1.3 구성요소

(1) 수원

① 상수도설비에 직접 연결하는 경우에는 수돗물

② 수조(캐비닛형 포함)를 사용하고자 하는 경우에는 적어도 1개 이상의 자동급수장치를 갖추어야 하며, 2개의 간이헤드에서 최소 10분(근린생활시설, 생활형 숙박시설, 복합건축물의 경우에는 5개의 간이헤드 20분) 이상 방수할 수 있는 양 이상을 수조에 확보할 것

표 4-1.1 간이헤드 수원

헤드	수원
간이헤드	2개×50 Lmp×10분=1.0 m^3
간이헤드 • 근린생활시설 바닥면적 1,000 m^2 이상 • 생활형 숙박시설 바닥면적 600 m^2 이상 • 복합건축물 연면적 1,000 m^2 이상	5개×50 Lmp×20분=5.0 m^3
표준형헤드(주차장부분)	2개×80 Lmp×10분=1.6 m^3
표준형헤드(근생, 숙박, 복합 주차장부분)	5개×80 Lmp×20분=8.0 m^3

(2) 가압송수장치

① 정격토출압력은 가장 먼 가지배관에서 2개의 간이헤드를 동시에 개방할 경우 간이형 헤드 선단 방수압력이 0.1 MPa 이상, 방수량은 50 L/min 이상일 것

단, 주차장에 표준반응형 스프링클러헤드를 사용할 경우 헤드 1개의 방수량은 80 L/min 이상이어야 한다.

② 상수도설비 직결 · 펌프 · 고가수조 · 압력수조 · 가압수조 방식이 있다.

(3) 배관 및 밸브

① 배관 내 사용압력이 1.2 MPa 미만일 경우

㉮ 배관용 탄소강관(KS D 3507)

㉯ 이음매 없는 구리 및 구리 합금관(KS D 5301). 다만, 습식의 배관에 한한다.

㉰ 배관용 스테인리스강관(KS D 3576) 또는 일반배관용 스테인리스강관(KS D 3595)

㉱ 덕타일 주철관(KS D 4311)

② 배관 내 사용압력이 1.2 MPa 이상일 경우

㉮ 압력배관용 탄소강관(KS D 3562)

㉯ 배관용 아크용접 탄소강 강관(KS D 3583)

③ 소방용 합성수지배관으로 설치할 수 있는 경우

㉮ 배관을 지하에 매설하는 경우

㉯ 다른 부분과 내화구조로 구획된 덕트 또는 피트의 내부에 설치하는 경우

㉰ 천장(상층이 있는 경우에는 상층바닥의 하단을 포함)과 반자를 불연재료 또는 준불연재료로 설치하고 그 내부에 습식으로 배관을 설치하는 경우

1) 상수도설비에 직접 연결하는 경우

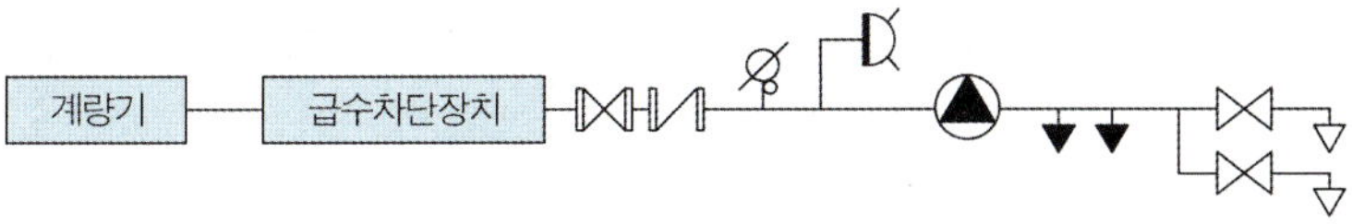

그림 4-1.1 상수도 직결

수조를 사용하지 않고 상수도에 직접 연결하여 기준 압력 및 방수량 이상을 확보할 수 있는 설비이다. 따라서 화재 시 간이스프링클러설비 이외의 배관에는 급수차단장치를 설치하여야 한다.

▪ 순서

수도용 계량기 → 급수차단장치 → 개폐표시형 개폐밸브 → 체크밸브 → 압력계 → 유수검지장치 → 2개의 시험밸브

2) 펌프 등 가압송수장치를 이용하는 경우

스프링클러설비와 마찬가지로 수원을 설치하고 펌프 또는 압력수조를 이용하여 기준 방수압력 및 방수량 이상을 확보하는 설비이다. 간이스프링클러설비는 2차 수원 및 예비 펌프를 적용하지 않는다.

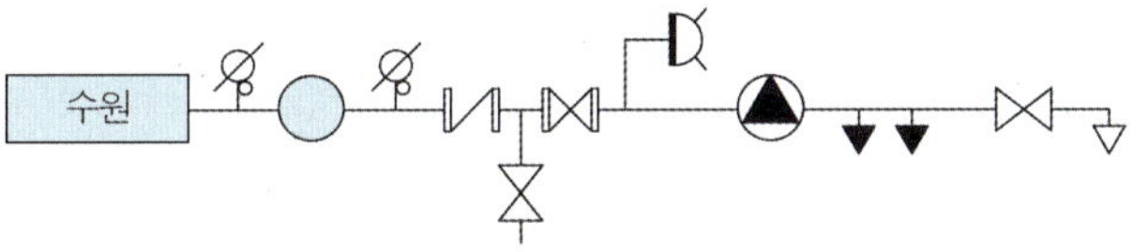

그림 4-1.2 펌프 방식

▪ 순서

수원 → 연성계 또는 진공계(수원이 펌프보다 높은 경우 제외) → 펌프 또는 압력수조 → 압력계 → 체크밸브 → 성능시험배관 → 개폐표시형 개폐밸브 → 유수검지장치 → 시험밸브

3) 가압수조를 이용하는 경우

화재 시 헤드가 개방되면 전원 없이 배관 내 압력을 자동으로 감지하여 압축공기가 물을 자동으로 공급하는 형식의 가압송수설비이다. 따라서 정전 등 전원과 무관하게 항상 안정적으로 가압송수를 할 수 있다.

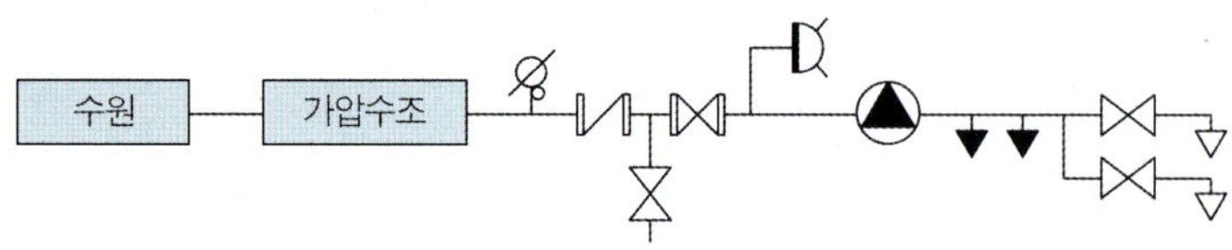

그림 4-1.3 가압수조 방식

■ 순서

수원 → 가압수조 → 압력계 → 체크밸브 → 성능시험배관 → 개폐표시험밸브 → 유수검지장치 2개의 시험밸브

4) 캐비닛형의 가압송수장치를 이용하는 경우

가압송수장치, 수조 및 유수검지장치 등을 집적화하여 캐비닛 형태로 구성시킨 간이형태의 스프링클러설비를 말한다. 수원을 상수도에 접속하는 관계로 옥외송수구를 설치하지 아니할 수 있다.

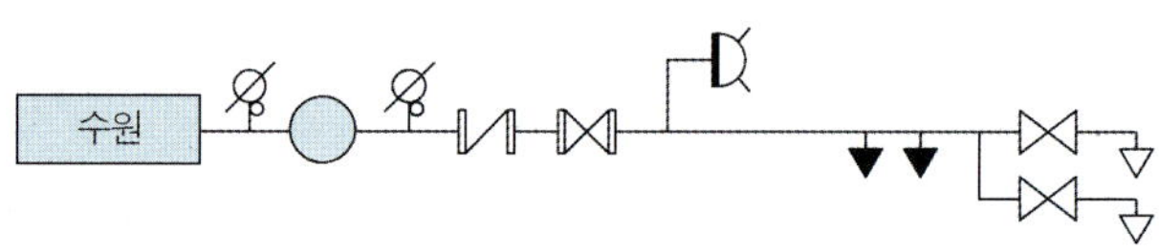

그림 4-1.4 캐비닛형

■ 순서

수원 → 연성계 또는 진공계(수원이 펌프보다 높은 경우 제외) → 펌프 또는 압력수조 → 압력계 → 체크밸브 → 개폐표시형 개폐밸브 → 2개의 시험밸브

(4) 간이헤드

① 폐쇄형 간이헤드를 사용할 것

② 간이헤드의 작동온도

- 실내 최대주위 천장온도가 0℃~38℃ 이하 : 공칭작동온도 57℃~77℃의 것
- 실내 최대주위 천장온도가 39℃~66℃이하 : 공칭작동온도 79℃~109℃의 것

③ 간이헤드를 설치하는 천장 · 반자 · 천장과 반자 사이 · 덕트 · 선반 등의 각 부분으로부터 간이헤드까지의 수평거리는 2.3 m 이하가 되도록 하여야 한다. 다만, 성능이 별도로 인정된 간이헤드를 수리계산에 따라 설치하는 경우에는 그러하지 아니하다.

④ 간이헤드의 디플렉터에서 천장 또는 반자까지의 거리

- 상향식 또는 하향식 헤드 : 25 mm~102 mm 이내

• 측벽형 헤드 : 102 mm~152 mm 이내

다만, 플러쉬 스프링클러헤드의 경우에는 천장 또는 반자까지의 거리를 102 mm 이하가 되도록 설치할 수 있다.

표 4-1.2 간이헤드의 디플렉터에서 천장거리

간이헤드	디플렉터~천장(또는 반자) 거리
상향식 또는 하향식	25~102 mm
측벽형	102~152 mm
플러시(Flush)형	102 mm 이하

⑤ 간이헤드는 천장 또는 반자의 경사 · 보 · 조명장치 등에 따라 살수장애의 영향을 받지 아니하도록 설치할 것

⑥ ④의 규정에도 불구하고 소방대상물의 보와 가장 가까운 간이헤드는 표의 4-1.3 기준에 따라 설치할 것. 다만, 천장면에서 보의 하단까지의 길이가 55 cm를 초과하고 보의 하단 측면 끝부분으로부터 간이헤드까지의 거리가 간이헤드 상호 간 거리의 2분의 1 이하가 되는 경우에는 간이헤드와 그 부착면과의 거리를 55 cm 이하로 할 수 있다.

표 4-1.3 간이헤드와 보의 거리

간이헤드의 반사판 중심과 보의 수평거리	간이헤드의 반사판 높이와 보의 하단 높이의 수직거리
0.75 m 미만	보의 하단보다 낮을 것
0.75 m 이상 ~ 1 m 미만	0.1 m 미만일 것
1 m 이상 ~ 1.5 m 미만	0.15 m 미만일 것
1.5 m 이상	0.3 m 미만일 것

⑦ 상향식 간이헤드 아래에 설치되는 하향식 간이헤드에는 상향식 헤드의 방출수를 차단할 수 있는 유효한 차폐판을 설치할 것

(5) 송수구

① 송수구는 소방차가 쉽게 접근할 수 있는 잘 보이는 장소에 설치하되 화재층으로부터 지면으로 떨어지는 유리창 등이 송수 및 그 밖의 소화작업에 지장을 주지 아니하는 장소에 설치할 것

② 송수구로부터 간이스프링클러설비의 주배관에 이르는 연결배관에 개폐밸브를 설치한 때에는 그 개폐상태를 쉽게 확인 및 조작할 수 있는 옥외 또는 기계실 등의 장소에

설치할 것

③ 구경 65 mm의 단구형 또는 쌍구형으로 하여야 하며, 송수배관의 안지름은 40 mm 이상으로 할 것

④ 지면으로부터 높이가 0.5 m 이상 1 m 이하의 위치에 설치할 것

⑤ 송수구의 가까운 부분에 자동배수밸브(또는 직경 5 mm의 배수공) 및 체크밸브를 설치할 것. 이 경우 자동배수밸브는 배관 안의 물이 잘 빠질 수 있는 위치에 설치하되, 배수로 인하여 다른 물건 또는 장소에 피해를 주지 아니하여야 한다.

⑥ 송수구에는 이물질을 막기 위한 마개를 씌울 것

4-1.2 화재조기진압용 스프링클러설비(NFTC/PC 103B)

4-1.2.1 개요

천장고가 높고 다량의 가연성 물품을 보관하고 있는 창고 등의 경우 화재하중이 크고 화세가 강하여 화재진압이 어렵다. 화재조기진압용 스프링클러헤드는 화재초기에 작동될 수 있도록 열에 의한 감도특성이 빠르고 충분한 물을 방사할 수 있는 살수특성을 가진 조기작동형 헤드로서 강력한 화세에 침투가 용이하도록 입자가 큰 물방울로 방사할 수 있다.

4-1.2.2 설치대상

① 지붕 또는 외벽이 불연재료가 아니거나 내화구조가 아닌 레크식 창고시설로서 바닥면적 합계 750 m^2 이상인 것

② 천장 또는 반자(반자가 없는 경우에는 지붕의 옥내에 면하는 부분)의 높이가 10 m 넘는 레크식 창고로서 바닥면적 합계 1500 m^2 이상인 것

■ 설치제외

① 제4류 위험물

② 타이어, 두루마리 종이 및 섬유류, 섬유제품 등 연소 시 화염의 속도가 빠르고 방사된 물이 하부까지에 도달하지 못하는 것

4-1.2.3 구성요소

(1) 수원

$$Q = 12 \times 60 \times K\sqrt{10P}$$

여기서, Q : 수원의 양[L]

K : 상수[lpm]

P : 헤드 선단의 압력[MPa]

표 4-1.4 화재조기진압용 스프링클러헤드의 최소방사압력(MPa)

최대 층고	최대저장 높이	화재조기진압용 스프링클러헤드				
		K=360 하향식	K=320 하향식	K=240 하향식	K=240 상향식	K=200 하향식
12.7 m	12.2 m	0.28	0.28	–	–	–
13.7 m	10.7 m	0.28	0.28	–	–	–
12.2 m	10.7 m	0.17	0.28	0.36	0.36	0.52
10.7 m	9.1 m	0.14	0.24	0.36	0.36	0.52
9.1 m	7.6 m	0.10	0.17	0.24	0.24	0.34

(2) 가압송수장치

1) 펌프 방식

$$H = h_1 + h_2 + h_3$$

여기서, H : 펌프 양정[m]

h_1: 건물 실양정[m]

h_2: 배관 마찰손실수두[m]

h_3 : 최소방사압력 환산수두[m]

2) 고가수조 방식

$$H = h_1 + h_2$$

여기서, H : 필요한 낙차[m]

h_1 : 배관 마찰손실수두[m]

h_2 : 최소방사압력 환산수두[m]

3) 압력수조 방식

$$P = p_1 + p_2 + p_3$$

여기서, P : 필요한 압력[MPa]

p_1 : 낙차 환산수두압[MPa]

p_2 : 배관 마찰손실수두압[MPa]

p_3 : 최소방사압력[MPa]

4) 가압수조 방식

$$P = p_1 + p_2 + p_3$$

여기서, P : 필요한 압력[MPa]

p_1 : 낙차 환산수두압[MPa]

p_2 : 배관 마찰손실수두압[MPa]

p_3 : 최소방사압력[MPa]

(3) 설치 장소의 구조

표 4-1.5 ESFR 설치장소의 구조

	기준
건물 높이	13.7 m 이하, 2층 이상 시 바닥 내화구조, 다른 부분과 방화구획
천장 기울기	168/1,000 이하, 초과 시 반자를 바닥면과 수평하게 설치
천장	평평하게, 철재나 목재트러스 구조인 경우 돌출부분이 102 mm 이하
보 간격	0.9 m 이상 2.3 m 이하, 2.3 m 이상인 경우 보로 구획된 부분 28 m^2 이하
선반의 형태	하부로 물이 침투되는 구조
환기구	자동식의 배연창(환기구) 설치 불가, 설치하는 경우 180℃ 이상에서 동작하는 퓨지블링크를 부착하거나 수동식으로 기동하는 구조
저장물 간격	모든 방향에서 152 mm 이상 이격

(4) 헤드

① 헤드 하나의 방호면적은 6.0 m^2 이상 9.3 m^2 이하로 할 것

② 가지배관의 헤드 사이 거리는 천장의 높이가 9.1 m 미만인 경우에는 2.4 m 이상 3.7 m 이하로, 9.1 m 이상 13.7 m 이하인 경우에는 3.1 m 이하로 할 것

③ 헤드의 반사판은 천장 또는 반자와 평행하게 설치하고 저장물의 최상부와 914 mm 이상 확보되도록 할 것

④ 하향식 헤드의 반사판의 위치는 천장이나 반자 아래 125 mm 이상 355 mm 이하일 것

⑤ 상향식 헤드의 감지부 중앙은 천장 또는 반자와 101 mm 이상 152 mm 이하이어야 하며, 반사판의 위치는 스프링클러배관의 윗부분에서 최소 178 mm 상부에 설치되도록 할 것

⑥ 헤드와 벽과의 거리는 헤드 상호 간 거리의 2분의 1을 초과하지 않아야 하며 최소 102 mm 이상일 것

⑦ 헤드의 작동온도는 섭씨 74℃ 이하일 것

⑧ 상부에 설치된 헤드의 방출수에 따라 감열부에 영향을 받을 우려가 있는 헤드에는 방출수를 차단할 수 있는 유효한 차폐판을 설치할 것

연습문제

1. 간이스프링클러설비 설치장소를 쓰시오.

2. 간이스프링클러설비의 방수압력과 방수량은 얼마인가?

CHAPTER 5

물분무소화설비(NFTC/PC 104)

5.1 개요

물분무소화설비는 개방형 스프링클러소화설비와 유사하나 스프링클러설비는 물을 빗방울 같이 큰 입자로 살수하는 데 비해 물분무소화설비는 분무헤드로부터 0.02~2.5 mm 크기로 미세하게 분무한다. 물방울의 표면적을 넓게 함으로써 일반 주수소화에서 금지된 유류화재, 전기화재 등에도 적응성이 있다. Spray, Fog, Mist, Vapor의 형태로 분무하며 냉각효과, 질식효과, 유화효과 및 희석효과가 있다.

그림 5.1 물분무소화설비

장점	① 수손피해가 스프링클러설비보다 적다. ② 수용성 위험물(알코올류 등)에 적응성이 있다. ③ B,C급 화재에 적응 가능하다. ④ 화재 확산방지, 열기차단 효과 등으로 사용할 수 있다. ⑤ 물을 소화제로 사용하므로 경제적이다. ⑥ 통상의 소화방법으로는 소화가 곤란한 가스화재, 폭발억제 설비로 사용 가능하다.
단점	① 침투력이 약해 A급 심부화재에 소화가 어렵다. ② 열기류나 바람 등에 영향을 받는다. ③ 높은 압력의 가압송수장치(펌프)가 필요하다 ③ 스프링클러보다 냉각효과가 낮다.

5.2 설치대상

특정 소방대상물	설치대상	적용
항공기 격납고		전부
주차용 건축물(기계식 주차장 포함) 바닥면적 합계	800 m^2 이상	
건축물 내부에 설치된 차고, 주차장의 용도 바닥면적 합계	200 m^2 이상	
전기실, 발전실, 변전실, 축전지실, 통신기기실, 전산실 바닥면적	300 m^2 이상	
기계식 주차장치	20대 이상	
행정안전부령으로 정하는 터널		
지정문화재 중 소방청장이 문화재청장과 협의하여 정하는 것		
소화수를 수집, 처리하는 설비가 설치되지 않는 중·저준위 방사성 폐기물 저장시설	CO_2, 할로겐, 청정	

■ 설치면제

물분무등소화설비를 설치하여야 하는 차고 주차장에 스프링클러설비를 화재안전기준에 적합하게 설치한 경우에는 그 설비의 유효범위 안의 부분에 설치가 면제된다.

TIP

물분무소화설비의 작동순서

① 화재발생

② 화재감지기가 화재를 감지하거나 수동조작밸브를 조작하여 수신반에 신호를 보낸다.

③ 수신반에서 화재신호를 받으면 그 지역의 일제개방밸브를 개방함과 동시에 해당지구에 경종을 울린다.

④ 유수검지신호를 받은 펌프 제어반은 가압송수펌프를 기동시킨다.

⑤ 소화수 방출 → 소화

5.3 소화효과

5.3.1 질식효과(Smothering by produced steam)

물분무 입자가 화재 시 연소열에 의해 기화되어 그 체적이 약 1700배 정도 팽창되고 팽창된 수증기가 연소면을 덮어 산소의 공급을 차단하여 질식소화작용을 하게 된다. 물분무 입자는 물방울 크기가 작아 상대적으로 표면적이 크므로 질식작용에 효과적이다.

5.3.2 냉각효과(Surface cooling)

무상(0.02~2.5 mm)으로 방사된 입자가 화열에 의해 증발하면서 주위의 열을 흡수하여 강력한 냉각작용으로 소화한다.

5.3.3 희석효과(Dilution)

수용성 액체 위험물에 해당되는 사항으로 물분무 입자가 알코올 등의 농도를 희석시키는 작용을 하는 희석소화 효과가 있다.

5.3.4 유화효과(Emulsification)

안개상태의 미세한 물입자로 기름표면에 뿌려지면 불연성 유화층(Emulsion)을 형성하여 액체 표면에서 가연성 증기가 증발하는 것을 억제시켜 소화한다.

5.4 적응성과 비적응성

5.4.1 적응성

① 인화성 가스 및 액체류

② 전기적 위험

예 변압기, 유입개폐기, 전동기, 케이블 트레이, 케이블 노선

③ 일반가연물

예 종이, 목재, 직물

④ 특정한 위험성이 있는 고체

5.4.2 비적응성

① 물에 심하게 반응하는 물질 또는 물과 반응하여 위험한 물질을 생성하는 물질의 저장 또는 취급 장소

② 고온의 물질 및 증류범위가 넓어 끓어 넘치는 위험이 있는 물질을 저장 또는 취급 장소

③ 운전 시 표면의 온도가 260℃ 이상으로 직접분무를 하는 경우 그 부분에 손상을 입힐 우려가 있는 기계장치 등이 있는 장소

5.5 물분무소화설비의 구성요소

물분무소화설비는 수원, 가압송수장치, 개방밸브, 화재감지장치, 개방밸브 시험장치, 물분무헤드, 배관에 의해서 구성된다.

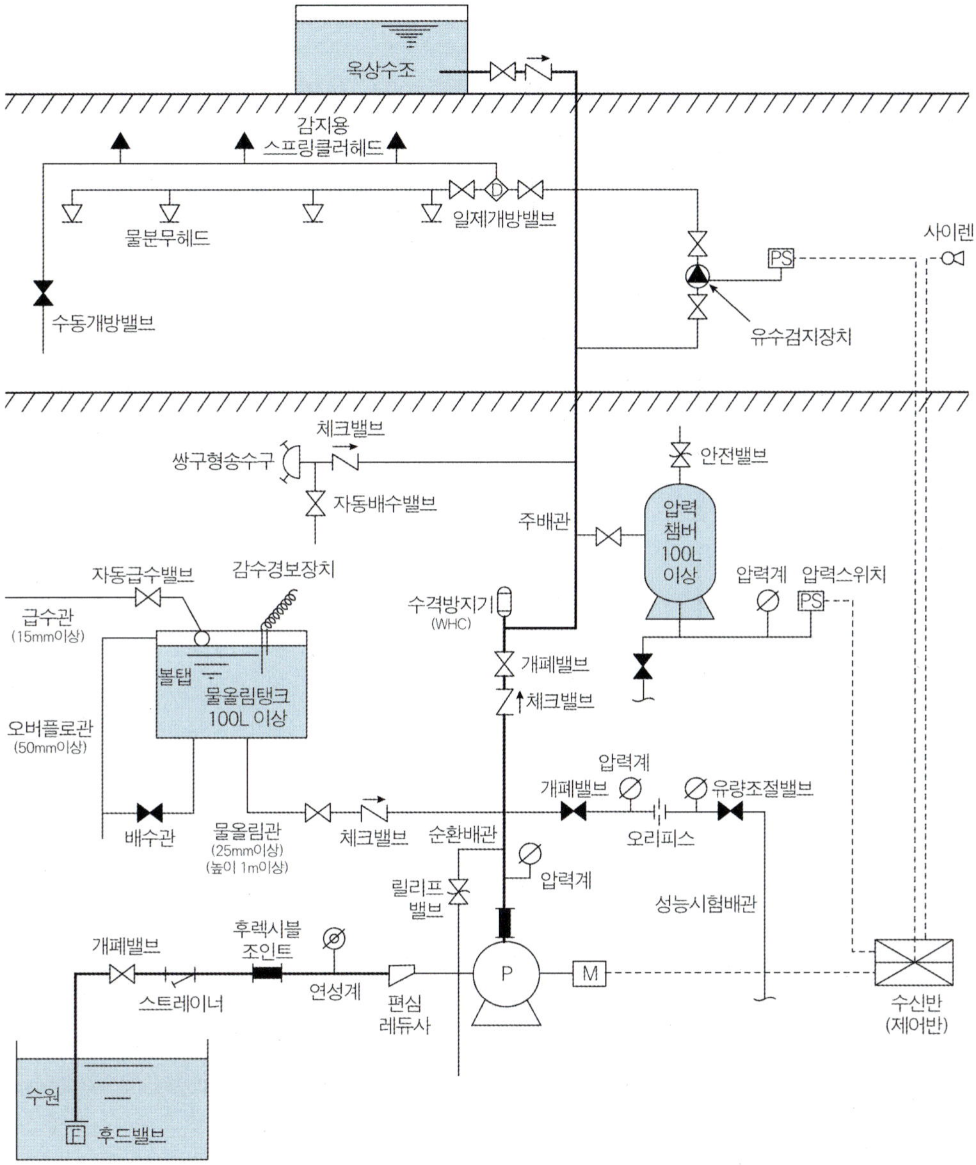

그림 5.2 물분무소화설비의 계통도

5.5.1 수원

① 특수가연물을 저장 또는 취급하는 소방대상물 또는 그 부분에 있어서 그 바닥면적(최대방수구역의 바닥면적 기준으로 50 m^2 이하인 경우 50 m^2) 1 m^2에 대하여 10 L/min로 20분간 방사할 수 있는 양 이상으로 할 것

② 차고 또는 주차장은 그 바닥면적(최대방수구역의 바닥면적을 기준으로 하여 50 m^2 이하 인 경우 50 m^2) 1 m^2에 대하여 20 L/min로 20분간 방사할 수 있는 양 이상으로 할 것

③ 절연유 봉입 변압기에 있어서는 바닥부분을 제외한 표면적을 합한 면적 1 m^2에 대하여 10 L/min로 20분간 방사할 수 있는 양 이상으로 할 것

④ 케이블 트레이, 케이블 덕트 등은 투영된 바닥면적 1 m^2에 대하여 12 L/min로 20분간 방수할 수 있는 양 이상으로 할 것

⑤ 콘베이어 벨트 등은 벨트부분의 바닥면적 1 m^2에 대하여 10 L/min로 20분간 방수할 수 있는 양 이상으로 할 것

표 5.1 펌프의 토출량과 수원의 양

소방대상물	펌프 토출량(L/min)	수원 양(L)
특수가연물 저장취급	바닥면적(50 m^2 초과시 50 m^2) ×10 L/min · m^2	바닥면적(50 m^2 초과시 50 m^2) ×10 L/min · m^2×20 min
차고, 주차장	바닥면적(50 m^2 초과시 50 m^2) ×20 L/min · m^2	바닥면적(50 m^2 초과시 50 m^2) ×20 L/min · m^2×20 min
절연유 봉입 변압기 콘베이어 벨트	표면적(바닥부분 제외) ×10 L/min · m^2	표면적(바닥부분 제외) ×10 L/min · m^2×20 min
케이블 트레이 덕트	투영된 바닥면적 ×12 L/min · m^2	투영된 바닥면적 ×12 L/min · m^2×20 min

5.5.2 헤드

물을 미분무상태로 분사하기 위해서는 물을 방사하기 전에 심하게 교란시켜 물의 응집력을 파괴시켜야 된다. 물을 교란시켜 응집력을 파괴하는 것은 가습기와 동일한 원리이다. 물분무헤드는 물을 다양한 방법으로 미분화시켜 작은 입자의 물방울 상태에서 디플렉터 없이도 헤드에서의 유속을 가지고 화면에 분사된다. 일반적으로 물분무헤드는 스프링클러 헤드에 비해 물을 미세한 입자 상태로 방사하기 위해 높은 방사압력이 필요하다.

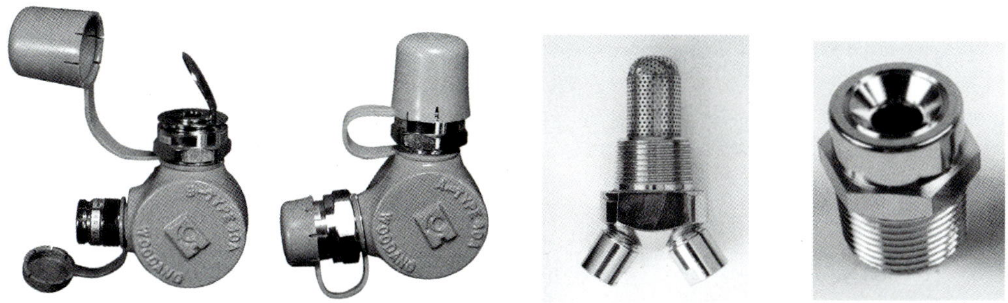

(a) 터널소화용 (b) 지하 공동구 (c) 질식소화 냉각용

그림 5.3 물분무헤드

(1) 물분무헤드 미분화 방식

1 충돌형

물과 물의 충돌에 의해 미세한 물방울을 만드는 물분무헤드를 말한다.

2 분사형

물이 작은 지름의 오리피스를 고압으로 통과할 때 미세한 물입자를 만드는 물분무헤드를 말한다.

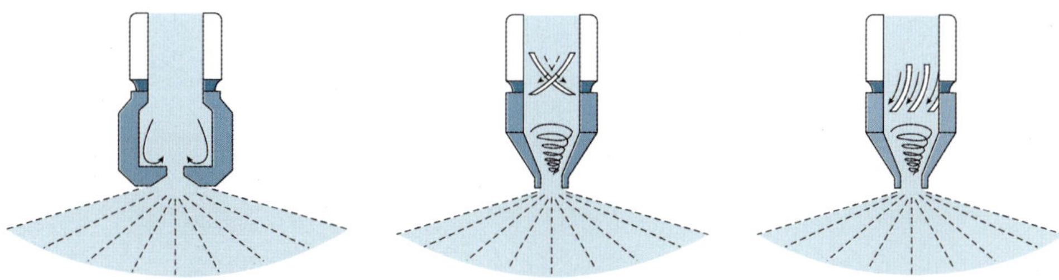

(a) 충돌형 (b) 분사형 (c) 선회류형

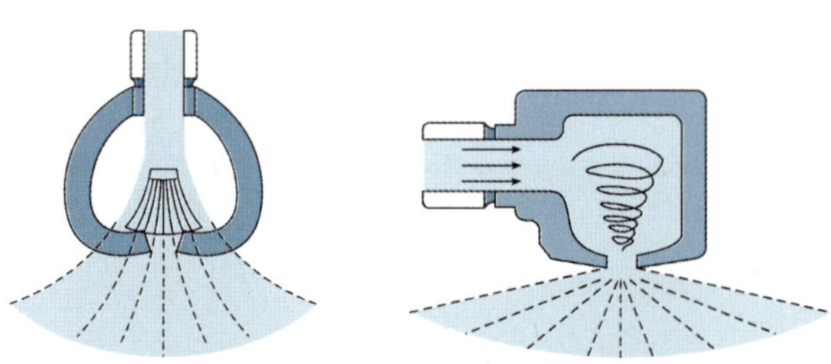

(d) 디플렉터형 (e) 슬리트형

그림 5.4 물분무헤드의 미분화 방식

③ 선회류형

선회류에 의한 확산방출 및 선회류와 직선류 충돌에 의해 확산 방출하여 미세한 물방울로 만드는 물분무헤드를 말한다.

④ 디플렉터형

물입자를 살수판에 충돌시켜 미세한 물입자를 만드는 물분무헤드를 말한다.

⑤ 슬리터(slit)형

물을 슬리트를 통하여 방출시켜 수막상의 분무를 만드는 물분무헤드를 말한다.

TIP

slit란

slit는 물이 통과 되도록 만든 좁고 긴 구멍

(2) 물분무헤드와 전기기기의 이격거리

고압의 전기기가 있는 장소에는 전기의 절연을 위하여 전기기기와 물분무헤드 사이는 다음 표 5.2에 따른 거리를 두고 소화하여야 한다.

표 5.2 전기기기와 물분무헤드 이격거리

전압[kV]	거리[cm]	전압[kV]	거리[cm]
66 이하	70 이상	154 초과 ~ 181 이하	180 이상
66 초과 ~ 77 이하	80 이상	181 초과 ~ 220 이하	210 이상
77 초과 ~ 110 이하	110 이상	220 초과 ~ 275 이하	260 이상
110 초과 ~ 154 이하	150 이상		

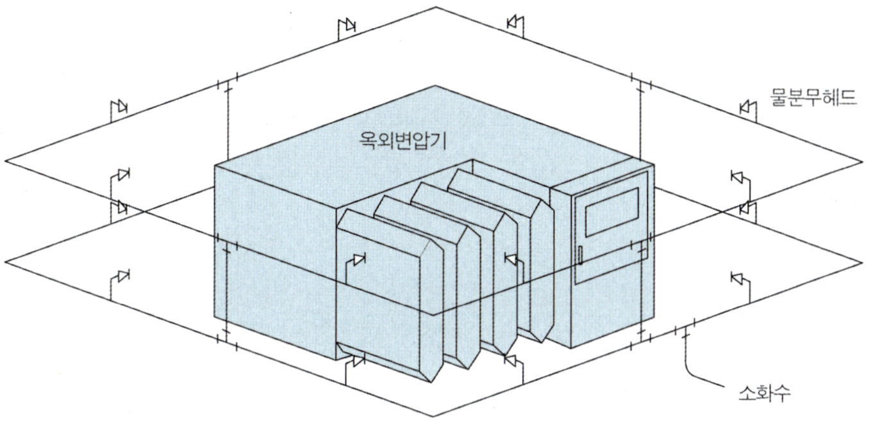

그림 5.5 전기기기의 물분무 헤드 배치

(3) 헤드 설치제외

① 물에 심하게 반응하는 물질 또는 물과 반응하여 위험한 물질을 생성하는 물질을 저장 또는 취급하는 장소

② 고온의 물질 및 증류범위가 넓어 끓어 넘치는 위험이 있는 물질을 저장 또는 취급하는 장소

③ 운전시에 표면의 온도가 260℃ 이상 되는 등 직접 분무를 하는 경우 그 부분에 손상을 입힐 우려가 있는 기계장치 등이 있는 장소

5.5.3 가압송수장치

(1) 전동기 펌프방식

$$H = h_1 + h_2 + h_3$$

여기서, H : 필요한 낙차[m]

h_1 : 실양정[m]

h_2 : 배관 마찰손실수두[m]

h_3 : 물분무헤드 설계압력 환산수두[m]

(2) 고가수조 방식

$$H = h_1 + h_2$$

여기서, H : 필요한 낙차[m]

h_1 : 물분무헤드 설계압력 환산수두[m]

h_2 : 배관 마찰손실수두[m]

(3) 압력수조 방식

$$P = p_1 + p_2 + p_3$$

여기서, P : 필요한 압력[MPa]

p_1 : 물분무헤드의 설계압력[MPa]

p_2 : 배관 마찰손실수두압[MPa]

p_3 : 낙차 환산수두압[MPa]

5.5.4 기동장치

(1) 수동기동장치

① 직접조작 또는 원격조작에 의하여 각각의 가압송수장치 및 수동식 개방밸브 또는 가압 송수장치 및 자동개방밸브를 개방할 수 있도록 설치할 것

② 기동장치의 가까운 곳의 보기 쉬운 곳에 "기동장치"라고 표시한 표지를 할 것

(2) 자동기동장치

① 자동화재탐지설비의 감지기의 작동 또는 폐쇄형 스프링클러헤드의 개방과 연동하여 경보를 발하고, 가압송수장치 및 자동개방밸브를 기동할 수 있는 것으로 하여야 한다. 단, 자동화재탐지설비의 수신기가 설치되어 있는 장소에 상시 사람이 근무하고 있고 화재 시 물분무소화설비를 즉시 작동시킬 수 있는 경우에는 그러하지 아니하다.

5.5.5 송수구

물분무소화설비 송수구의 설치에 관하여는 스프링클러설비의 규정에 준한다.

5.5.6 제어밸브 등

(1) 제어밸브 및 기타 밸브

① 제어밸브는 바닥으로부터 0.8 m 이상 1.5 m 이하의 위치에 설치할 것

② 제어밸브의 가까운 곳의 보기 쉬운 곳에 "제어밸브"라고 표시한 표지를 할 것

(2) 자동개방밸브 및 수동개방밸브

① 자동개방밸브의 기동 조작부 및 수동개방밸브는 화재 시 용이하게 접근할 수 있는 곳의 바닥으로부터 0.8 m 이상 1.5 m 이하의 위치에 설치할 것

② 자동개방밸브 및 수동개방밸브의 2차측 배관부분에는 당해 방수구역 외에 밸브의 작동을 시험할 수 있는 장치를 설치할 것. 단, 방수구역에서 직접방사시험을 할 수 있는 경우에는 그러하지 아니하다.

5.5.7 배수설비

① 차량이 주차하는 장소의 적당한 곳에 높이 10 cm 이상의 경계턱으로 배수구를 설치한다.

② 배수구에는 새어나온 기름을 모아 소화할 수 있도록 길이 40 m 이하마다 집수관·소화피트 등 기름분리장치를 설치한다.

③ 차량이 주차하는 바닥의 기울기는 배수구를 향하여 2/100 이상으로 한다.

④ 배수설비는 가압송수장치의 최대송수능력의 수량을 유효하게 배수할 수 있는 크기 및 기울기로 한다.

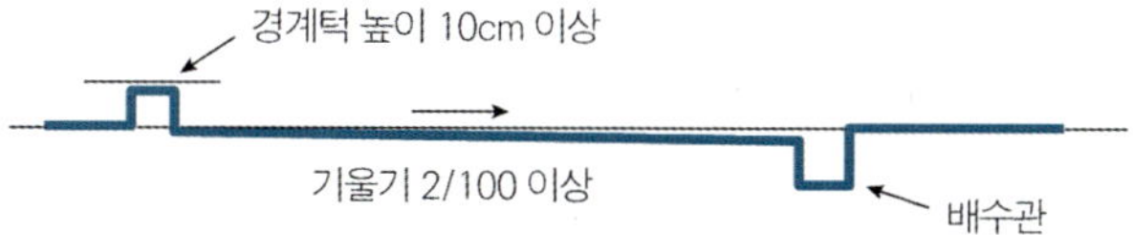

그림 5.6 배수설비의 경사

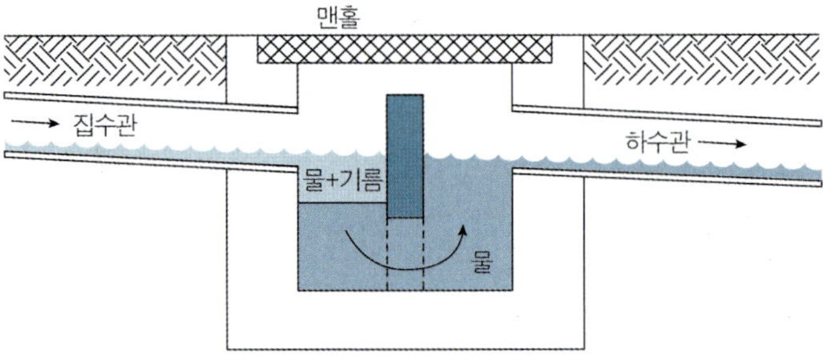

그림 5.7 기름 분리장치

연습문제

1. 물분무소화설비의 소화효과를 간단히 설명하시오.

2. 적상주수와 무상주수의 차이점을 설명하시오.

3. 방사형태 중 봉상과 무상에 대하여 설명하시오.

4. 물분무소화설비의 적용 대상물을 쓰시오.

5. 물분무소화설비가 전기화재에 사용가능한 이유는?

6. 어떤 물분무소화설비의 배관에 물이 흐르고 있다. 두 지점에 흐르는 물의 압력을 측정하여 보니 각각 0.5 MPa, 0.42 MPa이었다. 만약 유량을 2배로 송수하였다면 두 지점 간의 압력차는 얼마인가? (단, 배관의 마찰 손실압력은 하젠-윌리암 공식을 이용하시오)

CHAPTER 6

포소화설비(NFTC/PC 105)

6.1 개요

포소화설비는 물만으로는 소화효과가 적거나 소화가 불가능할 경우 또는 화재를 확대시킬 우려가 있는 인화성 액체물질에서 발생하는 화재를 효과적으로 진압하기 위한 소화설비이다. 포는 포 용액과 물로 합성된 물질로부터 생성된 비눗방울 같은 것으로 그 안에는 가스나 공기가 들어있다.

포소화설비의 포는 인화성 액체보다 가볍기 때문에 가연물질의 연소표면을 피복하여 공기 중의 산소공급을 차단하는 질식소화와 첨가된 물의 냉각소화가 동시에 진행되어 화재를 진압한다. 주로 옥내의 대형 주차장, 위험물 저장 취급소, 특수가연물 저장 취급소 및 석유류 저장탱크 등에 설치한다.

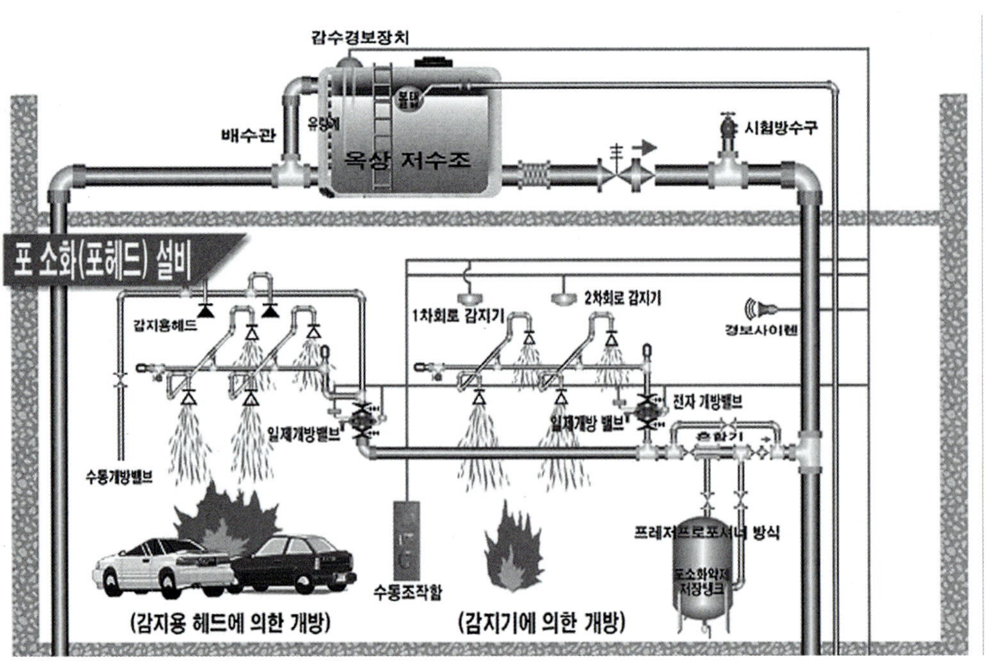

그림 6.1 포소화설비

장점	① 재연소가 예상되는 화재에도 적응성이 있다. ② 약제는 인체에 무해하다. ③ 포의 내화성이 커서 대규모 화재에 적합하다. ④ 옥내 이외에 옥외에서도 소화효과가 크다. ⑤ 인화성 액체 화재 시 소화효과가 크다.
단점	① 기계포 소화설비는 약제 혼합기구가 복잡하다. ② 소화 후 잔존물로 인한 2차 피해가 발생한다. ③ 단백포 약제의 경우 변질 및 부패 등으로 정기적으로 재충약이 필요하다.

TIP

Knockdown 효과란

분말소화약제의 소화특성의 하나로서 약제방사 개시 후 10초~20초 이내에 소화하는 것을 Knockdown 효과라고 한다. 30초 이내에 소화되지 않으면 소화 불가능으로 판단되며, 이는 불꽃 규모에 비해 소화약제 방출률이 부족할 때 발생한다.

6.2 설치대상

특정 소방대상물		설치대상	적용
항공기 격납고			전부
특수가연물 저장 취급하는 공장 및 창고		지정수량 1000배	
주차용도 건물	주차용도의 건물	연면적 800 m^2	
	차고로서 주차용도의 면적	바닥면적 200 m^2	
	승강기 등에 의한 주차시설	20대	
전기실, 변전실, 발전실, 통신기기실, 축전지실, 전산실		바닥면적 300 m^2	
자동차 정비공장 및 검사장		바닥면적 200 m^2	

6.3 소화원리

(1) 냉각작용

포는 수용액 상태이므로 방호대상물에 방출되면 주위의 열을 흡수하여 기화하면서 연소면의 열을 탈취하는 냉각소화작용을 한다.

(2) 질식작용

포를 방호대상물에 방출하면 연소면을 뒤덮어 산소공급을 차단함으로써 질식소화작용을 한다.

6.4 포소화약제의 분류

6.4.1 생성원리에 의한 분류

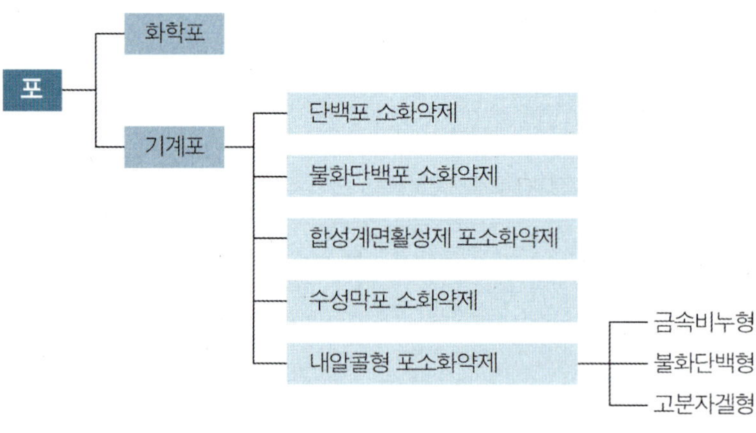

(1) 화학포 소화약제

탄산수소나트륨($NaHCO_3$)과 황산알루미늄($Al_2(SO_4)_3$)의 두 약제가 화학반응에 의해 이산화탄소(CO_2)가 생성되며 이 가스를 이용하여 포를 발생시킨다. 현재에는 소화약제의 유지 관리가 어려워 사용하지 않는다.

화학반응식은 다음과 같다

$$6NaHCO_3 + Al_2(SO_4)_3 \cdot 18H_2O = 3Na_2SO_4 + 2Al(OH)_3 + 6CO_2 + 18H_2O$$

장점	① 파포현상이 적다. ② 소화약제가 가연물의 내부까지 잘 침투한다.
단점	① 가격이 비싸다. ② 포의 생성과 사용이 어렵다. ③ 영하 5℃ 이하에서는 동결된다. ④ 포의 상태가 용매의 온도에 따라 많이 좌우된다.

(2) 기계포(공기포)소화약제

포수용액이 발포기를 통해 기계적인 방법으로 공기를 섞어 교반함으로써 포(거품)를 발생시키기 때문에 공기포 또는 기계포라고 한다. 포수용액은 3%, 6% 농도의 것을 사용하고 현재 사용되는 소화설비용 포소화약제는 거의 기계포를 사용한다.

1 단백포 소화약제(Protein foam)

단백포 소화약제는 동물성 및 식물성 단백질을 가수분해한 생성물에 포 안정제, 방부제, 부동액 등을 첨가한 것으로써 저 발포용으로 사용된다.

적용화재로는 탱크류의 화재 및 액면화재(Pool fire)의 소화에 적합하다.

장점	① 인축에 무해하다. ② 윤화현상이 일어나지 않는다. ③ 부동액이 첨가되어 있어 −15℃에서도 얼지 않는다. ④ 가격이 싸다.
단점	① 포의 유동시간이 낮아 소화 속도가 낮다. ② 변질, 부패 우려가 있어 장기저장이 불가능하다. ③ 유동성이 나쁘고, 침전물이 생긴다. ④ 내유성이 약하여 오염되기 쉽다.

2 불화단백포 소화약제(Fluoroprotein foam)

불화단백포 소화약제는 단백포에 불소계 계면활성제를 첨가한 것이다.

포가 기름에 오염되지 않아 표면하주입 방식에도 사용할 수 있으며, 거품이 타오르거나 열에 의해 소멸되지 않기 때문에 대형 유류저장탱크에 가장 적합하다.

장점	① 소화속도가 빠르고 수명이 길다. ② 유동성이 좋다. ③ 부동액이 첨가되어 있어 −15℃에서도 얼지 않는다. ④ 내유성이 좋아 표면하주입방식에도 사용할 수 있다. ⑤ 분말소화약제와 Twin Agent로 겸용이 가능하다.
단점	① 가격이 비싸다.

3 합성계면활성제포(Synthetic foam)

합성계면활성제 포소화약제는 탄화수소계의 합성계면활성제에 안정제, 부동액, 방부제 등을 혼합시켜 만든 것으로, 저발포용과 고발포용이 있다.

저발포로 사용할 경우는 내열성 및 내유성이 나쁘며 단백포보다 유류화재에 적응성이 낮아 일반적으로 고발포용으로 사용한다.

장점	① 인축에 무해하다. ② 수명이 반영구적이다. ③ 유동성이 좋아 소화효과가 빠르다. ④ 유출화재, 지하상가 또는 창고화재에 적합하다. ⑤ 분말소화약제와 Twin Agent로 겸용이 가능하다.
단점	① 내열성 내유성이 약해서 윤화가 일어날 수 있다. ② 세제 공해를 일으킨다. ③ 유류 저장탱크에는 부적합하다.

4 수성막포(Aqueous film forming foam : AFFF)

미국의 3M사가 개발한 것으로 라이트 워터(Light water)라는 상품명으로 쓰이기도 하며 주성분은 합성계면활성제로서 포말과 유류 표면과의 사이에 엷은 불연성의 피막인 유화층을 형성하여 질식소화한다. 3%형과 6%형이 있으며 저발포로 사용된다.

수성막포가 유면에 방사되면 수용액이 신속하게 아래로 흘러내려 기름 위에 전개되어 기름의 증발을 억제하는 동시에 내유성과 유동성이 좋은 포가 수성막 위를 덮어주기 때문에 소화성능이 우수하다. 따라서 소화를 빨리해야 하는 유출화재, 항공기 화재에 적합하다.

분말소화약제와 함께 Twin Agent System 으로도 사용 가능하며 적용화재는 B급 화재이다.

장점	① 인축에 무해하다. ② 초기 소화속도가 빠르다. ③ 내유성이 좋아 액면하주입 방식으로도 사용할 수 있다. ④ 화학적 안정성이 높아서 수명이 반영구적이다. ⑤ 분말소화약제와 Twin Agent로 겸용이 가능하다. ⑥ 소화 후 포와 막의 차단효과로 재연소방지에 효과가 있다.
단점	① 내열성 내유성이 약해서 윤화가 일어날 수 있다. ② 금속 및 페인트에 대한 부식성이 크다. ③ 값이 비싸다.

5 내알콜형 포소화약제(Alcohol resistant foam)

내알콜형 포소화약제는 단백질의 가수분해 생성물과 합성세제를 혼합해서 제조한 소화약제로써 금속비누형, 불화단백형, 고분자겔형이 있다.

① 금속비누형 내알콜 포소화약제

금속비누와 지방산을 단백포 소화약제에 녹여 제조한 것이다. 금속비누는 알코올을 배척하는 성질이 있어 알코올로 포가 이동하는 것을 막아 거품이 알코올 위에 떠 있도록 한다. 그러나 이 수용액은 해리되어 불용성의 금속비누가 다량 발생하여 침전하므로 포수용액은 즉시 발포하여야 한다. 포혼합기 이후의 배관을 가능한 짧게 해 Transfer Time(이전시간 : 포원액과 물이 혼합되어 발포시까지 소요되는 시간)을 짧게 유지해야 한다.

② 불화단백형 내알콜 포소화약제

단백포소화약제에 알코올류를 배척하는 성질이 강한 불소계 계면활성제를 첨가한 소화약제로 수용성 및 가연성 액체의 화재와 석유류화재에 사용할 수 있다. 대형 알코올류 탱크의 화재에 사용해도 윤화현상이 생기지 않아 표면하주입 방식에도 사용된다. 불화단백형 내알콜 포소화약제는 이전시간에 제한이 없어서 물과 혼합하여 장시간 방치해도 약효의 변화나 침전물이 생기지 않고, 내한성이며 수명이 길다.

③ 고분자겔 내알콜 포소화약제

알킬산 나트륨을 주성분으로, 기포제로 탄화수소계 또는 불소계 계면활성제를 사용한 것으로 알킬산 나트륨의 수용액이 알코올류 등의 수용성 약제에 접촉하면 불용성의 겔(Gel)이 되는 것을 이용한 것이다.

이 소화약제는 수용성 액체화재와 유류화재에 모두 사용할 수 있어서 소화범위가 넓은 장점이 있으나 점도가 높아서 5℃ 이하에서는 사용이 불가능하다.

표 6.1 내알코올형 포소화약제

	금속비누형 내알콜포	불화단백형 내알콜포	고분자 겔형 내알콜포	내알콜형 수성막포
성분	• 금속비누와 지방산 에탄올 아민의 복염을 단백포 소화약제에 녹인 것	• 단백포 소화약제에 내알코올성이 높은 불소계 계면활성제를 첨가	• 알킨산 나트륨에 탄화수소계 합성계면 활성제를 기포제로 사용 • 알킨산 나트륨에 불소계 계면활성제를 기포제로 첨가	• 탄화수소계 계면활성제, 불소계 • 계면활성제+특수 폴리머
특징	• 금속비누는 알코올류를 배척하는 반알콜성 • 금속비누가 다량 생겨 포수용액은 혼합과 동시 발포	• 수용성 가연성 액체화재 및 유류화재에도 효과	• 알킨산 나트륨의 수용액이 알콜 등 수용성 가연성 액체에 닿으면 불용성의 GEL 형성	• 고분자 중합층이 폼과 수성막이 용해되는 것을 방지
장점	• 내화성이 좋다 • 가격이 싸다	• 표면하주입 방식이 가능 • 경년기간이 길다.	• 소화적응 범위가 넓다.	• 사용온도 −10~30℃, 내한성이 크다. • 현재 국내 사용 (친환경)
단점	• 침전이 생기므로 바로 사용 • 유동성 불량 • 배관라인은 가능한 짧게 설계 • 경년기간이 매우 짧다. • I형 발포기 사용 • 시일이 경과하면 금속비누가 분리하여 침전	• 고가	• 고점도이기 때문에 5℃ 이하에서는 사용 불가 • 원액탱크에 가온설비 설치	• 점도가 높다.
사용 농도	3%, 6%	3%, 6%	3%	3%, 6%
방호 대상	수용성 가연성 액체화재	유류, 수용성 가연성 액체화재	유류, 수용성 가연성 액체화재	유류, 수용성 가연성 액체화재

6.4.2 팽창비에 따른 분류

팽창비는 포수용액이 발포 후 몇 배의 거품으로 팽창했는지이고 팽창비에 따라 저발포와 고발포로 나눈다.

(1) 저발포 : 가장 일반적인 형태의 포

팽창비가 20 이하

(2) 고발포 : 발포장치를 사용하여 강제로 발포

팽창비가 80 이상 1,000 미만

TIP

팽창비

발생한 포 체적을 원래 포수용액 체적으로 나눈 값

$$\text{팽창비} = \frac{\text{방사되어 발생한 포의 체적(L)}}{\text{포수용액(원액+물)(L)}}$$

발포 배율이 낮은 저팽창포는 가연성 액체의 화재 시 주로 사용되고, 발포 배율이 큰 고팽창포는 주로 지하실 등 소방대원이 진입하기 어려운 장소의 A급 화재에 사용된다.

NFPA 기준

① 저발포(Low expansion foam) : 팽창비 20 미만
② 중발포(Medium expansion foam) : 팽창비 20 이상 200 미만
③ 고발포(High expansion foam) : 팽창비 200 이상 1000 미만

일본 기준

① 저발포 : 팽창비 20 이하
② 고발포
  ㉮ 팽창비 : 80 이상 250 미만
  ㉯ 팽창비 : 250 이상 500 미만
  ㉰ 팽창비 : 500 이상 1000 미만

6.5 포소화설비의 종류

6.5.1 설치방식에 의한 분류

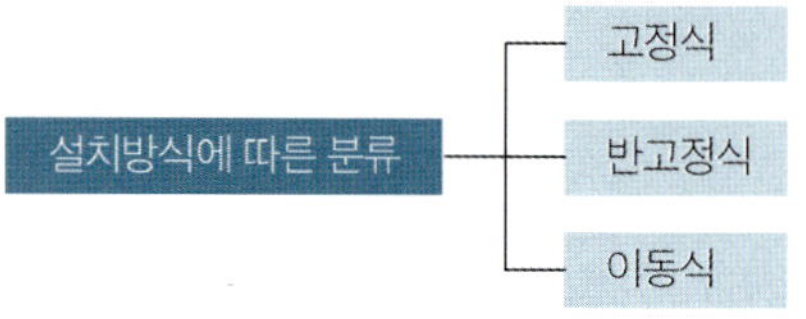

(1) 고정식(fixed system)

방호대상물에 포 방출장치가 고정되어 있고 고정식 배관을 통하여 고정된 포 발생장치에서 포수용액을 이송하는 방식이다.

예 옥외탱크의 폼챔버, 옥내포헤드설비

(2) 반고정식(semi fixed system)

방호대상물 주위까지는 고정식으로 배관 및 포 방출장치를 설치하고 포수용액을 차량 등으로 현장에 운송하여 배관에 접속포 수용액을 공급하는 방식이다.

대규모의 정유공장과 같이 자체소방대 및 화학소방차를 보유하고 대형 옥외탱크가 산재한 넓은 지역의 경우에 적합한 방식이다.

예 옥외탱크용 폼챔버 및 고정배관 + 소방차

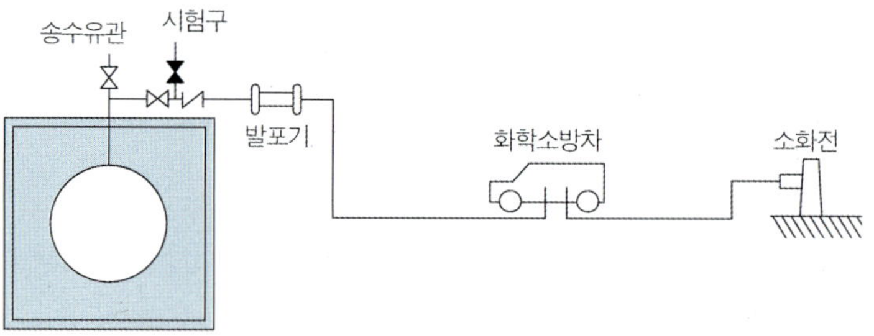

그림 6.2 반고정식 포소화설비

(3) 이동식(Mobile system)

포 발생장치 등을 이동용 차량에 탑재하여 사용하거나 차량에 견인하여 사전에 제조된 포수용액을 사용하는 방식이다.

이 방식은 고정포 설비로는 충분한 소화를 할 수 없는 장소에 설치하는 것으로 화재 시 연기가 충만할 우려가 있는 장소에는 설치를 제한하고 있다.

예 화학소방차

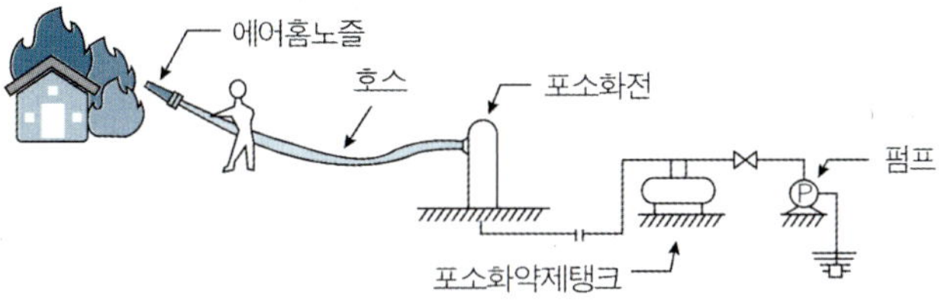

그림 6.3 이동식 포소화설비

6.5.2 포 방출구에 의한 분류

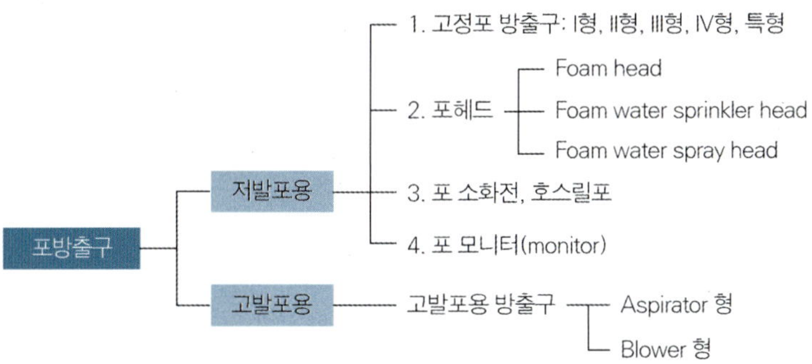

(1) 저발포형

1) 고정포 방출 방식

① Ⅰ형 방출구

방출된 포가 위험물과 섞이지 아니하고 탱크의 액면 위로 흘러들어가 소화작용을 하도록 통 계단(Foam Trough), Tube 등이 설치된 방출구이다. 위험물 표면에 요동을 주지 않아 위험물이 넘치는 것을 막을 수 있으며 CRT(Cone Roof Tank)에 사용된다.

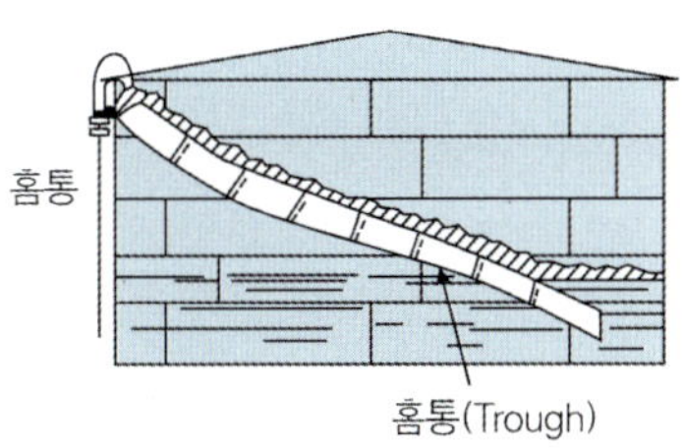

그림 6.4 Ⅰ형 방출구

알코올형 포는 연소액면에 포를 주입할 때 소포성이 빨라 소화효과가 감소하기 때문에 Ⅰ형 포방출구를 사용하는 것이 좋다.

2 Ⅱ형 방출구

방출된 포가 반사판(Deflector)에 의해 탱크 벽면을 따라 흘러들어가 액면으로 전개되어 소화하도록 된 포방출구이며, CRT에 사용된다.

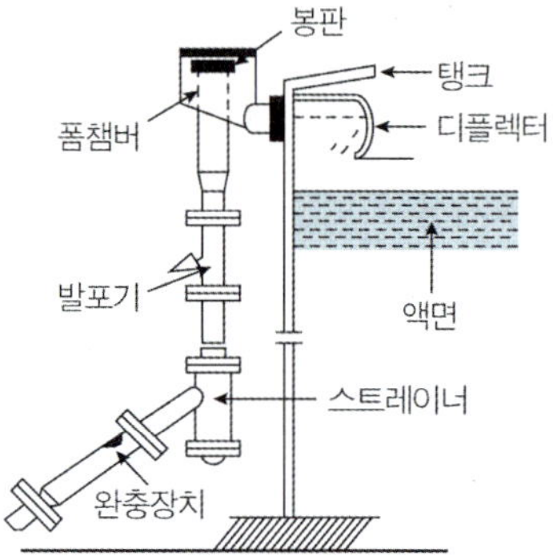

그림 6.5 Ⅱ형 방출구

3 표면하주입식 방출구(SSI 방식 : Sub-Surface Injection Method)

표면하주입식은 탱크 하부에서 포를 방출하면, 방출된 포가 탱크 안의 유류를 통해서 표면으로 떠올라 소화하도록 된 포방출구이며 CRT(Cone roof tank)에 사용한다.

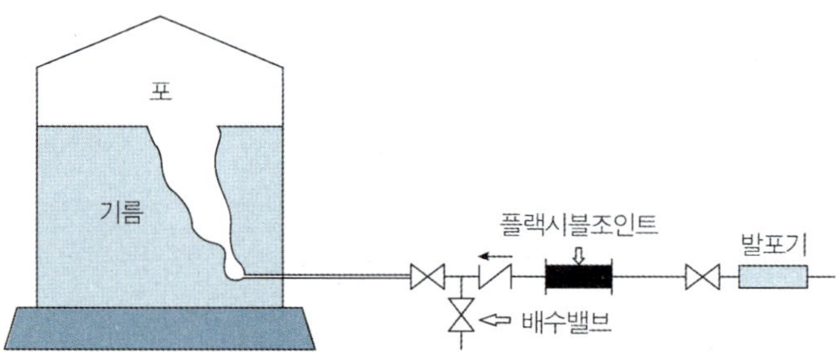

그림 6.6 표면하주입식 방출구

이 방식은 탱크하부에서 유압으로 거품을 밀어 넣어 주입하여야 하므로 고압형 포방출기를 사용하여야 한다. 여기에 사용되는 포약제는 기름 속에서 부상하므로 내유염성이 좋은 불화 단백포 또는 수성막포 소화약제를 사용하여야 하고 수용성 위험물을 저장하는 탱크에는 사용할 수 없다.

4 반표면하주입식 방출구(SSSI : Semi Sub-Surface Injection Method)

반표면하주입 방식은 표면하주입 방식의 단점을 보완한 방출구로써, 포는 표면하주입 방식에서와 같이 탱크의 저부에서 공급되지만 포가 방출 시 포의 압력에 의하여 hose container 속에 보관된 호스가 액면 위로 떠오르면서 소화하는 방출구이다. CRT에 사용한다.

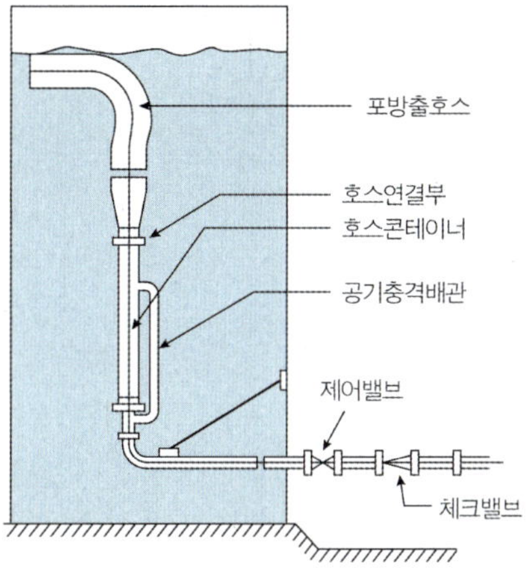

그림 6.7 반표면하주입 방식

5 특형 방출구(Floating Roof Tank)

탱크 내측으로부터 1.2 m 떨어진 곳에 높이 0.9 m 이상의 금속제 굽도리판을 설치하고 양쪽 사이의 환상부위에 포를 방사하는 구조의 포방출구이다. FRT(Floating roof tank)에 사용한다.

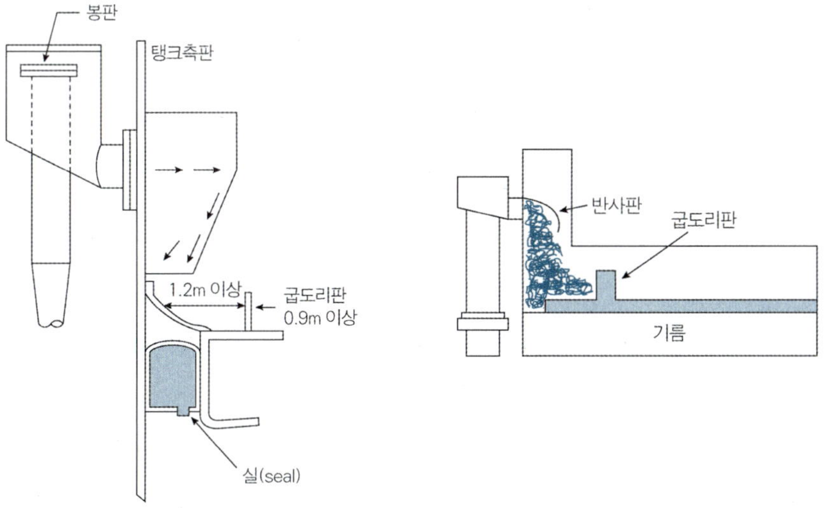

그림 6.8 특형 방출구

표 6.2 고정포 방출구 적용

탱크의 종류	포방출구
콘루프탱크(CRT)	Ⅰ·Ⅱ·Ⅲ·Ⅳ형 방출구
플루팅루프탱크(FRT)	특형 방출구

표 6.3 고정포 방출구의 방출량 및 방사시간

방출시간 / 위험물종류 / 방출량	Ⅰ형		Ⅱ 형		특 형	
	방출량	방사시간	방출량	방사시간	방출량	방사시간
인화점 21℃ 미만	4 L/min	30분	4 L/min	55분	12 L/min	30분
인화점 21℃ 이상 70℃ 미만	4 L/min	20분	4 L/min	30분	12 L/min	20분
인화점 70℃ 이상	4 L/min	15분	4 L/min	25분	12 L/min	15분
4류 위험물중 수용성	8 L/min	20분	8 L/min	30분	-	-

2) 포헤드 방식

소화를 위해서 화재 시 화점 가까이 접근하기 곤란한 장소에 설치하는 것으로 소방대상물에 고정식 배관을 설치하고, 배관에 접속된 포헤드를 이용하여 포를 방출하는 방식의 방출구이다.

① 포헤드(foam head)

가장 일반적인 포소화설비용 헤드로 화재 시 화점 가까이 접근하기 곤란한 장소에 설치한다. 디플렉터가 없는 구조이고 $9\ m^2$ 마다 1개 이상 설치한다.

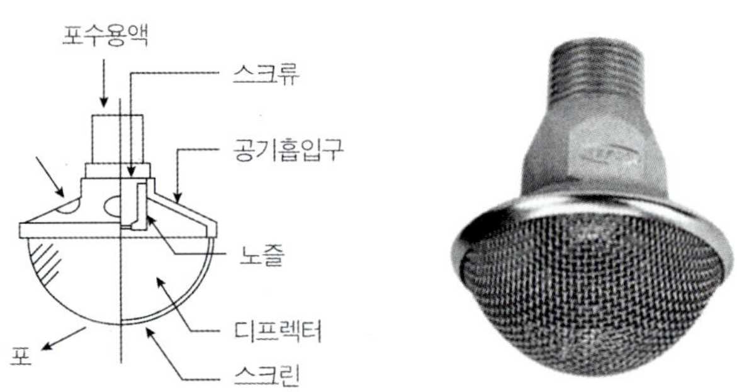

그림 6.9 포헤드

② 포워터 스프링클러헤드(foam water sprinkler head)

주로 항공기 격납고 등에서 사용되며 디플렉터가 있는 구조이며 8 m^2 마다 1개 이상 설치한다. 포수용액을 헤드에서 방사할 때 공기 흡입구로부터 공기를 흡입, 수용액과 공기가 혼합된 상태에서 수용액을 디플렉터에 충돌시켜 포를 형성하여 일정한 면적에 포를 방사하는 헤드이다.

3) 포소화전 방식

포소화전 방식은 옥내소화전 설비와 비슷한 구조이나 특수 노즐을 사용하여 호스로부터 압송된 물과 흡입관에 의하여 흡입된 소화약제가 혼합되어 방출하는 것과 별도의 혼합기에 의하여 포수용액이 압송되는 경우가 있다. 주로 개방된 주차장, 옥외탱크저장소의 보조포 설비용으로 사용한다.

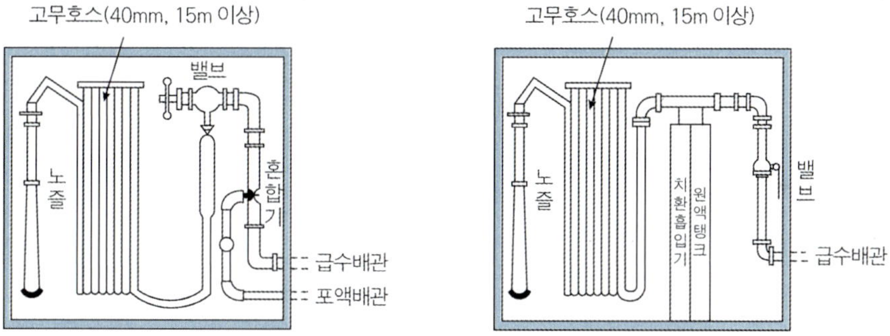

그림 6.10 포소화전

4) 호스릴 방식

호스릴 방식은 소방대상물이 화재발생 시 고정설비만으로는 소화효과를 달성할 수 없는 경우와 개방된 주차장 또는 차고에 설치하는 방식으로 방출량이 적고 취급이 간편한 간이설비이다.

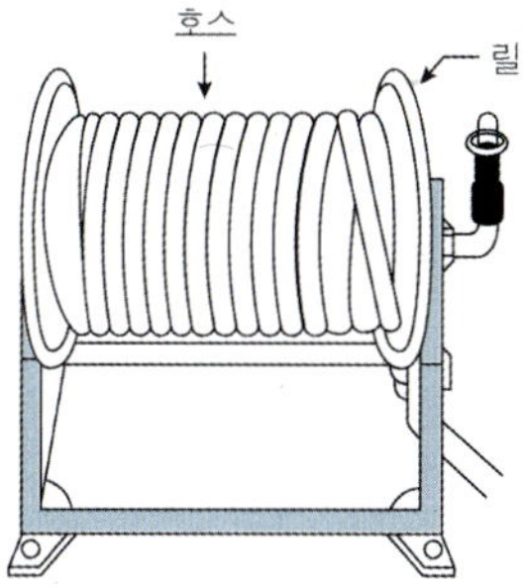

그림 6.11 호스릴 방식

5) 포모니터 방식

석유화학공장, 대형 위험물 저장탱크, 석유 비축기지, 원유 하역장 등을 방호하기 위하여 설치하는 설비로서 원격조작 또는 수동 조작할 수 있도록 설치한 장비이다. 바퀴가 달린 차륜식 형태의 이동식과 대규모의 포수용액을 방출하기 위해 바닥에 고정, 부착되어 있는 고정식이 있다.

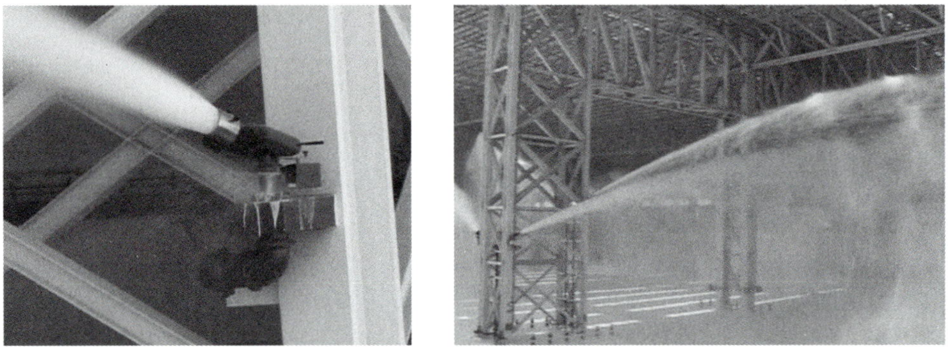

그림 6.12 포모니터

(2) 고발포

고발포는 합성계면활성제 포소화약제 등을 사용하며 팽창비는 80배 이상 1,000배 미만으로서 다량의 공기를 흡입하기 위한 기구를 설치하여 발포하는 것이다. 포수용액이 발포기를 통해 분사되고 포스크린을 통과하면서 고발포로 포를 발포하는 방식이다.

주된 방호대상은 랙크(lack)창고, 항공기 격납고, 지하가 등에 사용한다.

팽창률이 높고 함수율이 적기 때문에 액화가스 저장탱크의 방액제 내의 화재억제에도 사용되며 질식, 냉각 소화효과가 있다. A급 화재에 적합하며 B급 화재에는 저발포보다 적응성이 떨어진다.

1) 흡출식(Aspirating type foam generator)

포수용액이 분사될 때 공기를 자연적으로 흡입하고 포가 포 스크린에 통과하면서 250배 이하의 중팽창포를 생성한다.

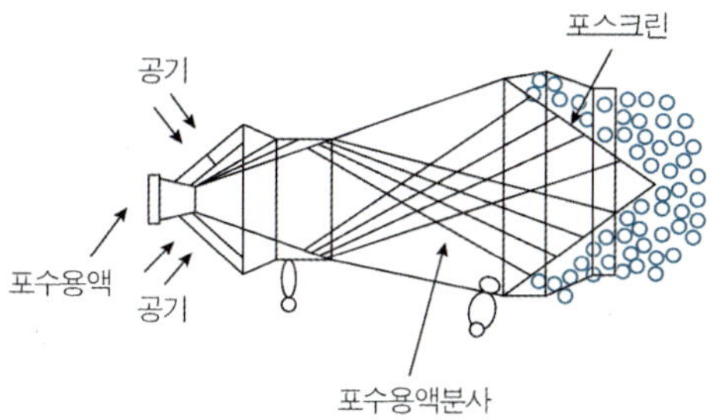

그림 6.13 흡출식 발포장치

2) 송출식(Blower type foam generator)

포수용액이 분사될 때 송풍기를 이용하여 강제로 공기를 공급하고 포수용액이 포스크린을 통과하면서 고팽창포를 생성한다.

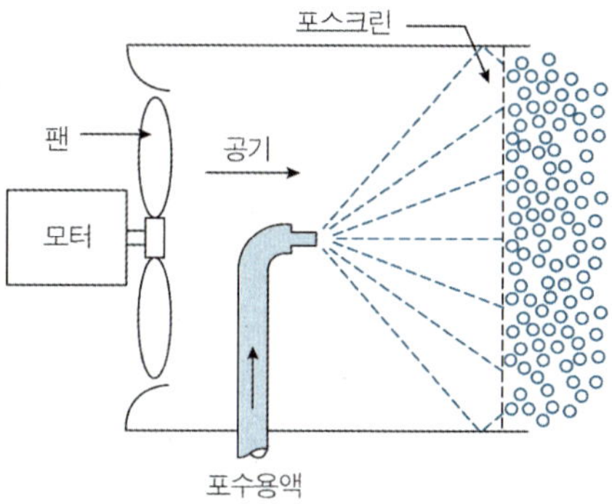

그림 6.14 송출형 발포장치

6.6 구성요소

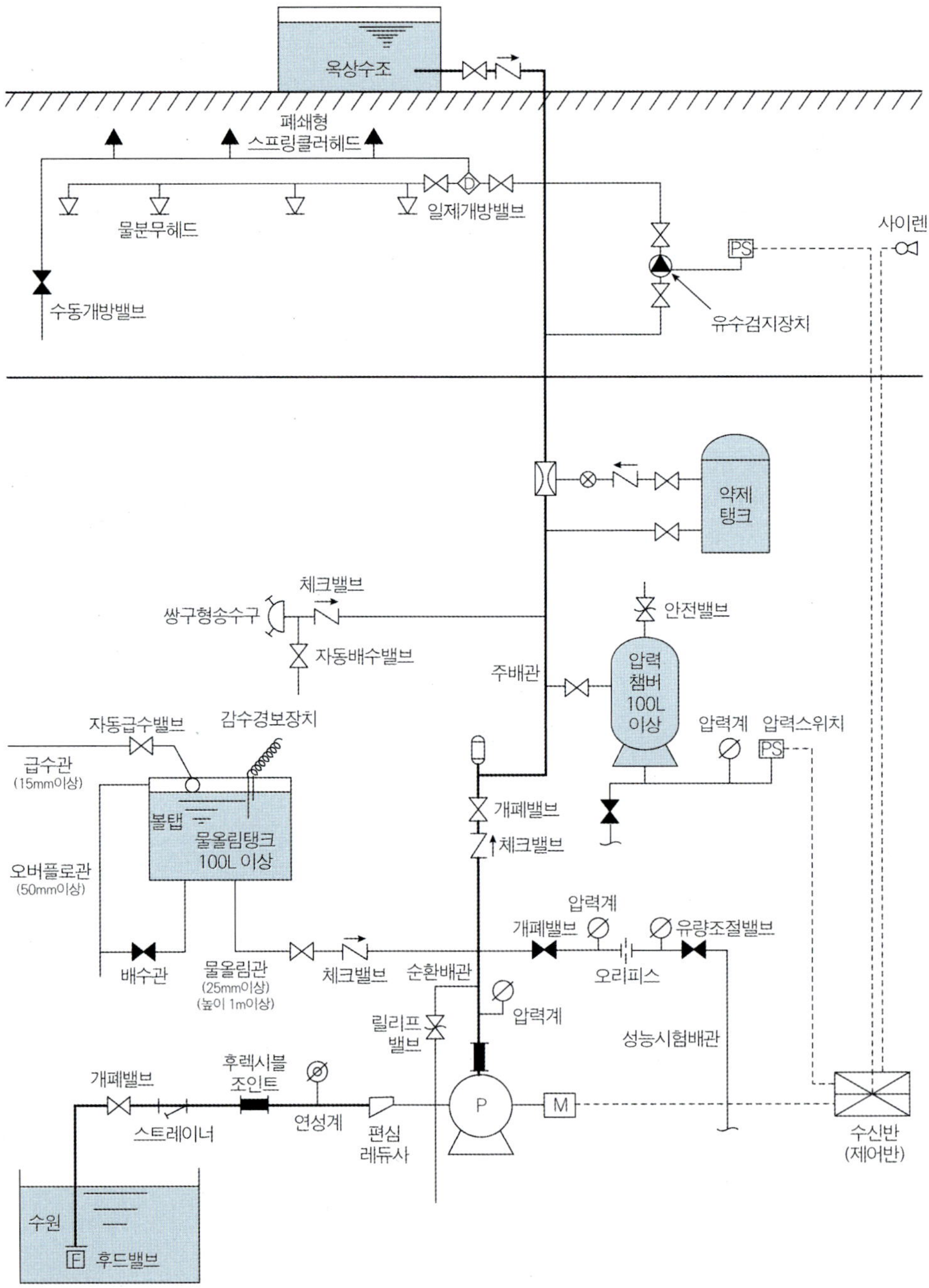

그림 6.15 포소화설비의 계통도

6.6.1 수원

포소화설비의 수원은 그 저수량이 소방대상물에 따라 다음 각 호의 기준에 적합하도록 하여야 한다.

(1) 특수 가연물의 저장, 취급하는 공장 또는 창고

① 포워터 스프링클러헤드 또는 포 헤드설비

$$Q = N \times Q_s \times 10(\text{min})$$

여기서, Q : 수원의 양[L]

N : 가장 많이 설치된 층의 포 헤드 수[바닥면적 200 m^2 이내]

Q_s : 분당방사량[L/m^2 · min]

10 : 방사시간[min]

② 고정포 방출구

$$Q = N \times Q_s \times 10(\text{min})$$

여기서, Q : 수원의 양[L]

N : 방호구역 내 최대로 설치된 고정포 방출구 수

Q_s : 하나의 고정포 방출구의 포수용액 양[L/min]

10 : 방사시간[min]

표 6.4 소방대상물별 포헤드 분당 약제 방사량

소방 대상물	포소화약제의 종류	방사량 [lpm/m^2]
차고 · 주차장 및 항공기 격납고	단백포소화약제	6.5 이상
	합성계면활성제 포소화약제	8.0 이상
	수성막 포소화약제	3.7 이상
특수가연물을 저장 · 취급소	단백포소화약제	6.5 이상
	합성 계면활성제 포소화약제	
	수성막 포소화약제	

(2) 차고 또는 주차장의 경우

① 호스릴 또는 포소화전

$$Q = N \times 6,000$$

여기서, Q : 수원의 양

N : 층별로 설치된 최대 방수구 수[최대 5개 이내]

6000 : 300[L/min] × 20[min]

② 포헤드 또는 고정포 방출구

$$Q = N \times Q_s \times 10(\text{min})$$

여기서, Q : 수원의 양[L]

N : 가장 많이 설치된 층의 포 헤드 수[바닥면적 200 m^2 이내]

Q_s : 분당 방사량[$L/m^2 \cdot min$]

10 : 방사시간[min]

(3) 항공기 격납고

① 포워터스프링클러헤드, 포헤드설비 또는 고정포 방출구 설비

$$Q = [N_1 \times Q_s \times 10] + [N_2 \times 6,000]$$

여기서, Q : 수원의 양

N_1 : 비행기 격납고 내 최대 설치 헤드 수 또는 고정포 방출구의 수

Q_s : 헤드나 방출구가 동시에 개방한 경우의 표준 방사량[$L/m^2 \cdot min$]

N_2 : 비행기 격납고 내 최대 설치된 호스릴포의 방수구 수[최대 5개 이내]

6.6.2 소화약제량

(1) 고정포 방출 방식

1) 고정포 방출구 방식

고정포 방출구 방식에 있어서는 다음 각각의 양을 합한 양 이상으로 하여야 한다.

① 고정포 방출구에서 방출하기 위하여 필요한 양

$$Q = A \times Q_1 \times T \times S$$

여기서, Q : 포소화약제량[L]

A : 탱크의 액표면적[m^2]

Q_1 : 단위 포수용액의 양[L/m^2 · min]

T : 방출시간[분]

S : 포소화약제의 사용농도[%]

② 보조 포소화전에서 방출하기 위하여 필요한 양

$$Q = N \times S \times 8{,}000$$

여기서, Q : 포소화약제량[L]

N : 호스접결구 수[3개 이상의 경우는 3개]

S : 포소화약제의 사용농도[%]

③ 가장 먼 탱크까지의 송액관 약제량(내경 75 mm 이하의 송액관은 제외)

$$Q = Q_A \times S$$

여기서, Q_A : 배관용적[면적×길이×10^3]L

S : 포소화약제의 사용농도[%]

2) 옥내 포소화전 방식 또는 호스릴 방식

바닥면적이 200 m^2 미만인 건축물에 있어서는 75%로 할 수 있다.

$$Q = N \times S \times 6{,}000$$

여기서, Q : 포소화약제량[L]

N : 호스접결구 수[5개 이상의 경우는 5개]

S : 포소화약제의 사용농도[%]

3) 포헤드 방식

하나의 방사구역 안에 설치된 포헤드를 동시에 개방하여 표준 방사량으로 10분간 방사할 수 있는 양 이상으로 할 것

표 6.5 포소화약제량

포소화약제량	수용액량	분당 토출량
① 고정포방출구약제량(=홈챔버) $Q = A \times Q_1 \times T \times S$ Q : 소화약제량(L) A : 탱크액표면적(m^2) Q_1 : 단위포소화수용액의양(L/m^2 · min) T : 방출량(min) S : 약제농도(%)	$Q_W = A \times Q_1 \times T$	$Q = A \times Q_1$
② 옥외포 소화전(=보조포소화전)약제량 $Q = N \times S \times 8000L\,(400L \times 20min)$ Q : 포소화약제량(L) N : 호스접결구 수(3개 이상은 3개) S : 약제농도(%)	$Q_W = N \times 8000$	$Q = N \times 400$
③ 가장 먼 탱크까지의 송액관약제량 $Q = Q_A \times S$ Q_A : 배관용적(면적×길이×10^3)L S : 약제농도(%) *주의 : 내경 75 mm 이하는 제외되므로 내경이 75 mm일 때는 계산하지 않는다.	$Q_W = Q_A$	

6.6.3 가압송수장치

(1) 고가수조 방식 : 수위계, 배수관, 급수관, 오버플로우관, 맨홀

$$H = h_1 + h_2 + h_3$$

여기서, H : 전양정[m]

h_1 : 방출구 설계압력 환산수두 또는 노즐 선단의 방사압력 환산수두[m]

h_2 : 배관 마찰손실수두[m]

h_3 : 소방용 호스 마찰손실수두[m]

(2) **압력 수조 방식 : 수위계, 급수관, 배수관, 급기관, 맨홀, 압력계, 안전장치 자동식 에어콤프레샤**

$$P = p_1 + p_2 + p_3 + p_4$$

여기서, P : 전압력[MPa]

p_1 : 방출구 설계압력 또는 노즐 선단의 방사압력[MPa]

p_2 : 배관 마찰손실수두압[MPa]

p_3 : 낙차 환산수두압[MPa]

p_4 : 소방용 호스 마찰손실수두압[MPa]

(3) **펌프 방식(지하 수조 방식)**

$$H = h_1 + h_2 + h_3 + h_4$$

여기서, H : 펌프의 전 양정[m]

h_1 : 방출구의 설계압력 환산 수두 또는 노즐 선단의 방사압력 환산수두[m]

h_2 : 배관 및 부속밸브류 마찰손실 수두[m]

h_3 : 소방호스의 마찰손실 수두[m]

h_4 : 낙차[m]

6.6.4 포소화약제의 혼합장치

(1) **펌프 혼합 방식(pump proportioner)**

펌프 혼합 방식은 펌프 토출관과 흡입관 사이의 배관 도중에 설치한 흡입기에 펌프에서 토출된 물의 일부를 보내고, 농도 조정밸브에서 조정된 포소화약제의 필요량을 포소화약제 탱크에서 펌프 흡입측으로 보내어 이를 혼합하는 방식이다.

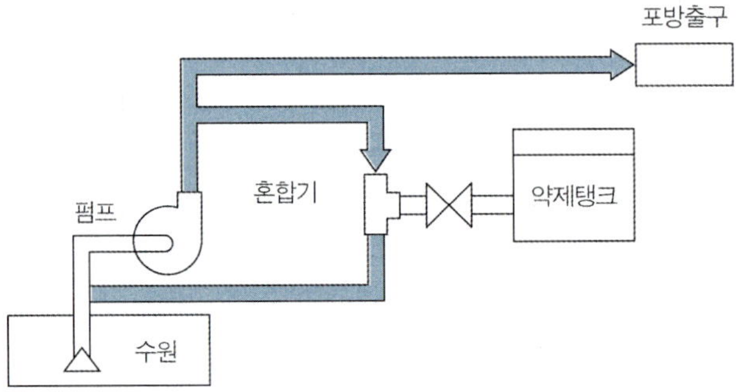

그림 6.16 펌프 프로포셔너 방식

주로 화학소방차 등에서 사용한다.

■ 특징

① 원액을 사용하기 위한 손실이 적고 보수가 용이하다.

② 펌프의 흡입배관 압력손실이 거의 없어야 하며 펌프의 흡입배관 압력손실이 있을 경우 원액의 혼합비가 차이가 나거나 원액탱크 쪽으로 물이 역류할 수 있다.

③ 펌프는 흡입측으로 포가 유입되므로 포소화설비 전용이어야 한다.

(2) 라인 프로포셔너 방식(Line proportioner : 관로 혼합 방식)

펌프와 발포기 중간에 설치된 벤추리관의 벤추리작용에 의하여 포소화약제를 흡입·혼합하는 방식이다.

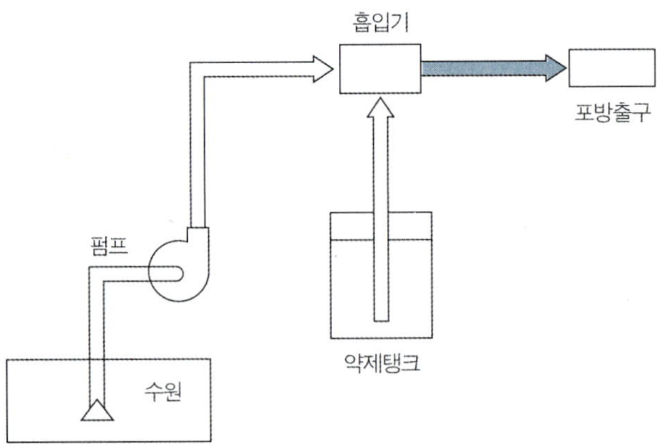

그림 6.17 라인 프로포셔너 방식

소규모 또는 이동식 간이설비에 사용되는 방법으로 포소화전 또는 한정된 방호대상물의 포소화설비에 적용된다.

■ 특징

① 가격이 저렴하고 시설이 용이하다.

② 혼합기를 통한 압력손실이 매우 높다(1/3).

③ 혼합기의 흡입가능 높이가 제한된다.

④ 혼합 가능한 유량의 범위가 좁다.

(3) 프레져 프로포셔너 방식(pressure proportioner : 차압 혼합 방식)

펌프와 발포기의 중간에 설치된 벤츄리관의 벤츄리 작용과 펌프 가압수의 포소화약제 저장탱크에 대한 압력으로 포소화약제를 흡입, 혼합하는 방식을 말한다.

가장 일반적인 혼합 방식으로 대부분의 포소화설비에 사용되며 일명 차압 혼합 방식이라 한다.

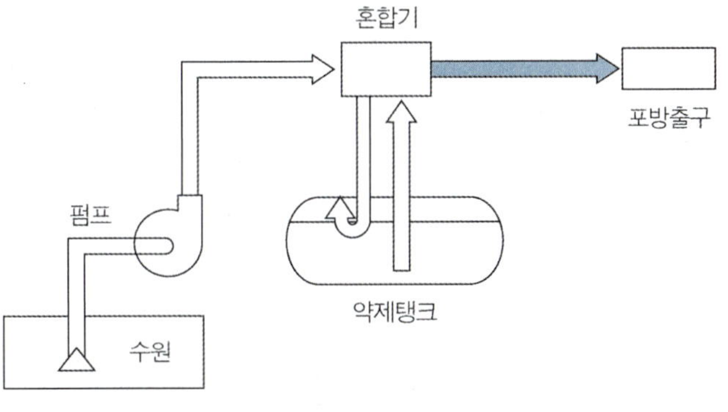

그림 6.18 프레져 프로포셔너 방식

■ 특징

① 혼합기에 의한 압력손실이 적다.

② 혼합 가능한 유량범위는 50~200%로 1개의 혼합기로 다수의 소방대상물을 충족시킬 수 있다.

③ 물과 비중이 비슷한 소화약제(수성막포 등)에는 혼합에 어려움이 있다.

④ 혼합비에 도달하는 시간이 다소 소요된다.

⑤ 격막이 없는 저장탱크의 경우 물이 유입되면 재사용이 불가능해진다.

(4) 프레져 사이드 프로포셔너 방식(pressure side proportioner : 압입 혼합 방식)

펌프 토출관에 압입기를 설치하여 포소화약제 압입용 펌프로 포소화약제를 압입 · 혼합하는 방식을 말한다.

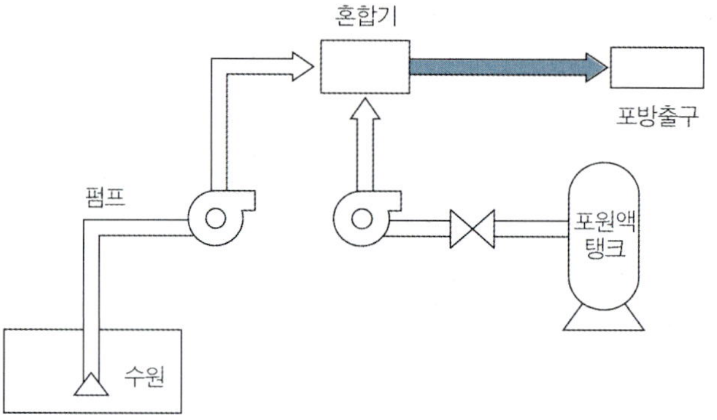

그림 6.19 프레져 사이드 프로포셔너 방식

비행기 격납고, 대규모 유류저장소, 석유화학 플랜트시설 등과 같은 대단위 고정식 포소화설비에 사용한다.

■ 특징

① 소화용수와 약제의 혼합 우려가 없어 장기간 보존이 가능하며 운전 후 재사용이 가능하다.

② 혼합기를 통한 압력손실이 낮다.

③ 시설이 거대해지며 설치비가 비싸다.

④ 원액펌프(압입용 펌프)의 토출압력이 급수펌프의 토출압력보다 낮으면 원액이 혼합기에 유입되지 못한다.

(5) 압축공기포 믹싱챔버 방식

압축공기포 믹싱챔버 방식은 압축공기 또는 압축질소를 일정비율로 포수용액에 강제주입하여 혼합하는 방식을 말한다.

6.6.5 배관

(1) 헤드배열

포워터 스프링클러설비 또는 포헤드설비 가지배관의 배열은 토너먼트 방식이 아니어야 하며, 교차배관에서 분기하는 지점을 기점으로 한쪽 가지배관에 설치하는 헤드의 수는 8개 이하로 한다.

(2) 송액관

송액관은 포의 방출 종료 후 배관 안의 액을 배출하기 위하여 적당한 기울기를 유지하도록 하고 그 낮은 부분에 배액밸브를 설치하여야 한다.

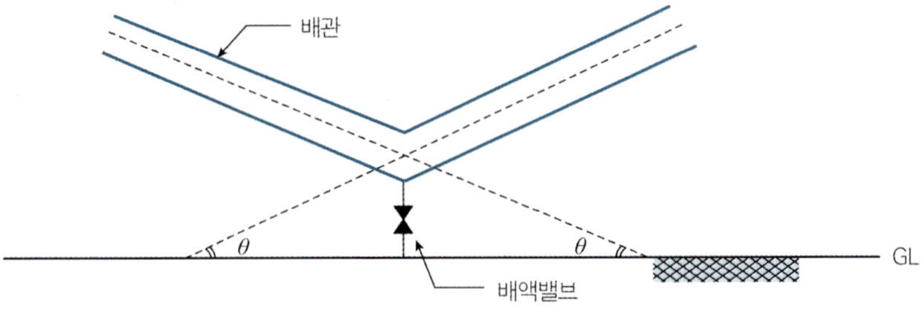

그림 6.20 송액관의 경사와 배액밸브(지상 배관)

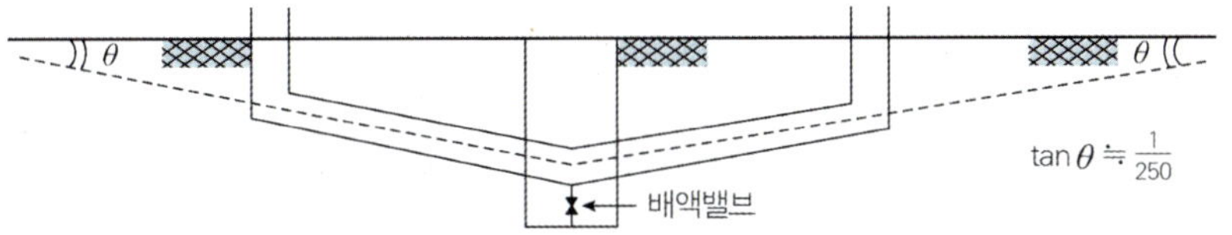

그림 6.21 송액관의 경사와 배액밸브(지하 배관)

(3) 기타

① 그밖의 배관은 옥내소화설비 및 스프링클러설비의 규정을 준용한다. 이 경우 "급수배관"은 "송액관"으로, 옥내소화전설비는 포소화전설비로, 옥내소화전 방수구 및 "스프링클러헤드"는 포헤드, 고정포방출구 또는 이동식 포노즐로 본다.

② 포소화설비의 송수구 설치에 관하여는 스프링클러설비의 송수구 규정을 준용한다.

6.6.6 기동장치

(1) 수동식 기동장치

① 직접조작 또는 원격조작에 의하여 가압송수장치, 수동식 개방밸브 및 소화약제 혼합장치를 기동할 수 있을 것

② 2 이상의 방사구역을 가진 포소화설비에는 방사구역을 선택할 수 있는 구조로 할 것

③ 기동장치의 조작부는 화재 시 쉽게 접근할 수 있는 곳에 설치하되, 바닥으로부터 높이 0.8 m 이상 1.5 m 이하의 위치에 설치하고 유효한 보호 장치를 설치할 것

④ 기동장치의 조작부 및 호스접결구에는 가까운 곳의 보기 쉬운 곳에 각각 '기동장치의 조작부' 및 '접결구'라고 표시한 표지를 설치할 것

⑤ 차고 또는 주차장에 설치하는 포소화설비의 수동식 기동장치는 방사구역마다 1개 이상 설치할 것

⑥ 항공기 격납고에 설치하는 포소화설비의 수동식 기동장치는 방사구역마다 2개 이상을 설치하되, 그 중 1개는 방사구역으로부터 가장 가까운 곳 또는 조작에 편리한 곳에 설치하고, 1개는 수신기를 설치한 감시실 등에 설치할 것

(2) 자동식 기동장치

자동화재탐지설비의 감지기 작동 또는 폐쇄형 스프링클러헤드의 개방과 연동하여 가압 송수장치 일제개방밸브 및 포소화약제 혼합장치를 기동시킬 수 있도록 다음의 기준에 의하여 설치하여야 한다(다만, 자동화재탐지설비의 수신기가 설치된 장소에 상시 사람이 근무하고 있고, 화재 시 즉시 해당 조작부를 작동시킬 수 있는 경우에는 그러하지 아니하다).

① 폐쇄형 스프링클러헤드를 사용하는 경우

㉮ 표시온도가 79℃ 미만인 것을 사용하고, 1개의 스프링클러헤드의 경계면적은 20 m^2 이하로 할 것

㉯ 부착면의 높이는 바닥으로부터 5 m 이하로 하고, 화재를 유효하게 감지할 수 있도록 할 것

㉰ 하나의 감지장치 경계구역은 하나의 층이 되도록 할 것

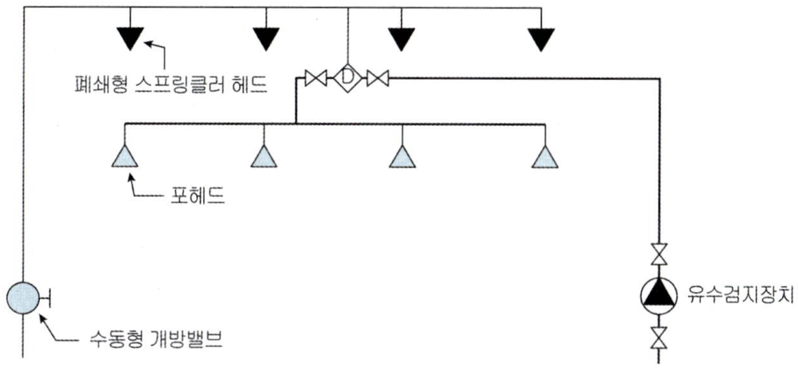

그림 6.22 폐쇄형 스프링클러 이용방법

② 화재감지기를 사용하는 경우

㉮ 화재감지기는 자동화재탐지설비(감지기) 기준에 따른다.

㉯ 화재표시 및 경보장치는 자동화재탐지설비의 발신기 기준에 준한다.

㉰ 동결우려가 있는 장소의 포소화설비의 자동식 기동장치는 자동화재탐지설비와 연동으로 할 것

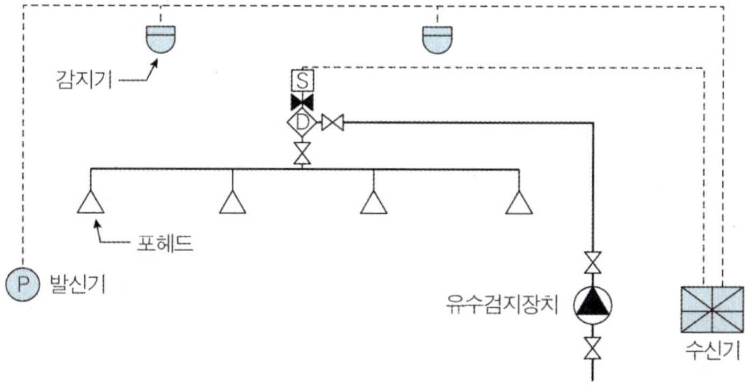

그림 6.23 화재감지기 이용방법

6.7 포헤드의 성능시험 기술기준

6.7.1 발포배율시험

발포배율은 헤드에 사용하는 포소화약제의 혼합농도의 상한치 및 하한치에 있어서 사용압력의 상한치 및 하한치로 발포시킨 경우 각각 5배 이상이어야 한다.

6.7.2 환원시간(drainage time)

포 중량의 몇 %가 원래의 수용액으로 되돌아갔느냐에 따라서 25% 환원시간, 50% 환원 시간, 100% 환원시간이 있다. 배율이 작은 포는 포의 직경이 작아서 포의 막이 두껍고 포의 막이 두꺼울수록 드레인 시간이 길기 때문에 환원 시간은 길어진다.

환원 시간이 긴 것이 화염에 노출되어도 포가 쉽게 깨지지 않기 때문에 내열성이 우수하다. 단백포의 경우 다른 포에 비해서 내열성이 우수하며, 발포 배율이 작아지면 환원시간과 내열성은 커지나 유동성은 작아진다.

6.7.3 25% 환원시간 시험

25% 환원시간이란 포 중량의 25%가 원래의 수용액으로 되돌아가는 데 걸리는 시간

표 6.5 25% 환원시간

소화약제의 종류	25% 환원시간
합성계면활성제포 소화약제	30초
단백포 소화약제	60초
수성막포 소화약제	60초

(1) 측정 방법

① 채집한 포시료의 중량을 4로 나누어 포수용액의 25%에 해당하는 체적을 구한다.

② 시료용기를 평평한 면에 올려 놓는다.

③ 일정 간격으로 용기 바닥에 고여있는 용액의 높이를 측정하여 기록한다.

④ 시간과 환원체적의 데이타를 구한 후 계산에 의해 25% 환원시간을 구한다.

6.8 차고 · 주차장에 설치하는 호스릴포소화설비 또는 포소화전설비

① 방사압력 : 0.35 MPa 이상

② 방사량 : 300 L/min 이상(1개층의 바닥면적이 200 m^2 이하인 경우에는 230 L/min 이상)

③ 방사거리 : 호스릴포 방수구 수평거리 15 m 이상

④ 호스릴 또는 호스를 호스릴포방수구 또는 포소화전방수구로 분리하여 비치하는 때에는 그로부터 3 m 이내의 거리에 호스릴함 또는 호스함을 설치

⑤ 호스릴함 또는 호스함 : 바닥으로부터 높이 1.5 m 이하에 설치하고 적색의 위치표시등 설치

⑥ 방호대상물의 각 부분으로부터 하나의 호스릴포방수구까지의 수평거리는 15 m(포소화전 방수구의 경우에는 25 m 이하) 이하가 되도록 하고 호스릴 또는 호스의 길이는 방호대상물의 각 부분에 포가 유효하게 뿌려질 수 있도록 할 것

연습문제

1. 석유류 저장탱크에 설치하는 포소화설비의 고정포 방출구로서 I형과 II형으로 구분하여 설명하시오.

2. 포소화약제에는 다음과 같은 종류로 나눌 수 있다. (   ) 안에 알맞은 답을 쓰시오.
   ① (㉮)는 가수분해 단백질에 안정제를 첨가하여 제조한 것이다.
   ② 합성계면 활성제포는 계면활성제에 안정제를 첨가한 것으로 변질우려가 적다.
   ③ (㉯)는 불소 계통의 습윤제에 합성계면활성제가 첨가되어 있는 약제로서 물과 혼합하여 사용한다. 소화 시 액면상에 수용액의 박막을 만드는 특성이 있다.
   ④ (㉰)는 알코올, 에테르와 같은 수용성액체의 소화작업에 주로 사용한다.
   ⑤ 불화단백포는 단백포에 불소계 계면활성제를 혼합하여 제조한 것이다.

3. 포소화설비에 설치된 봉판의 종류 3가지만 쓰시오.

4. 포소화설비에서 포소화약제의 혼합 방식 5가지를 그림을 그리고 설명하시오.

5. 다음 그림은 포소화설비의 약제 혼합장치 중 펌프 프로포셔너에 대한 설명도이다. 그림을 보고 각 물음에 답하시오.

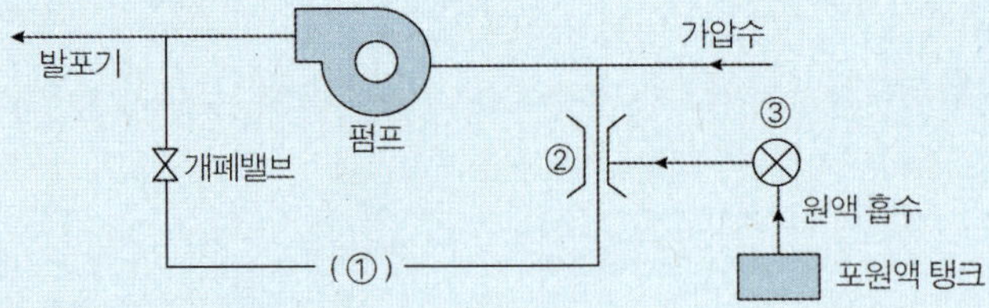

[물음]
1) 바이패스 배관에 표시된 ①번의 (   )안에 유체의 흐르는 방향을 화살표로 표시하시오.
2) ②번 기구의 명칭은 무엇인가?
3) ③번 기구의 명칭은 무엇인가?

연습문제

6. 포소화설비의 고정포 방출구에 사용되는 봉판의 역할과 봉판에 사용할 수 있는 재료를 4가지만 기재하시오.

7. 3%형의 단백포를 발췌하여 팽창비(발포배율)가 800 : 1이 되게 고발포로 발포(방사)하였더니 포의 체적이 1,600 L가 되었다. 이때 포수용액 중의 물의 양을 구하시오.

8. 다음 도면과 같이 자동차 차고에 포소화설비를 설치하고자 한다. 아래 조건 및 도면을 보고 각 물음에 답하여라.

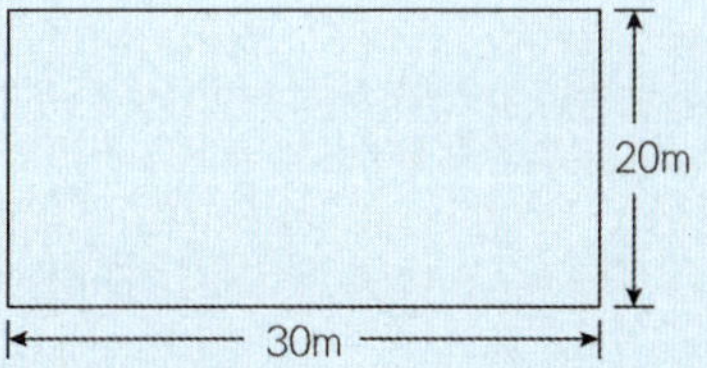

[조건]

1. 화재 감지방식은 감지용 스프링클러헤드를 사용한다.
2. 포소화약제는 3% 단백포를 사용한다.
3. 층고는 3 m로 한다.
4. 포헤드의 설치수에 대한 배관의 구경은 아래와 같다.

설치헤드 수	1	2	5	8	15	27	55	90	150
관경(mm)	25	35	40	50	65	80	100	125	150

[물음]

① 설치해야 할 포헤드의 종류는?
② 차고에 설치해야 할 감지용 스프링클러헤드의 표시온도 및 종류는?
③ 설치해야 할 일제개방밸브는 몇 개 이상인가?
④ 설치해야 할 포헤드는 몇 개 이상인가?
⑤ 설치해야 할 화재감지용헤드는 몇 개 이상 설치해야 하는가?
⑥ 포소화설비의 주배관의 배관구경(mm)은 얼마 이상인가?
⑦ 수원의 저수량(m^3)은 얼마 이상인가?
⑧ 포소화약제 저장량(L)은 얼마 이상인가?
⑨ 펌프의 토출량(m^3/min)은 얼마 이상인가?

연습문제

9. 다음 그림과 같이 포소화설비를 설치하였을 경우 아래 물음에 답하여라(단, 포헤드의 방사 압력은 2.5 MPa이고, 배관상의 총마찰 손실은 12 m, 포소화약제는 3%형 단백포, 펌프의 효율은 60%, 전달계수 = 1.1 , 방출시간 10분).

[물음]
① 포소화원액의 양(L)은 얼마인가?
② 펌프의 전양정(m)은 얼마인가?
③ 펌프의 토출량(m^3/분)은 얼마인가?
④ 펌프의 동력(kW)은 얼마인가?
⑤ 포소화설비에 필요한 기구를 5가지만 쓰시오.
(단, 배관상 부품은 제외, 도면상 표기된 것은 제외한다)
⑥ 배관 시 관경을 변경할 때 편심레듀샤를 사용하는 이유는?

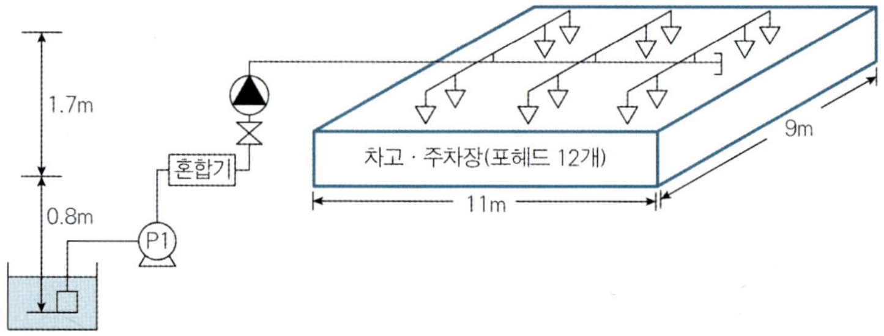

10. 위험물 옥외저장 탱크인 콘루프 탱크에 고정포 방출구 II형을 설치하였다. 다음 조건을 참조하여 각 물음에 답하시오.

[조건]
1. 탱크 직경은 10.5 m이고 높이는 12 m이다.
2. 소화약제는 6%형의 단백포를 사용하며 수용액의 방출량은 220 L/m^2 이고 방출시간은 55분이다.

[물음]
① 포방출구수는 몇 개인가?
② 고정포 방출구의 방출량(L/m^2 · min)을 구하시오.
③ 필요한 포약제의 원액 양(L)을 구하시오.
④ 필요한 포수용액의 양(L)을 구하시오.
⑤ 펌프의 전양정이 55 m이고 효율은 60%, 전달계수 K = 1.1일 때 전동기의 출력(kW)을 구하시오.

연습문제

11. 경유를 저장하는 탱크의 내부직경이 40 m인 플루팅루프탱크에 포말소화설비의 특형 방출구를 설치하여 방호하려고 할 때 다음의 물음에 답하시오.

[조건]

1. 3%형의 단백포 소화약제를 사용하며 수용액의 방출량은 8 L/m^2 · 분이고, 방사시간은 20분을 기준으로 한다.
2. 탱크 측면과 굽도리판의 간격은 2.5 m로 한다.
3. 펌프의 효율은 65%, 전동기의 전달계수는 1.1로 한다.

[물음]

① 소화에 필요한 수용액의 양(m^3), 수원의 양(m^3), 포소화약제 원액의 양(m^3)은 얼마인가?
② 수원을 공급하는 가압송수장치(펌프)의 분당 토출량(L/min)은 얼마 이상이어야 하는가?
③ 펌프의 전양정이 80 m일 경우 전동기의 출력(kW)은 얼마인가?

12. 아래 고정포방출구 중 Ⅱ형 방출구를 말한다. 아래 물음에 답하시오.

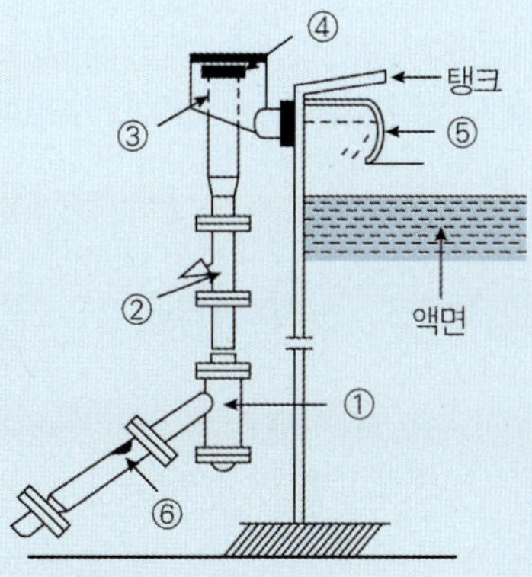

(1) Ⅱ형 방출구란 무엇인지 간단히 설명하시오.
(2) 그림의 번호에 따라 명칭을 쓰시오.
(3) ④번의 재질은 무엇인가?
(4) ④번의 기능(역할)은 무엇인지 쓰시오.
(5) 고정포방출구의 설치요령에 대하여 3가지만 쓰시오.

CHAPTER 7

이산화탄소소화설비(NFTC/PC 106)

7.1 이산화탄소소화설비 개요

이산화탄소소화설비는 연소의 3요소인 가연물, 공기(산소), 점화원 중의 하나인 산소의 공급을 차단함으로써 질식 소화하는 설비이다.

보통 대기 중에는 산소가 21% 차지하고 있으므로 이를 약 15~16% 이하로 감소시키면 소화된다. 만약, 소방대상물 내에 사람이 있을 경우에는 질식시킬 우려가 있다.

스프링클러설비나 포소화설비 등 물에 의한 피해가 예상되는 장소나 전기화재, 유류화재 등에 사용된다.

7.2 소화효과

(1) 질식효과

이산화탄소가 공기 중의 산소농도를 21%에서 15~16% 이하로 낮추어 질식효과

(2) 냉각효과

이산화탄소 가스 방출 시 기화열에 의한 냉각효과

(3) 피복효과

증기비중이 공기보다 1.5배 무겁기 때문에 이산화탄소에 의한 피복효과

7.3 적응성과 비적응성

7.3.1 적응성

① 인화성 액체 위험물
② 전기적 위험물
③ 인화성 액체연료를 사용하는 엔진
④ 일반적 가연물
⑤ 고체 위험물

7.3.2 비적응성

① 방재실, 제어실 등 사람이 상시 근무하는 장소
② 니트로셀룰로스, 셀룰로이드제품 등 자기연소성 물질을 저장·취급하는 장소
③ 나트륨(Na), 칼륨(K), 칼슘(Ca) 등 활성 금속물질을 저장·취급하는 장소
④ 전시장 등의 관람을 위하여 다수인이 출입·통행하는 통로 및 전시실
⑤ 위험물의 경우

7.4 이산화탄소 소화약제 특징

(1) 상태도

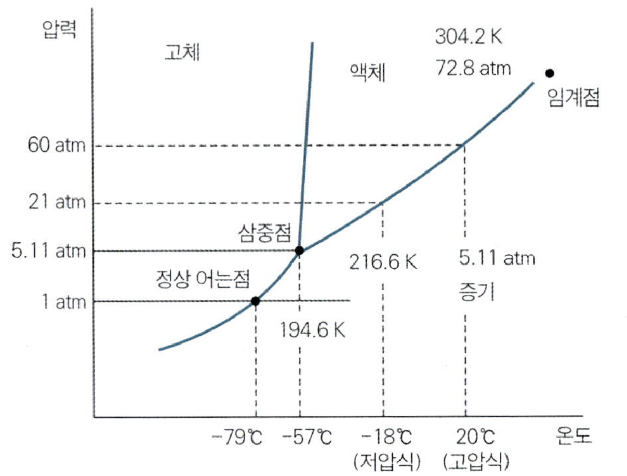

그림 7.1 삼중점

CO_2는 다른 물질의 상태도와 다른데, 융해곡선이 안으로 굽어 있어 3중점에서 압력을 가하면 액상으로 존재하는 것이 아니라 고상으로 존재한다.

승화점은 대기압 상태에서 -79℃로 대기압 상태에서는 고체인 드라이아이스와 기체 상태인 CO_2로 존재한다.

또한 압력을 일정하게 유지한 상태에서 온도를 낮추면 고체의 드라이아이스가 생성된다. 압력에 따라 저압식, 고압식으로 분류되는데 이는 포화증기압에 따른다. 고압식은 20℃에서 압력이 60 atm, 저압식은 -18℃ 에서 압력이 21 atm으로 저장한 방식을 말한다.

TIP

삼중점이란

삼중점(−57℃)이란 고체, 액체, 기체가 공존한 점이다.

삼중점 이상 임계점 이하에서 액상과 기상이 존재하여 압력을 가하면 액화시킬 수 있어 CO_2의 경우 이 구간에서 압력을 가해 액화시켜 저장한다.

삼중점에서 임계점까지는 포화상태인 액체와 기체의 혼합 상태이며 임계점 이상에서는 혼합 상태가 기체 상태로 변해 기체로만 존재한다.

(2) CO_2의 물리적 성질

① 무색무취이다.

② 비중은 공기의 약 1.52배이다.

③ CO_2는 압축 및 냉각에 의해 쉽게 액화되고 더욱 냉각하면 고화된다.

④ 전기적으로 비도전성이다.

⑤ -56.3℃, 0.53 MPa의 점에서는 고체, 액체, 기체가 공존하는 삼중점이 존재한다.

(3) CO_2의 인체에 대한 위험성

① 질식위험

CO_2 자체는 독성이 없으나 공기 중에 비율이 높아지면 질식의 위험이 있으며 농도와 인체의 생리적 반응과의 관계는 다음과 같다.

표 7.1 이산화탄소의 농도별 인체의 영향

CO_2농도 (vol%)	증상	처치
1.0(20.79)*	공중 위생상의 허용 농도	무해
2.0(20.58)	불쾌감이 있다.	무해
3.0(20.37)	호흡수가 늘어나고 호흡이 깊어진다.	장시간 흡입하는 것은 바람직하지 않다. 환기를 필요로 한다.
4.0(20.16)	눈, 목의 점막에 자극이 있다. 두통, 귀울림, 어지러움, 혈압 상승 등이 일어난다.	빨리 신선한 공기를 호흡할 것
6.0(19.74)	호흡수가 현저히 증가한다.	빨리 신선한 공기를 호흡할 것
8.0(19.32)	호흡이 곤란해진다.	빨리 신선한 공기를 호흡할 것
10.0(18.90)	시력 장애, 몸이 떨리며 2~3분 이내에 의식을 잃으며 그대로 방치하면 사망한다.	30분 이내에 인공호흡, 의사의 조치 필요
20.0(16.80)	중추신경이 마비되어 사망한다.	즉시 인공호흡, 의사의 조치 필요

* ( ) 안의 숫자는 공기 중의 산소의 농도(vol%)를 나타냄

② 냉각에 의한 동상위험

액화탄산이 분사 노즐에서의 팽창 및 기화할 때 주위로부터 기화열을 흡수하여 -83℃ 까지 내려가므로 냉각에 의한 동상의 위험이 있고 컴퓨터 등 전자기기 또는 정밀기기에 손상을 줄 수 있다.

(4) 이산화탄소 소요량과 농도

① 방출된 탄산가스량(m^3)

$$CO_2\,(m^3) = \frac{21 - O_2}{O_2} V$$

여기서, O_2 : 연소한계 산소농도[%]

V : 방호체적[m^3]

② 탄산가스농도(%)

$$CO_2\,(\%) = \frac{21 - O_2}{21} 100$$

여기서, O_2 : 연소한계 산소농도[%]

(5) CO_2의 장 · 단점

장점	① 화재 진압 후 소화약제 잔존물이 없으므로 깨끗하다. ② 증거보존이 양호하여 화재원인의 조사가 쉽다. ③ 심부화재에 적합하다. ④ 전기화재에 적응성이 있다. ⑤ 약제가 반영구적이고 소화약제 가격이 저렴하다. ⑥ 냉각 작용이 크다
단점	① 약제 방사 시 시야를 가려 피난에 어려움이 있다. ② 질식 위험이 있어 사용이 제한된다. ③ 약제 방사 시 소음이 크다. ④ 동상의 우려가 있다. ⑤ 고압이기 때문에 취급이 어렵다.

7.5 이산화탄소소화설비의 분류

7.5.1 방출 방식에 의한 분류

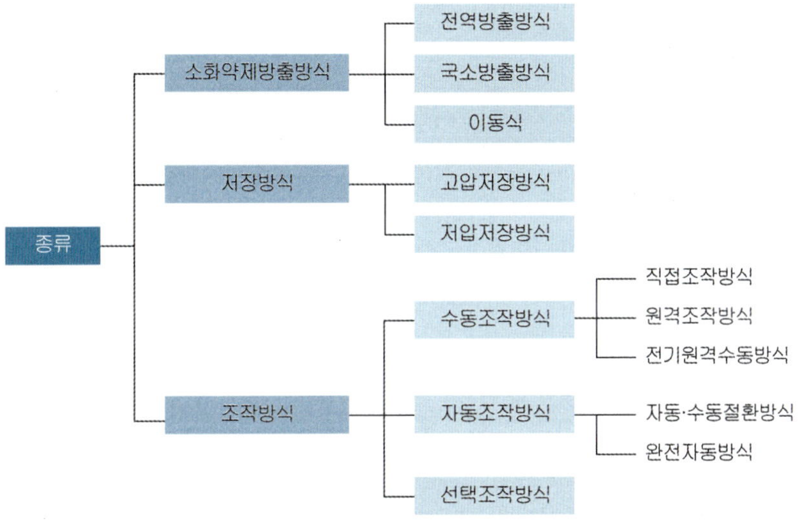

7.5.2 소화약제 방출 방식에 의한 분류

(1) 전역방출 방식(Total Flooding System)

밀폐된 방호대상물 전체에 소화약제를 방사해서 소화하는 방식이다.

(2) 국소방출 방식(Local Application Type System)

전역방출 방식으로 큰 효과가 없는 경우 또는 큰 개구부가 있는 경우에 직접 소방 대상물에 소화약제를 방사하여 한정된 작은 범위 내를 일시적으로 공기를 차단하여 소화하는 방식이다.

(3) 호스릴식(이동식, Portable Installation)

배관에 분사헤드가 고정되어 있지 않고 사람이 직접 조작하여 호스를 이동하면서 연소 부분에 직접 방사하여 소화하는 방식이다.

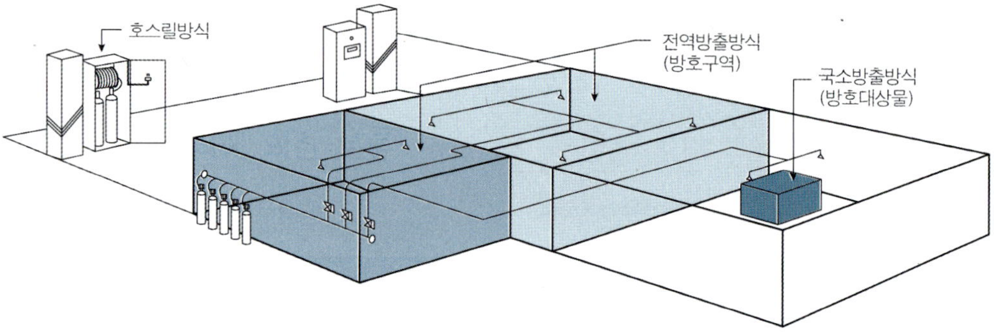

그림 7.2 이산화탄소소화약제 방출 방식

7.5.3 저장 방식에 의한 분류

(1) 고압저장 방식

고압저장방식에서는 탄산가스가 액체 상태로 용기에 저장되며 고압저장용기의 충전비는 1.5 이상 1.9 이하로 유지 되도록 한다.

충전비는 다음 식을 이용하여 구한다.

$$C = \frac{V}{G}$$

여기서, C : 충전비

V : 용기내의 용적[L]

G : 충전하는 액화탄산가스의 용량[kg]

(2) 저압저장 방식

상온에서 저장하는 고압저장 방식에 대하여 단열구조 자동냉동기를 장치한 저압용기를 사용하여 약 -18℃ 게이지 압력 2.1 MPa으로 유지한다. 충전비는 1.1 이상 1.4 이하이며 대량의 탄산가스가 필요한 곳에 유효하다.

표 7.2 고압식/저압식 항목별 비교

항목	고압식	저압식
저장압력	상온(20℃)에서 6 MPa	-18℃에서 2.1 MPa
저장용기	45 kg/68 L 용기를 표준으로 설치	1.1~1.4
배관	압력배관용 탄소강관 Sch 80	압력 배관용 탄소강관 Sch 40
방사압	분사헤드 기준 2.1 MPa	분사헤드 기준 1.05 MPa
용기실	저압식에 비해 일정한 용기실 면적을 확보	고압식에 비해 용기실 면적의 축소가 가능
약제량 검측	현장측정 (액화 가스레벨미터 또는 저울 이용)	원격감시 (CO_2 Level Monition 장치 이용)
충전	불편 (재충전시는 용기별로 해체 및 재부착)	편리 (설비분리 없이 현장 충전 가능)
안전장치	안전밸브	액면계, 압력계, 압력경보장치, 안전밸브, 파괴봉판 등
적용	소용량의 방호 구역	대용량의 방호 구역

7.6 이산화탄소소화설비 작동원리

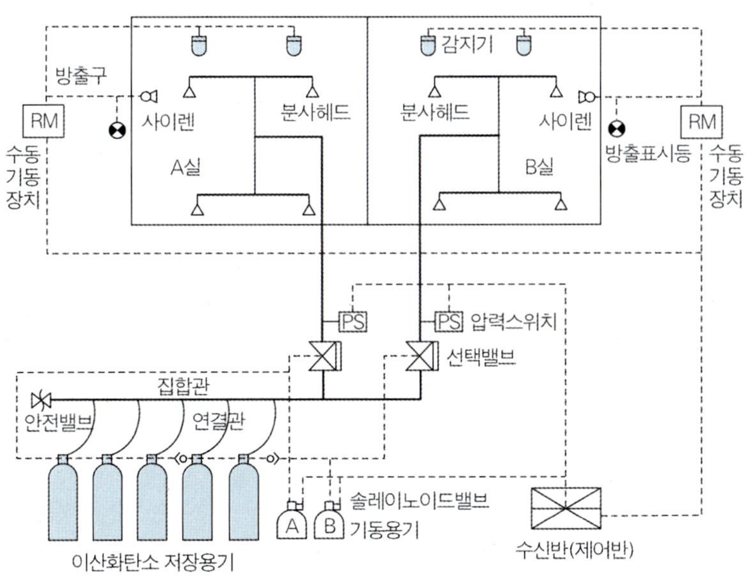

그림 7.3 이산화탄소소화설비 구성도

① 감지기에 의해서 화재가 감지되거나 사람이 발견하여 수동기동장치의 누름단추를 누르면 수신반에 화재표시등이 점등되고 해당 방호구역의 음향장치가 화재경보를 울린다.

② 환기설비를 정지하고 동시에 방화셔터를 폐쇄한다.

③ 지연장치에서 20초 이상 경과 후 기동용기 솔레노이드가 작동되고 기동용 가스용기밸브의 봉판을 뚫어서 기동가스를 방출시킨다.

④ 방출된 기동가스는 조작동관을 따라 선택밸브의 피스톤릴리저로 들어가 선택밸브의 잠김장치를 해제한다.

⑤ 선택밸브의 개방으로 당해 방호구역으로 가스유입을 허용하고 나머지 가스는 조작동관을 따라서 저장용기밸브의 파괴침(공이) 직전의 피스톤을 가압하여 파괴침으로 하여금 저장용기밸브의 봉판을 뚫어 저장된 가스를 개방시킨다.

⑥ 저장용기의 가스가 집합관을 통해 선택밸브를 거치면서 압력스위치를 동작시키며 송출 배관을 따라 분사헤드에서 당해 방호구역에 방출되어 소화작업이 이루어진다.

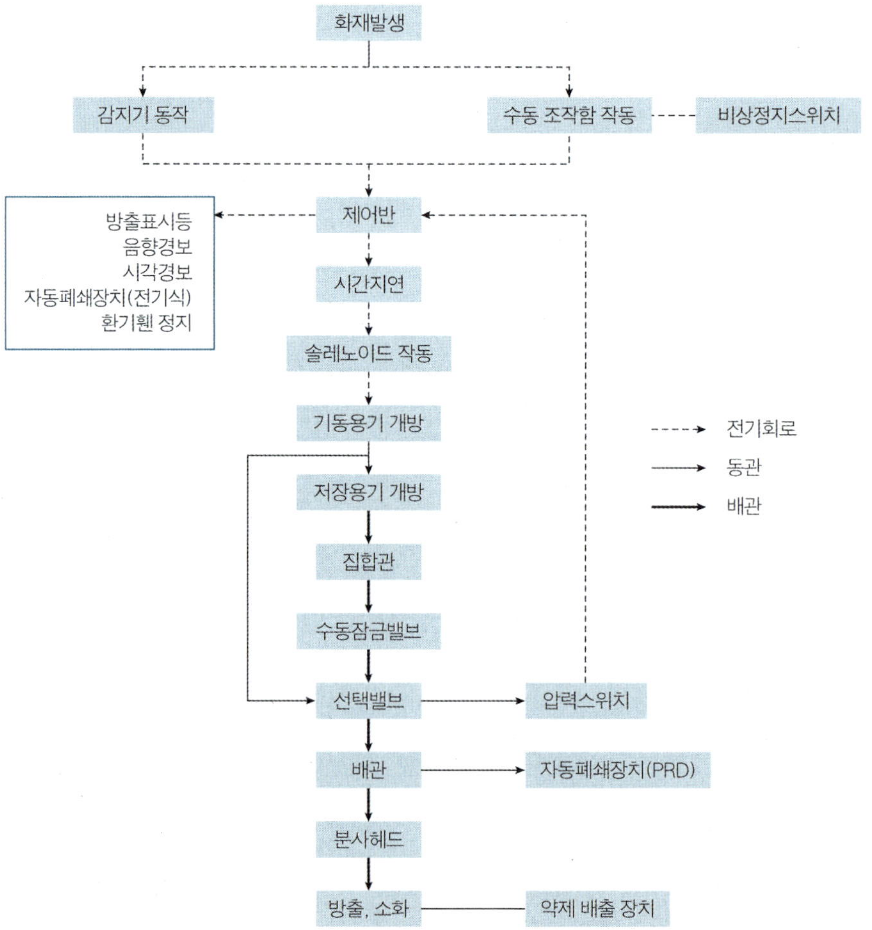

그림 7.4 이산화탄소소화설비 작동순서

7.7 소화약제 저장량

7.7.1 전역방출 방식의 소화약제 저장량

(1) 표면화재

1 일반 소방대상물

① 방호구역의 체적(불연재료나 내열성의 재료로 밀폐된 구조물이 있는 경우에는 그 체적을 감한 체적) 1 m^3에 대하여 표 7.3에 의한 양 이상으로 정한다. 단, 표에 의하여 산출한 양이 저장량의 최저한도의 양 미만이 될 경우에는 그 최저한도의 양으로 한다.

$$Q=(V\times q)+(A\times S)$$

여기서, Q : CO_2 저장량
V : 방호구역 체적[cm^3]
q : 방호구역 체적 1m^3에 대한 소화약제 양[kg/m^3]
A : 개구부 면적[m^2]
s : 개구부 가산량[kg/m^2]

표 7.3 방호구역 체적당 필요 약제량(표면화재)

방호구역 체적	필요 약제량	최저한도의 양	가산량
45 m^3 미만	1.00 kg/m^3	45 kg	5 kg/m^2
45 m^3 이상 150 m^3 미만	0.90 kg/m^3		
150 m^3 이상 1,450 m^3 미만	0.80 kg/m^3	135 kg	
1,450 m^3 이상	0.75 kg/m^3	1,125 kg	

③ 방호구역의 개구부에 자동폐쇄장치를 설치하지 아니한 경우에는 위의 기준에 의하여 산출한 양에 개구부를 면적 1 m^2당 5 kg의 소화약제를 가산하여야 한다. 이 경우 개구부의 면적은 방호구역 전체 표면적의 3% 이하로 하여야 한다.

2 가연성 액체 · 가스

① 설계농도가 34% 이상인 방호대상물의 소화약제량은 위의 기준에 의하여 산출한 소화약제량에 아래의 그래프에 의한 보정계수를 곱하여 산출한다.

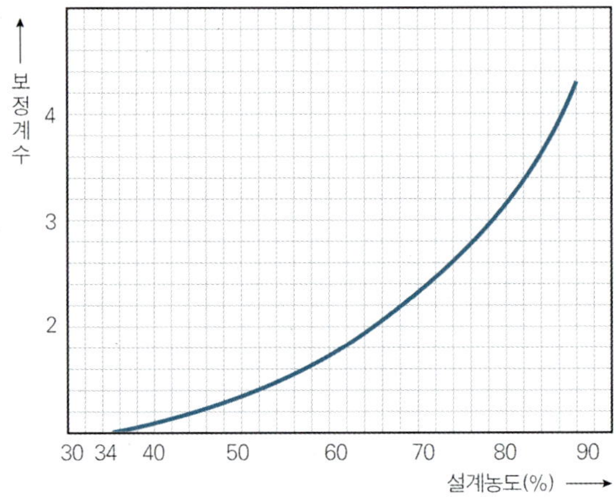

그림 7.5 설계농도보정계수

표 7.4 가연성 액체 또는 가연성 가스의 소화에 필요한 설계농도

방호대상물	설계농도(%)
수소(Hydrogen)	75
아세틸렌(Acetylene)	66
일산화탄소(Carbon Monoxide)	64
산화에틸렌(Ethylene Oxide)	53
에틸렌(Ethylene)	49
에탄(Ethance)	40
석탄가스, 천연가스(Coal, Natural gas)	37
사이크로 프로판(Cyclo Propane)	37
이소부탄(Iso Butane)	36
프로판(Propane)	36
부탄(Butane)	34
메탄(Mathane)	34

(2) 심부화재 방호대상물(종이, 목재, 석탄, 섬유류, 합성수지류 등)

① 방호구역의 체적(불연재료나 내열성의 재료로 밀폐된 구조물이 있는 경우에는 그 체적을 감한 체적) 1 m^3에 대하여 표 7.5에 의한 양 이상으로 하여야 한다.

$$Q = (V \times q) + (A \times S)$$

여기서, Q : CO_2 저장량

q : 방호구역 체적 1 m^3에 대한 소화약제 양[kg/m^3]

V : 방호구역 체적[cm^3]
A : 개구부 면적[m^2]
s : 개구부 가산량[kg/m^2]

표 7.5 방호대상물에 따른 필요 약제량(심부화재)

방호 대상물	필요 약제량	설계농도	가산량
유압기기를 제외한 전기 설비, 케이블실	1.3 kg/m^3	50%	10 kg/m^2
체적 55 m^3 미만의 전기설비	1.6 kg/m^3	50%	
서고, 전자제품창고, 목재가공품창고, 박물관	2.0 kg/m^3	65%	
고무류·면화류 창고, 모피창고, 석탄창고 집진설비	2.7 kg/m^3	75%	

② 방호구역의 개구부에 자동폐쇄장치를 설치하지 않았을 때에는 ①의 기준에 의하여 산출한 양에 개구부 면적 1 m^2당 10 kg의 소화약제를 가산하여야 한다. 이때 개구부 면적은 방호구역 전체 표면적의 3% 이하로 하여야 한다.

(2) 국소방출 방식

국소방출 방식 소화약제 저장량은 다음 기준에 의하여 산출한 양 이상으로 할 것

① 특수가연물(제1종 가연물 또는 제2종 가연물에 한한다)을 윗면이 개방된 용기에 저장하는 경우와 화재 시 연소면이 한정되어 있고 가연물이 비산할 우려가 없는 경우에는 방호대상물의 표면적 1 m^2에 대하여 13 kg 이상으로 한다.
② ①번의 경우에는 방호공간의 체적 1 m^2에 대하여 다음의 식에 의하여 산출한 양(제1종 가연물 또는 제2종 가연물의 경우)으로 한다.

$$Q = \left(8 - 6\frac{a}{A}\right)K$$

여기서, Q : 방호공간 1 m^3에 대한 이산화탄소 소화약제량[kg/m^3]
a : 방호대상물 주위에 설치된 벽의 면적의 합계[m^2]
A : 방호공간 벽면적(벽이 없는 경우)의 합계[m^2]
K : 저압식 1.1, 고압식 1.4

TIP

방호 공간

방호대상물의 각 부분으로부터 0.6 m의 거리에 의하여 둘러싸인 공간을 말한다.

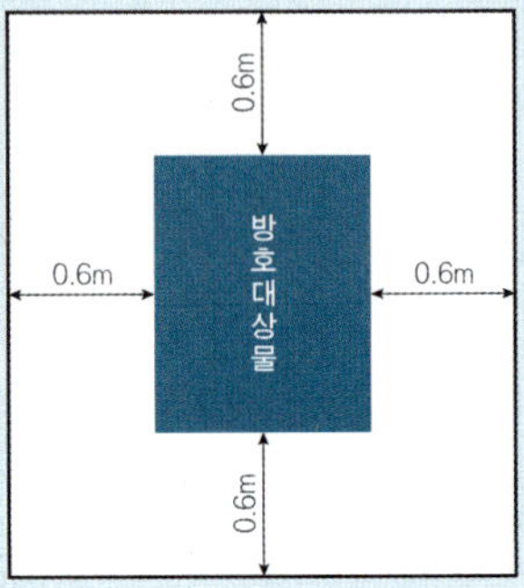

평면도

(3) 호스릴 방식

호스릴 방식은 이동을 하여 소화할 수 있는 소화설비로써, 호스릴 이산화탄소소화설비에 있어서는 하나의 노즐에 대하여 90 kg 이상으로 한다.

일반적으로 45 kg의 저장용기 2본을 설치하여 사용한다.

7.8 구성요소

7.8.1 저장용기밸브

기동용기로부터 압송된 가스압력으로 저장가스를 개방하는 밸브로써 용기밸브를 개방하는 니들밸브가 부착된다.

저장용기밸브

니들밸브

그림 7.6 저장용기밸브와 니들밸브

7.8.2 연결관 및 집합관

연결관은 이산화탄소 저장용기와 집합관을 연결시키는 것으로 후렉시블 튜브로 한다.

집합관은 각각의 저장용기에서 방출된 이산화탄소 소화약제를 모아주는 관으로써 높은 압력에 견디는 압력배관으로 설치하여야 한다.

플렉시블 튜브

그림 7.7 연결관과 집합관

7.8.3 안전밸브

약제 저장용기와 선택밸브 사이 배관 도중에 설치하여 저장용기의 용기밸브는 개방되었으나 선택밸브가 개방되지 아니하였을 때 설비의 안전을 위하여 개방되는 안전장치이다.

그림 7.8 안전밸브

7.8.4 선택밸브

방호구역 및 방호대상물이 여러 곳인 소방대상물에서 저장용기는 공용으로 하고 당해 방호구역 및 방호대상물마다 설치하여 방사구역을 선택하여주는 밸브이며, 저장용기가 개방되기 전에 잠금장치를 해제시켜주는 피스톤릴리저가 부착되어 있다.

동작 전

동작 후

그림 7.9 선택밸브

선택밸브의 설치기준은 다음과 같다.

① 방호구역 또는 방호대상물마다 설치할 것
② 방호구역 외의 장소에 설치할 것
③ 각 선택밸브에는 그 담당 방호구역 또는 방호대상물을 표시할 것

7.8.5 체크밸브

체크밸브는 기동용 동관 및 집합관과 연결관 사이에 설치하여 가스가 역류하는 것을 방지하는 밸브이다. 화살표(→)로 표시되어 있어 가스 흐름 방향을 나타내고 있으므로 설치 시 방향에 주의하여야 한다. 저장용기를 공용으로 하고 각 방호구역마다 필요로 하는 소요 저장용기만을 개방시켜주고 개방되지 아니한 다른 용기의 개방을 방지하기 위하여 설치한다.

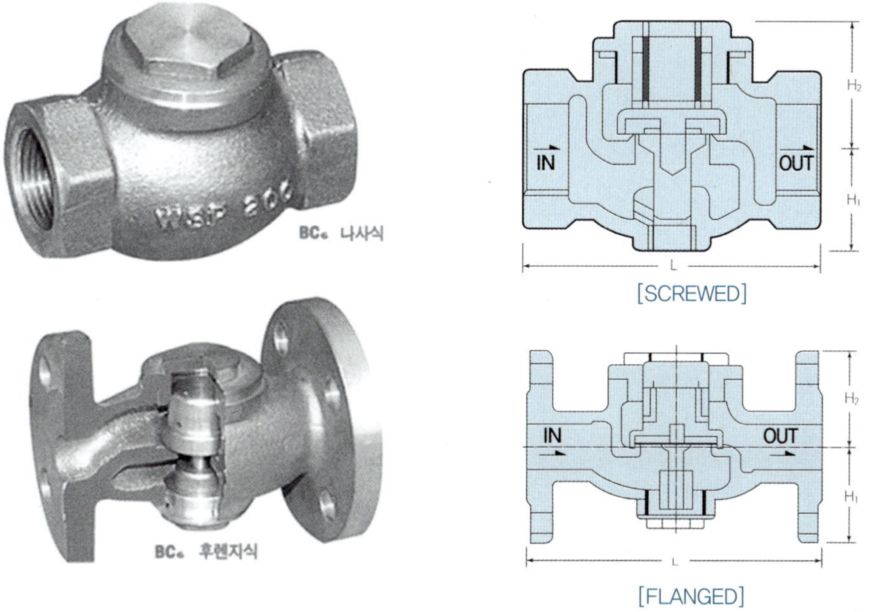

그림 7.13 가스 체크밸브

7.8.6 기동용기함

기동용 가스용기를 내장하는 함으로서 선택밸브와 같이 하나의 방호구역마다 1개씩 설치되며 기동용기 · 기동용 솔레노이드 및 압력스위치가 함께 내장된다.

그림 7.10 기동용기함

(1) 기동용기

저장용기밸브를 개방시키기 위한 가압용 가스를 저장하는 용기로써 내용적이 1 L 이상으로 액체 이산화탄소가 0.6 kg 이상 충전되어 있다.

(2) 기동용 솔레노이드

화재감지기의 작동에 따라 화재신호가 수신부(제어반)로 수신되면 솔레노이드가 작동되어 커터(파괴침)가 기동용기밸브의 봉판을 뚫어서 기동용 가스를 방출시키는 역할을 한다.

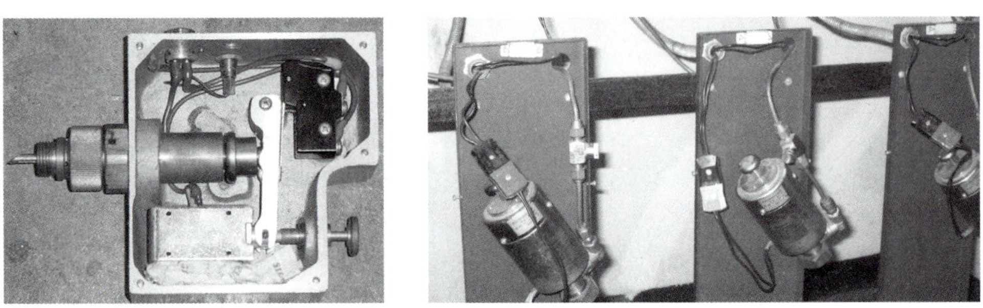

그림 7.11 기동용 솔레노이드

(3) 압력스위치 및 방출표시등

압력스위치는 저장용기의 가스가 방출될 때 가스압력에 의해 접점신호를 제어반으로 입력시켜 방출표시등을 점등시키는 역할을 하는 스위치로써 일반적으로 선택밸브 2차측 배관상에서 동관으로 분기하고 동관을 연장시켜 기동용기함 내에 설치한다.

방출표시등은 방호구역의 출입구마다 설치하는데 출입구 바깥쪽 상단에 설치하여 가스 방출 시 점등("CO_2 방출중" 이라는 문자로 표기됨)되어 옥내로 사람이 입실하는 것을 막아주는 역할을 한다. 이는 출입구 상단 외에 수동 조작함과 제어반 등에도 점등되어 가스가 방출 중임을 표시한다.

압력스위치

방출표시등

그림 7.12 압력스위치와 방출표시등

7.8.7 자동폐쇄장치

자동폐쇄장치는 이산화탄소 소화약제를 방사하는 실내에 출입문, 창문, 환기구 등 개구부가 있을 때 약제 방출 전 이들 개구부를 폐쇄하여 방사된 가스의 누출로 인한 소화 효과의 감소를 최소화하기 위하여 설치한다. 이는 방출되는 소화약제의 방사압력으로 피스톤릴리저를 작동하여 개구부를 폐쇄하게 된다.

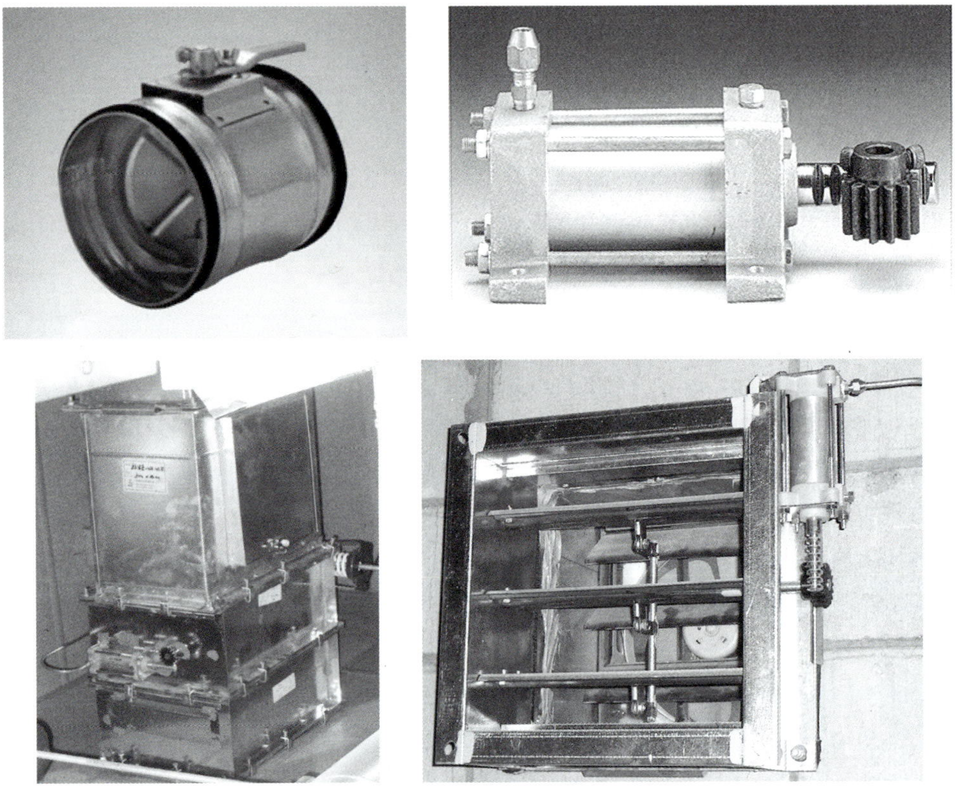

그림 7.13 댐퍼와 피스톤릴리져

7.9 설치기준

7.9.1 배관

① 배관은 전용으로 할 것

② 강관을 사용하는 경우의 배관은 압력배관용 탄소강관(KS D 3562) 중 이음이 없는 스케쥴 80(저압식 40) 이상의 것 또는 이와 동등 이상의 강도를 가진 것으로 아연도금 등으로 방식처리된 것을 사용

③ 동관을 사용하는 경우의 배관은 이음이 없는 동 및 동합금관(KS D 5301)으로서 고압식은 16.5 MPa 이상, 저압식은 3.75 MPa 이상의 압력에 견딜 수 있는 것을 사용

④ 배관부속

고압식 : ㉮ 1차측 배관부속 4 MPa

㉯ 2차측 배관부속 2 MPa

저압식 : 1 MPa

7.9.2 이산화탄소 저장용기

(1) 고압저장용기

이산화탄소 소화약제를 고압으로 저장하는 고압저장용기는 고압가스안전관리법의 적용을 받는 것으로 보통 68 L의 내용적을 가지는 용기를 사용한다. 그림 7.14에 용기의 외관과 용기 표기법에 대해 나타냈다.

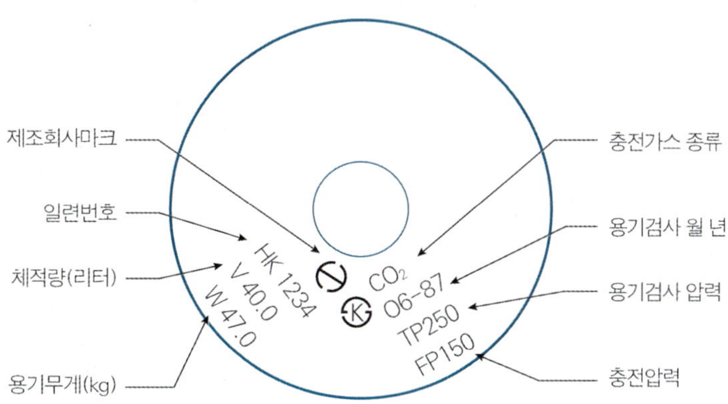

그림 7.14 이산화탄소 저장용기의 외관과 표기법

(2) 저압저장용기

자동식냉동기를 설치한 단열구조의 저압용기로서 액체이산화탄소가 보관되며, 온도를 항상 -20℃~18℃로 유지하고, 용기 내부압력은 1.9 MPa 이상~2.3 MPa 이하로 유지시켜 저장하는 방식이다.

충전비는 1.1 이상에서 1.4 이하로 규정되나 일반적으로 1.1을 사용한다.

(3) 저장용기 설치기준

① 방호구역 외의 장소에 설치한다(단, 캐비닛 내장형으로써 약제방사기능과 제어기능을 함께 갖추고 있는 것은 제외).

② 온도가 40℃ 이하이고, 온도변화가 작은 곳에 설치한다.

③ 직사광선 및 빗물이 침투할 우려가 없는 곳에 설치한다.

④ 갑종방화문 또는 을종방화문으로 구획된 실에 설치한다.

⑤ 용기의 설치장소에는 당해 용기가 설치된 곳임을 표시하는 표지를 한다.

표 7.6 저장용기

구분		
자동냉동장치	2.1 MPa 이상, −18℃ 이하	
압력경보장치	2.3 MPa 이상, 1.9 MPa 이하	
선택밸브 또는 개폐밸브의 안전장치	내압시험압력의 0.8배	
저장용기	고압식	25 MPa 이상
	저압식	3.5 MPa 이상
안전밸브	내압시험압력의 0.64 ~ 0.8배	
	봉판	
충전비	저압식	1.1~1.4 이하
	고압식	1.5~1.9 이하

7.9.3 분사헤드

(1) 전역방출 방식의 분사헤드

① 방사된 소화약제가 방호구역의 전역에 균일하게 신속히 확산할 수 있도록 할 것

② 분사헤드의 방사압력은 고압식에서는 2.1 MPa(저압식 1.05 MPa) 이상으로 할 것

표 7.7 방사압력

구분	고압식	저압식
방사압력	2.1 MPa 이상	1.05 MPa 이상

③ 소방대상물 또는 그 부분에 설치된 이산화탄소소화설비의 소화약제 저장량을 소방대상물 또는 그 부분에 따라 표 7.8에 의한 시간 이내에 방사할 수 있도록 할 것

표 7.8 소방대상물별 소화약제 방사기간

소방 대상물	시간
가연성액체 또는 가연성가스등 표면화재 방호 대상물	1분
종이, 목재, 석탄, 섬유류, 합성수지류 등 심부화재 방호대상물 (설계농도가 2분 이내에 30% 도달)	7분
국소방출 방식	30초

(2) 국소방출방식의 분사헤드

① 소화약제의 방사에 의하여 가연물이 비산하지 않는 장소에 설치할 것

② 소화약제의 저장량은 30초 이내에 방사할 수 있는 것으로 설치할 것

(3) 호스릴 이산화탄소소화설비

① 방호대상물의 각 부분으로부터 하나의 호스접결구까지의 수평거리는 15 m 이하가 되도록 할 것

② 노즐은 20℃에서 하나의 노즐마다 60 kg/min 이상의 소화약제를 방사할 수 있는 것으로 할 것

③ 소화약제 저장용기는 호스릴을 설치하는 장소마다 설치할 것

④ 약제 개방밸브는 호스의 설치장소에서 수동으로 개폐할 수 있을 것

(4) 분사헤드 설치제외

① 방재실, 제어실 등 사람이 상시 근무하는 장소

② 니트로셀룰로스, 셀룰로이드 등 자기연소성 물질을 저장, 취급하는 장소

③ 나트륨, 칼륨, 칼슘 등 활성 금속물질을 저장, 취급하는 장소

④ 전시장 등 다수인이 출입, 통행하는 통로 및 전시실 등

7.9.4 기동장치

(1) 수동식 기동장치

수동식 기동장치는 다음 기준에 따라 설치한다. 기동장치 부근에는 소화약제의 방출을 지연시킬 수 있는 비상스위치를 설치한다.

① 전역방출 방식에 있어서는 방호구역마다, 국소방출 방식에 있어서는 방호대상물마다 설치할 것
② 당해 방호구역의 출입구 부분 등은 조작하는 자가 쉽게 피난할 수 있는 장소에 설치할 것
③ 기동장치의 조작부는 바닥으로부터 높이 0.8 m 이상 1.5 m 이하의 위치에 설치하고 보호판 등에 의한 보호 장치를 설치할 것
④ 기동장치에는 그 가까운 곳의 보기 쉬운 곳에 '이산화탄소소화설비 기동장치'라고 표시한 표지를 할 것
⑤ 전기를 사용하는 기동장치에는 전원표시등을 설치할 것
⑥ 기동장치의 방출용스위치는 음향경보장치와 연동하여 조작될 수 있는 것으로 할 것

(2) 자동식 기동장치

자동화재탐지설비의 감지기와 연동하는 것으로 다음 기준에 따라 설치한다.

① 자동식 기동장치에는 수동으로도 기동할 수 있는 구조일 것
② 전기식 기동장치로서 7병 이상의 저장용기를 동시에 개방하는 설비에 있어서는 2병 이상의 저장용기에 전자개방밸브를 부착할 것
③ 기계식 기동장치는 저장용기를 쉽게 개방할 수 있는 구조로 할 것
④ 가스압력식 기동장치의 기준
　㉮ 기동용 가스용기 및 당해 용기에 사용하는 밸브는 25 MPa 이상의 압력에 견딜 수 있는 것으로 할 것
　㉯ 기동용 가스용기에는 내압시험압력의 0.8배 내지, 내압시험압력 이하에서 작동하는 안전장치를 설치할 것
　㉰ 기동용 가스용기의 용적은 1 L 이상으로 하고, 당해 용기에 저장하는 이산화탄소의 양은 0.6 kg 이상으로 하며, 충전비는 1.5 이상으로 할 것

연습문제

1. 이산화탄소소화설비의 소화효과에 대하여 쓰시오.

2. 심부화재에 대하여 설명하시오.

3. 제4류 위험물인 석유류에 의한 화재발생 시 이산화탄소 소화약제가 적합한 이유 2가지에 대해서 답하시오.

4. 다음의 ( )속에 적합한 말을 넣으시오.
   ① 이산화탄소는 대기 중에 (Ⓐ)로 존재하며, 공기에 비하여 (Ⓑ)배 무겁다. 하론 1301은 공기보다 (Ⓒ)배 무겁고, 불꽃 연소를 방해, 차단 또는 억제하는 (Ⓓ)효과가 좋다.
   ② 이산화탄소는 (Ⓐ)과 (Ⓑ)과정에서 쉽게 액화하며, 기체, 액체, 고체로 존재하는 (Ⓒ)을 가진다. 또한, 공기 중의 산소농도를 저하시켜 (Ⓓ)효과를 얻으므로써 소화약제로도 사용되고 있다.
   ③ 하론 1301은 (Ⓐ) 이상의 온도를 (Ⓑ)이라고 한다. 또한, 이산화탄소는 (Ⓒ) 이상의 온도를 (Ⓓ)이라 한다.

5. 이산화탄소 약제 저장용기의 내용적이 68 L이다. 이 용기에 이산화탄소 45 kg을 저장하였을 경우 충전비는 얼마인가?

6. 이산화탄소 약제저장용기의 내용적이 90 L인 용기에 70 kg의 이산화탄소를 저장하였다면 충전비는 얼마인가?

7. 전역방출 방식인 CO_2가스소화설비의 다음 물음에 답하시오.

[조건]
1. 기동 방식은 기동용 수압개폐 방식이다.
2. 소화전 설치개수는 11층에 7개, 12층에 10개이다.
3. 낙차는 20 m이며 배관 및 관부속품의 마찰손실 수두는 10 m이다.
4. 물의 비중량은 1000 kgf/m^3이다.
5. 소화펌프의 효율은 60%이며 여유율은 15%이다.
6. 소방용 호스는 아마호스로서 마찰손실수두는 12 m이다.

연습문제

[물음]

① 각 방호구역별 저장용기 수는 얼마인가?

② 집합관의 설치 용기 수는?

③ 이산화탄소(CO_2) 분사헤드의 방사압력(MPa)은 얼마인가?

④ 개방밸브 이후의 약제 유량(kg/sec)은 얼마인가?

⑤ 음향경보장치 수는 몇 개인가?

⑥ 이산화탄소(CO_2) 저장용기의 내압시험압력(MPa)은 얼마인가?

⑦ 안전장치의 작동압력(MPa)은 얼마인가?

⑧ 약제가스 방출 후 경보 작동시간은 얼마인가?

8. 그림과 같은 전기실에 전역방출 방식의 이산화탄소소화설비를 하려고 한다. 법정 소요 소화약제는 몇 kg 이상으로 하여야 하는가? (단, 개구부 2 m^2, 1개소가 있다)

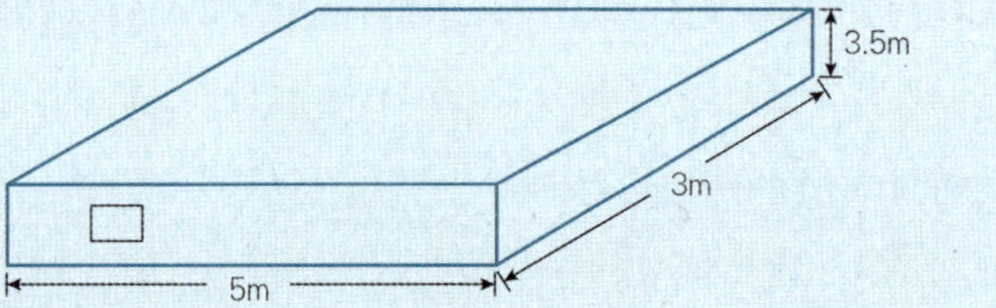

9. 다음은 CO_2 소화설비의 도면을 보고 물음에 답하시오.

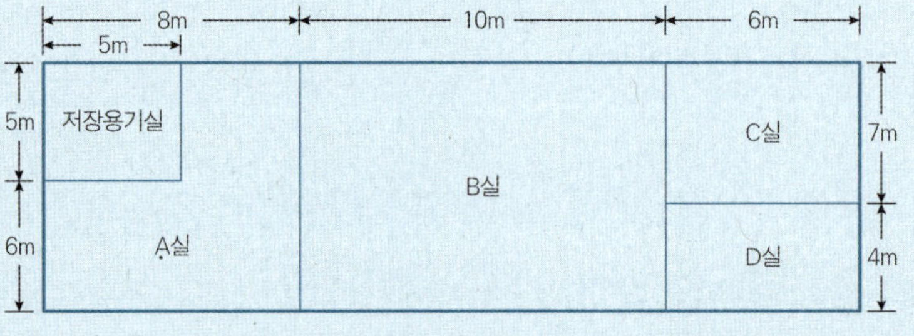

연습문제

[조건]

1. 각 실의 층고는 5 m로 한다.
2. A실의 개구부는 3 m×2 m×2개소, 자동폐쇄장치가 설치되어 있다.
3. B실의 개구부는 2 m×1 m×4개소, 자동폐쇄장치가 설치되어 있지 않다.
4. 각 실의 체적당 소요 가스량은 다음에 의해 산출한다.

체적(m^3)	체적당 소요 가스량(kg/m^3)	최저한도량(kg)
45 m^3 미만	1.00	45
45~150 미만	0.9	
150~1,450 미만	0.8	135
1,450 m^3 미만	0.75	1,125

5. 개구부에 대한 가산량은 5 kg/m^2로 한다.
6. 저장용기는 충전량 45 kg, 내용적 68 L형으로 한다.
7. 방출 방식은 전역방출 방식이며 고압식으로 한다.

[물음]

① 각 방호구역별 소요 가스량을 산출하시오.
② 각 실 및 저장용기실에 필요한 저장용기수는 얼마인가?
③ 기동용기 및 선택밸브의 설치수는 최소 몇 개인가?
④ 기동용기의 내용적, 충전량 및 충전가스의 종류는 무엇인가?

10. 아래 그림과 같은 전자제품창고에 전역방출 방식으로 CO_2 소화설비를 설치하려고 한다. 자동폐쇄장치가 설치되어 있지 않은 개구부의 면적은 2.1 m^2이다. 필요한 약제 저장량(kg)을 산출하시오.

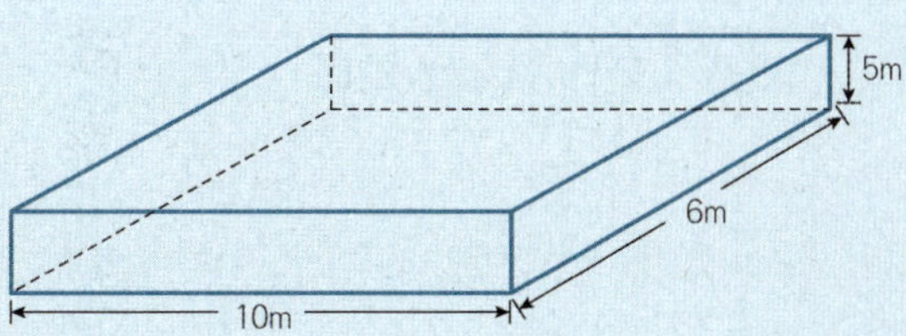

CHAPTER 8

할론소화설비(NFTC/PC 107)

8.1 개요

할론소화설비는 이산화탄소소화설비와 거의 비슷하나 불소, 염소, 취소, 요오드 등 소화약제만 차이가 있다. 할론소화약제를 사용하여 화재의 연소반응을 억제함으로서 소화하는 설비로 처음 항공기 엔진의 화재를 소화할 목적으로 개발되었으나 그 성능의 우수성으로 항공기, 컴퓨터실, 전기실 등에 주로 사용되고 있다. 할론소화설비의 경우 소화시 화학적 분해에 의하여 소방대상물의 적응성에 제한이 있고 소화농도에 따라서는 일부 독성문제가 발생된다. 환경적 측면의 규제 즉, 몬트리올 의정서(Montreal Protocol 1987.09)가 발표됨으로서 생산량의 제한을 받고 있으나 소화성능의 우수성을 인정받아 특수한 장비나 장소의 경우 제한적이나마 계속 사용되고 있다.

8.2 적응성과 비적응성

8.2.1 적응성

① 전기나 전자적 위험(Electrical & electronic hazard)

② 원격 전기통신설비(Telecommunication)

③ 인화성 및 가연성 액체나 기체류(Flammable & combustible liquids and gases)

④ 그 외 고가의 재산(Other high value assets)

8.2.2 비적응성

① 반응성 금속류(Reactive metals)

② 금속 수소화물(Metal hydrides)

③ 자체에 열로 분해를 일으킬 수 있는 화합물

④ 공기 없이 급격한 산화반응을 일으킬 수 있는 화합물

8.2.3 설치대상

할론소화설비를 설치하여야 하는 특정소방대상물(가스시설 또는 지하구 제외)은 물분무등소화설비 규정에 준용한다.

8.3 할론소화설비의 특징

하론 소화약제의 소화원리는 냉각작용, 질식작용, 희석작용, 연쇄반응의 억제작용 등이 있으나 주된 소화성능은 연쇄반응의 억제이다.

표 8.1 할론소화약제 특징

	하론 1301	하론 1211	하론 2402
화학식	$CBrF_3$	$CBrClF_2$	$C_2Br_2F_4$
분자량	148.9	165.4	259.9
액체밀도(g/cm^3)	1.57	1.83	2.17
기체비중	5.1	5.7	9
비등점(1기압)	−57.8℃	−3.4℃	47.2℃
기화열(kcal/kg)	28	32	25

장점	① 저농도 소화가 가능하므로 질식의 우려가 적다. ② 소화능력이 우수하다. ③ 냉각효과가 없어 약제방사 후 정밀기기에 영향을 주지 않는다. ④ 소화 후 소방대상물에 대한 부식, 손상, 오염의 우려가 없다. ⑤ 보관 시 변질, 분해 등이 없어 장기보존이 가능하다. ⑥ 전기부도체이므로 전기기기에 사용할 수 있다.
단점	① 방출된 소화약제가 오존층을 파괴한다. ② 소화약제의 가격이 비싸다. ③ 약제 생산 및 공급이 제한되어 장래 안정적인 수급이 불가하다. ④ A급의 심부성 화재에는 소화적응성이 낮다.

8.4 할론소화설비 작동원리

① 화재감지기에 의해서 화재가 감지되거나 사람이 수동기동장치의 누름단추를 누르면 수신반에 화재표시등이 점등되고 해당 방호구역의 음향장치가 화재경보를 울린다.

② 지연타이머에 조정된 시간 동안 경보만 울리다가 지연조정 시간이 되면 기동용기 솔레노이드가 작동되고 기동용 가스용기밸브의 봉판을 뚫어서 기동가스를 방출시킨다.

③ 방출된 기동가스는 조작동관을 따라 선택밸브의 피스톤릴리져로 들어가 선택밸브의 잠금장치를 해제한다.

④ 선택밸브 개방으로 인해 해당 방호구역으로 가스유입을 허용해 놓고 나머지 가스는 다시 조작동관을 따라서 저장용기밸브의 파괴침(공이) 직전의 피스톤을 가압하여 파괴침으로 하여금 저장용기밸브의 봉판을 뚫어 저장된 가스를 개방시킨다. 저장용기의 가스가 집합관을 통해 선택밸브를 거치면서 압력스위치를 동작시키며 송출배관을 따라 분사헤드에서 해당 방호구역에 방출되어 소화작업이 이루어진다.

⑤ 선택밸브 2차측 배관에 설치된 압력스위치가 동작되면서 제어반, 수동기동 조작함 및 방호구역 출입문 상단에 설치된 방출표시등을 점등시키고 배관 내 압력에 의하여 자동폐쇄장치의 작동이 이루어진다.

⑥ 국소방출 방식도 작동원리는 위와 동일하며 분사헤드가 국소부분에만 설치되어 있기 때문에 가스의 방출이 국소부에만 이루어진다.

8.5 할론소화설비의 종류

8.5.1 소화약제방출 방식에 의한 분류

(1) 전역방출 방식(Total Flooding System)

전역방출 방식은 방호대상물이 불연성 재료나 내화구조로 구획된 밀폐 공간에 소화약제를 방출하여 소화하는 방식이다.

차단할 수 없는 개구부의 면적을 최소화하고 약제량은 최대방호구역 하나의 체적에 대해 약제량을 적용한다.

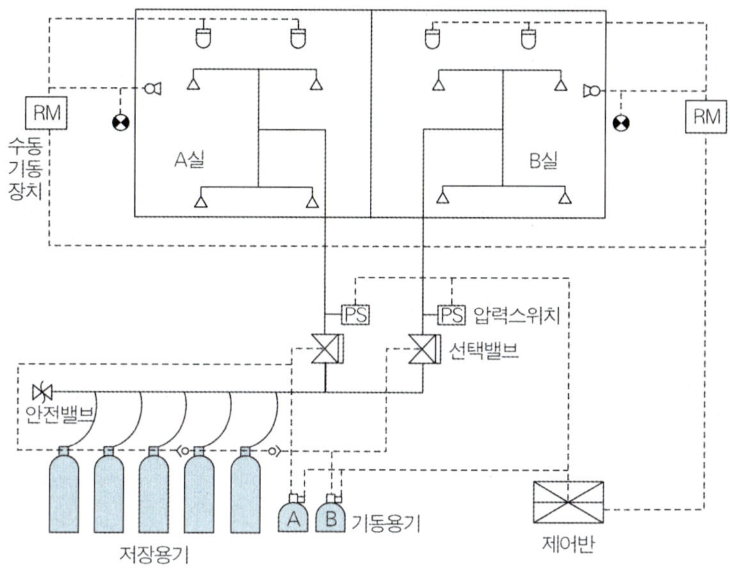

그림 8.1 할로겐화합물소화설비 구성도

(2) 국소방출 방식(Local Application Type System)

방호대상물이 매우 넓거나 방호대상물에 큰 개구부가 있는 경우와 넓은 소방대상물 내에 국부적으로 작은 방호대상물이 있는 경우 직접 방호대상물에 소화약제를 방출하여 공기를 차단하여 소화하는 방식이다.

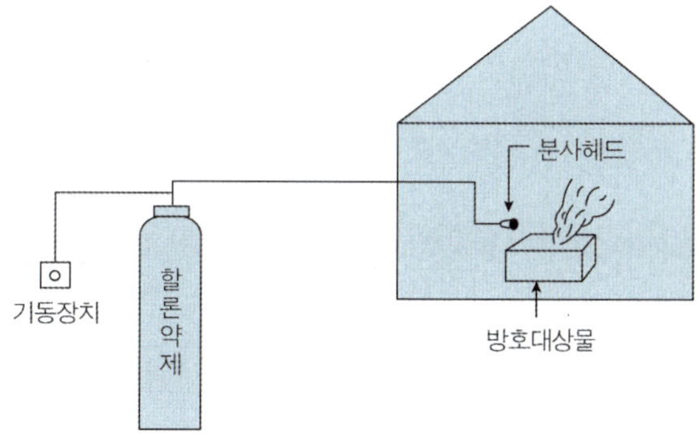

그림 8.2 국소방출 방식

(3) 호스릴식(이동식, Portable Installation)

배관에 분사헤드가 고정되어 있지 않고 사람이 직접 조작하여 호스를 이동하면서 연소부분에 직접 방사하여 소화하는 방식이다.

이 설비는 화재가 급격히 확대할 우려가 있는 장소 등 조작에 영향을 미칠 우려가 있는 장소는 설치를 피해야 한다.

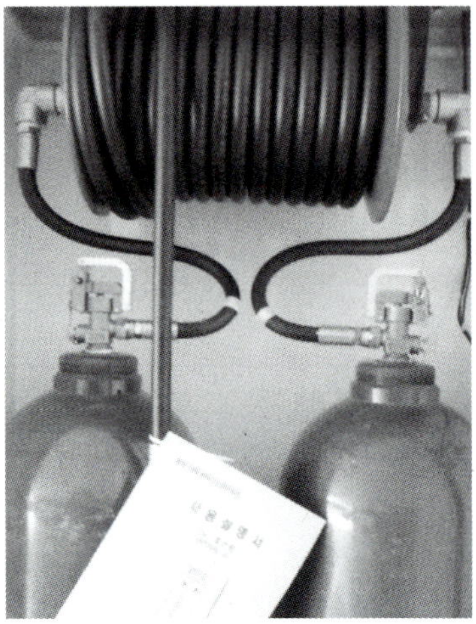

그림 8.3 호스릴

8.5.2 가압 방식에 의한 분류

(1) 축압식

가장 일반적인 하론시스템으로 저장용기 내 하론 1301 약제를 질소로 축압하고 방사 시에는 하론 및 축압된 질소압력을 이용하여 하론 소화약제를 방사하는 설비이다.

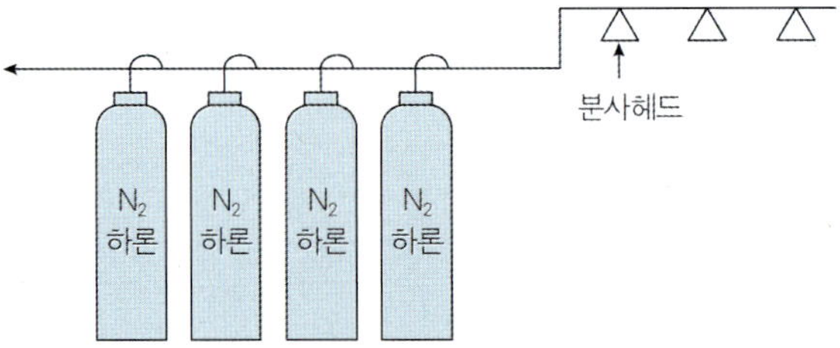

그림 8.4 축압식 방출방식

TIP

축압시 질소가스를 사용하는 이유

① 대기 중에 존재하는 기체로 인체에 유해하지 않다.
② 불연성 기체로 화재 시 연소되지 않는다.
③ 화학적으로 안전하여 할로겐 물질과 반응하지 않는다.
④ 임계온도(−147.1℃)가 매우 낮아 상온에서는 액화되지 않으므로 축압용 가스로 적합하다.
⑤ 가격이 저렴하여 경제성이 높아 구입이 용이하다.

(2) 가압식

하론 용기와 가압용기인 질소용기가 별도로 설치되고 방사 시 질소를 이용하여 하론약제를 방사하는 방식이다.

가압원인 질소 용기는 15 MPa의 압력으로 저장한 후 사용 시에는 압력 조정기에 의해 2 MPa 이하의 압력으로 감압되어 하론 저장용기에 유입된다.

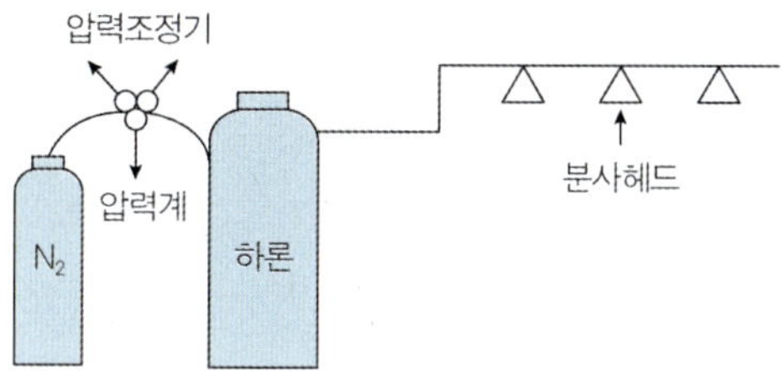

그림 8.5 가압식 방출 방식

8.6 소화약제

하론 1301이나 하론 1211은 주로 소형 소화기용으로 사용되며 하론 2402는 독성으로 인하여 사용되지 않으며 외국의 경우 특수한 용도에 한하여 선택적으로 사용하고 있다.

8.6.1 소화약제 명명법

(1) 기존 하론 약제 명명법

Halon번호는 C F Cl Br의 순서대로 원자수 만큼 숫자를 부여하며 아래와 같이 표시한다.

예 Halon 1301 → CF_3Br

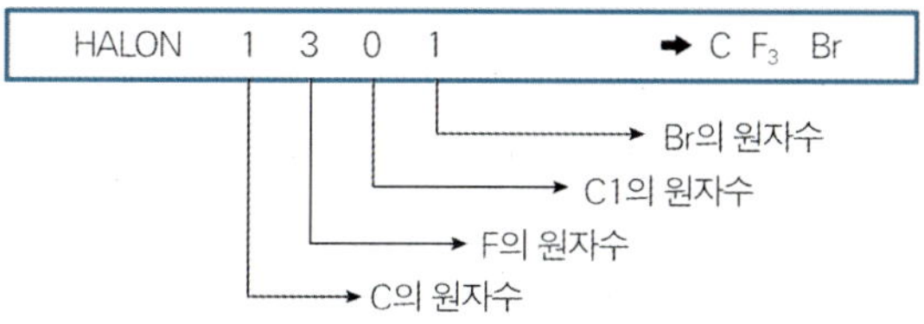

(2) 할로겐화합물 명명법

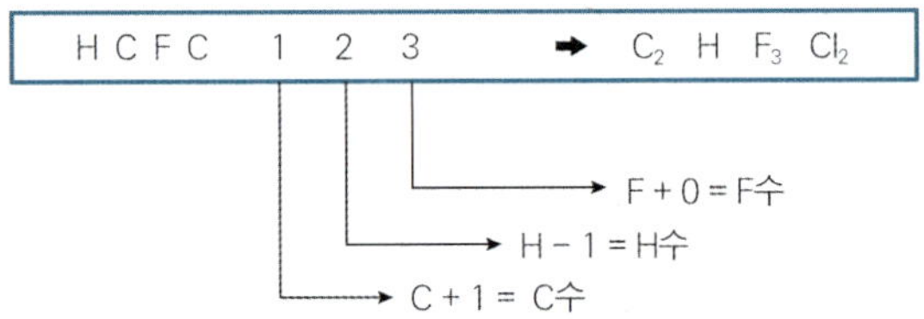

8.6.2 하론 1301 소화약제

하론 1301은 화학적으로 연쇄반응을 억제하여 소화하는 약제로서 공기보다 약 5.1배 무겁기 때문에 심부까지 침투하여 화재를 신속히 소화할 수 있다. 무색 무취로 실내에서 5% 정도를 방출하면 화재를 정지시킬 수 있고 독성이 가장 약하고 소화효과는 가장 좋다. 이산화탄소에 비하여 소화효과가 뛰어나므로 그 설치용량은 1/3 이하이므로 설치면적을 줄일 수 있다.

적응화재는 ABC급 화재에 적합하다.

특 징	① 상온에서 기체 상태이나 액화시켜 액상으로 저장한다. ② 인체에 대한 안정성은 높다. ③ 전역방출 방식 등 고정식 설비에 주로 사용한다.

8.6.3 하론 1211 소화약제

주로 소화기용으로 사용되며 사용 시 독성의 우려가 있으므로 지하층, 무창층, 밀폐된 거실 등 20 m^2 미만의 경우에는 사용을 제한하고 있다.

적응화재는 유류화재, 전기화재이며 공기보다 약 5.7배 무겁기 때문에 가연물 깊이 까지 침투하여 소화가 가능하다.

특 징	① 상온에서 기체 상태이나 액화시켜 액상으로 저장한다. ② 열분해시 HF 등 미량의 독성물질이 발생되나 인체에 대한 안정성은 높다. ③ 전역방출 방식 등 고정식 설비에 주로 사용한다.

8.6.4 하론 2402 소화약제

독성문제로 하론 2402는 ISO 및 NFPA에서 소화약제에 관한 기준에서 제외되었으며 국내의 경우는 검정기준에서 하론 2402 약제는 제외하고 하론 1301 및 하론 1211에 대해서만 소화약제로 인정하고 있다.

특 징	① 상온에서 액상으로 비중이 크며 독성이 강하다. ② 약제가 액상이므로 가압식으로 사용한다.

8.6.5 소화약제 저장량

(1) 전역방출 방식

1 일반용도의 경우

① **기본량** : 방호구역 체적에 해당하는 기본량은 일반소방대상물의 경우는 용도별로, 특수가연물의 경우는 물질별로 표 8.2에 의한 방출계수를 적용한다.

$$\text{하론가스저장량(kg)} = \text{방호구역체적}(m^3) \times \text{필요가스량}(kg/m^3) + \text{개구부면적}(m^2) \times \text{가산량}(kg/m^2)$$

표 8.2 방호구역의 소화 약제량

소방대상물 또는 그 부분		약제 종별	방호구역의 체적 1 m^3 당 소화약제의 양
차고・주차장・전기실・통신기기실・전산실 기타 이와 유사한 전기설비가 설치되어 있는 부분		하론 1301	0.32 kg 이상~0.64 kg이하
특수가연물	가연성 고체류 가연성 액체류	하론 2402	0.40 kg 이상~1.1 kg 이하
		하론 1211	0.36 kg 이상~0.71 kg 이하
		하론 1301	0.32 kg 이상~0.64 kg 이하
	면화류・목재가공품・톱밥・고무류・넝마 및 종이 부스러기・사류 또는 볏짚류를 저장・취급하는 것	하론 1211	0.60 kg 이상~0.71 kg 이하
		하론 1301	0.52 kg 이상~0.64 kg 이하
	합성수지류를 저장・취급하는 것	하론 1211	0.36 kg 이상~0.71 kg 이하
		하론 1301	0.32 kg 이상~0.64 kg 이하

② **가산량** : 가산량은 개구부에 자동폐쇄장치가 없는 경우에 누설되는 양을 보충하는 것으로 표 8.3에 의한 방출계수를 적용한다.

표 8.3 소화약제 가산량

소방대상물 또는 그 부분		약제 종별	가산량 (자동폐쇄장치 미설치)
차고·주차장·전기실·통신기기실·전산실 기타 이와 유사한 전기설비가 설치되어 있는 부분		하론 1301	2.4 kg
특수가연물	가연성 고체류 가연성 액체류	하론 1301	2.4 kg
		하론 2402	3.0 kg
		하론 1211	2.7 kg
	면화류·목재가공품·톱밥·고무류·넝마 및 종이 부스러기·사류 또는 볏짚류를 저장·취급하는 것	하론 1301	3.9 kg
		하론 1211	4.5 kg
	합성수지류를 저장·취급하는 것	하론 1301	2.4 kg
		하론 1211	2.7 kg

(2) 국소방출방식

국소방출방식에 있어서는 다음의 기준에 의하여 산출한 양에 하론 1211, 2402에 있어서는 1.1을 또는 하론 1301에 있어서는 1.25를 각각 곱하여 얻은 양 이상으로 할 것

표 8.4 할증계수

약제 종별	하론 1301	하론 1211	하론 2402
할증 계수	1.25	1.1	

① 평면화재(면적식)의 경우

윗면이 개방된 용기에 저장하는 경우와 화재 시 연소면이 1면에 한정되고 가연물이 비산할 우려가 없는 경우에 아래의 식에 의한다.

예를 들면 이 경우는 개방된 원형 용기 내에 가연성 액체나 위험물이 있는 경우 연소면은 원형의 용기 단면적이 되므로 평면화재로 적용하는 것이다.

$$\text{하론가스저장량(kg)} = \text{방호구역표면적}(m^2) \times \text{방출계수}(kg/m^2) \times \text{할증계수}$$

표 8.5 국소방출 방식의 소화약제량

소화약제의 종별	방호대상물의 표면적 1 m^2에 대한 소화약제량
하론 1301	6.8 kg
하론 1211	7.6 kg
하론 2402	8.8 kg

② 입면화재(용적식)의 경우

입면화재의 경우 장치물 자체가 방호대상물로서 이에 대해 약제를 방사하는 식으로 결국 연소면은 장치물의 전체 체적이 되므로 입면화재로 적용하는 것이다.

> 하론가스저장량(kg) = 방호구역표면적(m^2)×방출계수(kg/m^2)×할증계수

이때 방출계수 K는 다음과 같이 적용한다.

$$K = X - Y\frac{a}{A}$$

여기서, K : 방출계수

X 및 Y : 표 8.6의 수치

a : 방호대상물 주위에 설치된 벽의 면적의 합계[m^2]

A : 방호공간의 벽면적(벽이 없는 경우에는 벽이 있는 것으로 가정한 당해 부분의 면적)의 합계[m^2]

표 8.6 X, Y의 수치

소화약제의 종별	X의 수치	Y의 수치
하론 1301	4.0	3.0
하론 1211	4.4	3.3
하론 2402	5.2	3.9

(3) 호스릴 방식

호스릴 할로겐화합물소화설비에 있어서는 하나의 노즐에 대하여 표 8.7에 의한 양 이상으로 할 것

> 하론가스저장량(kg) = 호스릴 노즐수량 × 노즐당 약제량

표 8.7 호스릴 소화약제량

소화약제의 종별	소화약제량
하론 2402, 하론 1211	50 kg
하론 1301	45 kg

8.7 구성요소 설치기준

8.7.1 저장용기

저장용기는 가압식과 축압식의 두 종류가 있다. 축압식은 약제용기 내에 압력을 충전하는 것이고 가압식은 별도로 가압하는 가스를 연결하는 것이다.

표 8.8 용기 압력과 충전비

가압방식	가압식	축압식		
소화약제	하론 2402	하론 2402	하론 1211	하론 1301
압력(MPa)			1.1 또는 2.5	2.5 또는 4.2
충전비	0.51 ~ 0.67	0.67 ~ 2.75	0.7 ~ 1.4	0.9 ~ 1.6

(1) 가압식 저장용기

하론 2402 소화약제는 상온에서 액상으로 존재하고 자기증기압이 없기 때문에 소화약제와 별도로 가압용 가스용기에 저장된 이산화탄소나 질소가스를 이용하여 소화약제를 저장용기 내에 압송시켜 소화약제를 방출하는 것이다.

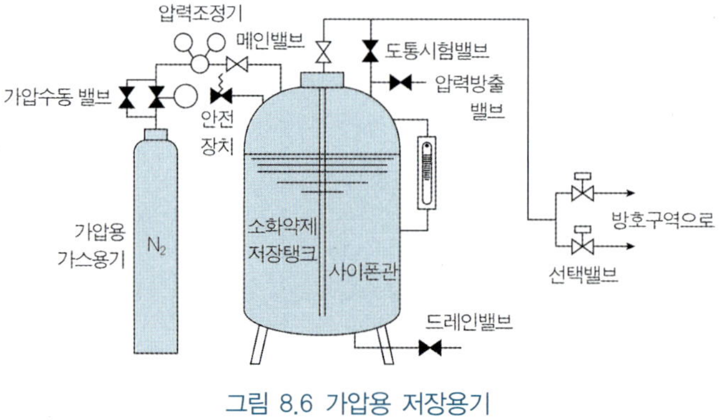

그림 8.6 가압용 저장용기

(2) 축압식 저장용기

축압식 저장용기는 자기 증기압이 형성되지 못하는 하론가스를 방출하기 위하여 소화약제의 저장용기 내에 별도의 가압용 가스인 질소나 이산화탄소가스를 축압시키는 것이다.

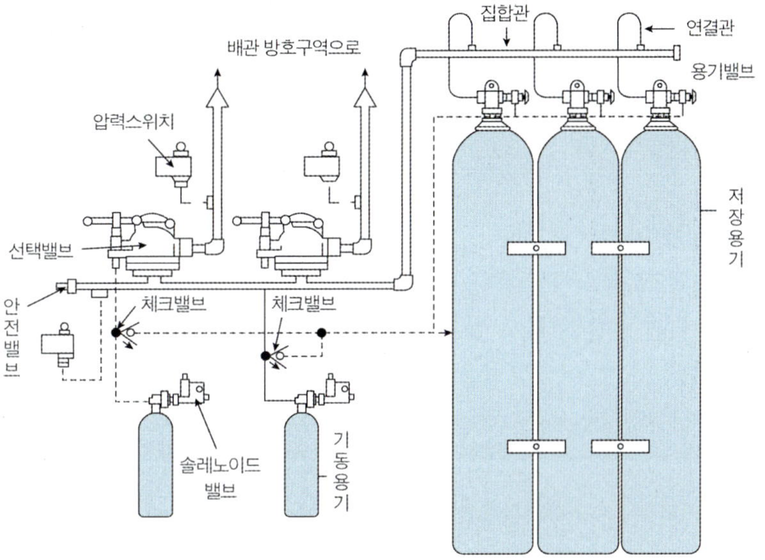

그림 8.7 축압식 저장용기

표 8.9 하론소화약제별 저장압력 방사압력

약제	하론 1301	하론 2402	하론 1211
저장압력	2.5 MPa 또는 4.2 MPa	–	1.1 MPa 또는 2.5 MPa
방사압력	0.9 MPa	0.1 MPa	0.2 MPa

8.7.2 분사헤드

(1) 전역방출 방식의 분사헤드 설치기준

① 방사된 소화약제가 방호구역 전역에 균일하게 신속히 확산할 수 있도록 하여야 한다.

② 하론 2402 소화약제를 방사하는 분사헤드는 소화약제가 무상으로 방사되는 헤드를 사용하여야 한다.

③ 분사헤드의 방사압력은 하론 2402는 0.1 MPa 이상, 하론 1211은 0.2 MPa 이상, 하론 1301은 0.9 MPa 이상이 되어야 한다.

④ 저장된 소화약제를 10초 이내에 방사할 수 있는 것으로 사용하여야 한다.

(2) 국소방출 방식의 분사헤드 설치기준

① 소화약제의 방사에 의하여 가연물이 비산되지 아니하는 장소에 설치하여야 한다.

② 하론 2402 소화약제를 방사하는 분사헤드는 소화약제가 무상으로 방사되는 헤드를 사용하여야 한다.

③ 분사헤드의 방사압력은 하론 2402는 0.1 MPa 이상, 하론 1211은 0.2 MPa 이상, 하론 1301은 0.9 MPa 이상이 되어야 한다.

④ 기준량의 소화약제를 10초 이내에 방사할 수 있는 것으로 사용하여야 한다.

(3) 호스릴소화설비 설치기준

국소방출방식의 할로겐화합물소화설비의 분사헤드는 다음 각 호의 기준에 따라 설치한다.

① 방호대상물의 각 부분으로부터 하나의 호스접결구까지의 수평거리가 20 m 이하가 되도록 하여야 한다.

② 소화약제의 저장용기의 개방밸브는 호스릴의 설치장소에서 수동으로 개폐할 수 있는 것으로 하여야 한다.

③ 소화약제의 저장용기는 호스릴을 설치하는 장소마다 설치하여야 한다.

④ 노즐은 20℃에서 하나의 노즐마다 1분당 하론 2402는 45 kg, 하론 1211은 40 kg, 하론 1301은 35 kg의 소화약제를 방사할 수 있는 것으로 하여야 한다.

⑤ 소화약제 저장용기의 보기 쉬운 곳에 표시등을 설치하고 호스릴 할로겐화합물소화설비가 있다는 뜻을 표시한 표지를 설치하여야 한다.

표 8.10 약제별 방사량

소화약제의 종별	약제 방사량
하론 2402	45 kg/min
하론 1211	40 kg/min
하론 1301	35 kg/min

8.7.3 선택밸브

하나의 소방대상물 또는 그 부분에 2 이상의 방호구역 또는 방호대상물이 있어 할로겐화합물 저장용기를 공용하는 경우에는 다음 각 호의 기준에 따라 선택밸브를 설치하여야 한다.

① 방호구역 또는 방호대상물마다 설치하여야 한다.
② 각 선택밸브에는 그 담당방호구역 또는 방호대상물을 표시하여야 한다.

8.7.4 배관

① 배관은 전용으로 할 것
② 강관을 사용하는 경우의 배관은 압력배관용 탄소강관(KS D 3562) 중 이음이 없는 스케쥴 40 이상의 것 또는 이와 동등 이상의 강도를 가진 것으로 아연도금 등으로 방식 처리된 것을 사용
③ 동관을 사용하는 경우의 배관은 이음이 없는 동 및 동합금관(KS D 5301)으로서 고압식은 16.5 MPa 이상, 저압식은 3.75 MPa 이상의 압력에 견딜 수 있는 것을 사용
④ 배관부속 및 밸브류는 강관 또는 동관과 동등 이상의 강도 및 내식성이 있는 것으로 할 것

8.7.5 제어반

할론소화설비의 제어반 및 화재표시반은 다음 각 호의 기준에 따라 설치해야 한다.
① 제어반은 수동기동장치 또는 화재감지기에서의 신호를 수신하여 음향경보장치의 작동, 소화약제의 방출 또는 지연 등 기타의 제어기능을 가진 것으로 하고, 제어반에는 전원표시등을 설치할 것
② 화재표시반은 제어반에서의 신호를 수신하여 작동하는 기능을 가진 것으로 설치할 것
③ 제어반 및 화재표시반은 화재 및 침수 등의 재해로 인한 피해를 받을 우려가 없고 점검에 편리한 장소에 설치할 것

8.7.6 음향경보장치

① 수동식 기동장치를 설치한 것은 그 기동장치의 조작과정에서, 자동식 기동장치를 설치한 것은 화재감지기와 연동하여 자동으로 경보를 발하는 것으로 할 것
② 소화약제의 방출개시 후 1분 이상 경보를 계속할 수 있는 것으로 할 것

③ 방호구역 또는 방호대상물이 있는 구획 안에 있는 자에게 유효하게 경보할 수 있는 것으로 할 것

④ 방송에 따른 경보장치를 설치할 경우에는 다음 각 호의 기준에 따라야 한다.

㉮ 증폭기 재생장치는 화재 시 연소의 우려가 없고, 유지관리가 쉬운 장소에 설치할 것

㉯ 방호구역 또는 방호대상물이 있는 구획의 각 부분으로부터 하나의 확성기까지의 수평거리는 25 m 이하가 되도록 할 것

㉰ 제어반의 복구스위치를 조작하여도 경보를 계속 발할 수 있는 것으로 할 것

8.7.7 자동폐쇄장치

전역방출방식의 할론소화설비를 설치한 특정소방대상물 또는 그 부분에 대하여 환기장치 등을 설치한 것은 소화약제가 방출되기 전에 해당 환기장치 등이 정지될 수 있도록 하고, 개구부 및 통기구가 있어 소화약제의 유출에 따라 소화효과를 감소시킬 우려가 있는 것은 소화약제가 방출되기 전에 당해 개구부 및 통기구를 폐쇄할 수 있도록 자동폐쇄장치를 설치해야 한다.

8.7.8 비상전원

할론소화설비(호스릴방식 제외)의 비상전원은 자가발전설비, 축전지설비 또는 전기저장장치로서 다음 각 호의 기준에 따라 설치해야 한다.

① 점검에 편리하고 화재 및 침수 등의 재해로 인한 피해를 받을 우려가 없는 곳에 설치할 것

② 할론소화설비를 유효하게 20분 이상 작동할 수 있어야 할 것

③ 상용전원으로부터 전력의 공급이 중단된 때에는 자동으로 비상전원으로부터 전력을 공급받을 수 있도록 할 것

④ 비상전원의 설치장소는 다른 장소와 방화구획 할 것

⑤ 비상전원을 실내에 설치하는 때에는 그 실내에 비상조명등을 설치할 것

8.8 설계농도의 적용

8.8.1 최소설계농도(Minimum design concentration)

하론 1301은 농도측정 시 표준시료로써 노말햅탄(n-Heptane)을 사용하며 1기압, 25℃에서 불꽃소화시험을 한 결과 4.1%이고, 4.1% × 1.2 = 4.9% 이므로 5%를 표면화재에서의 최소설계농도로 한다. 설계농도가 5% 미만일 경우는 최소설계농도를 5%로 적용한다.

8.8.2 최대설계농도(Maximum design concentration)

최대설계농도는 소화작용에 따른 분해 부산물로부터 인체의 안전성을 확보하는 것보다는 화재가 아닌 오동작에 의한 방사 시 인체에 미치는 영향을 판단하여 설계농도의 최대치를 정하고 그 이상 설계할 수 없도록 농도를 제한하고 있다.

CO_2의 경우는 질식소화이므로 실내의 산소농도가 15% 이하인 연소한계농도가 되어 질식 상태가 되어야 소화가 가능하므로 소요 소화약제량의 상한값을 제한하는 것이 무의미하다. 그러나 하론 1301은 산소농도를 낮추는 질식소화가 아니라, 연쇄반응을 차단하는 억제소화이므로 최소설계농도가 5%일 경우 실내의 산소농도가 20%가 된다.

국가화재안전기준에서 하론 1301의 방사량 (0.32~0.64) kg/m^{3}은 설계농도 5~10%를 의미하며, 이때 5%가 최소설계농도, 10%가 최대설계농도가 된다.

하론 1301 전역방출 방식에서 정상거주지역(Normally Occupied Area)은 10% 농도를 초과하지 못하도록 규정하고 있다. "정상거주지역"이란 NFPA의 용어로서 사람들이 상시 근무하는 장소를 의미하며 변전실, 펌프실, 위험물저장소 등과 같이 가끔씩 사람이 출입하는 곳은 정상거주지역에 해당되지 않는다.

TIP

하론소화설비에서 방사시간을 10초로 제한한 이유
① 분해 생성물 최소화
② 일정한 유속 확보
③ 높은 유량 확보

8.9 할로겐화합물이 지구환경에 미치는 영향

8.9.1 지구환경파괴

할로겐화합물이 지구 환경에 미치는 영향은 오존층 파괴와 지구온난화(온실효과)의 두 가지가 있다.

(1) 오존파괴지수(ODP : Ozone Depletion Potential)

어떤 물질 1 kg이 오존파괴능력을 상대적으로 나타내는 지표로써 기준물질로 CFC-11의 오존파괴 능력을 1로 하고 상대적으로 다른 물질의 오존파괴 능력을 대기권에서의 수명, 물질의 단위질량당 염소나 브롬 질량의 비, 활성염소와 브롬의 오존파괴 능력을 고려하여 그 물질의 ODP를 결정한다.

$$\text{ODP} = \frac{\text{어떤 물질 1kg이 파괴하는 오존량}}{\text{CFC}-\text{1kg이 파괴하는 오존량}}$$

(2) 지구 온난화지수(GWP : Global Warming Potential)

지구 온난화지수는 오존 파괴지수와 같은 방법으로 다음과 같이 계산된다.

$$\text{GWP} = \frac{\text{어떤 물질 1kg의 지구 온난화 정도}}{\text{CFC}-\text{1kg의 지구 온난화 정도}}$$

(3) ALT(Atmospheric Life Time)

어떤 물질이 방사된 후 대기권 내에서 분해되지 않고 체류하는 잔류시간(단위 : 연)으로 대기권에서 분해되는 분해의 난이도를 나타낸 값이다.

(4) NOAEL(No Observed Adverse Effect Level)

인간의 심장에 영향을 주지 않는 최대허용농도로서 관찰이 불가능한 부작용 수준을 의미한다. 즉 이는 해당 농도만큼 방사가 되어도 인간에게 부작용이 발생하지 않는 최대로 허용이 가능한 농도를 말한다.

(5) LOAEL(Lowest Observable Adverse Effect Level)

사람이 가스에 노출되었을 때 독성 또는 생리적 변화가 관찰되는 최소농도 즉 심장에 독성을 미칠 수 있는 최소농도이다.

8.9.2 지구 온난화

지구의 평균기온 상승의 원인은 여러 가지 이론이 있으나 대기 중의 온실가스의 농도 증가가 원인이라는 이론이 지배적이다.

CO_2, CH_4, NO_2, CFCl 등의 온실가스는 우주공간으로 방출되는 적외선을 흡수하여 대기중에 다시 방출함으로써 대기온도를 상승시키는데 이러한 현상을 온실효과(Green House Effec)라 한다.

연습문제

1. 하론 1301의 화학적, 물리적 성질 중 4가지만 쓰시오.

2. 다음은 하론 1301 소화설비의 수동식 조작순서를 나타낸 것이다. (Ⓐ~Ⓖ)에 들어갈 내용을 보기에서 찾아 알맞게 넣으시오.

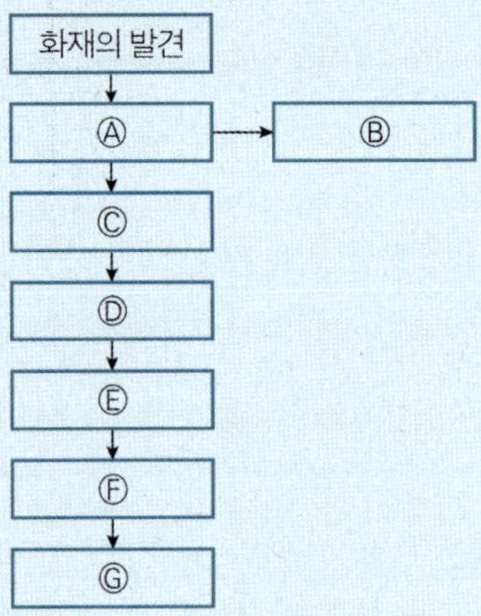

[보기]
화재감지기
방출표시등 작동
음향경보장치
수동기동장치
기동용 가스용기 개방
지연장치(타이머)
소화약제 방출
압력스위치
저장용기개방

3. 용기 내용적이 100 L인 고압가스 용기 내에 하론 1301 소화약제가 80 kg 충전되어 있다면 충전비는 얼마인가?

4. 다음의 글을 잘 읽고 ( )안에 적당한 답을 쓰시오.

하론 1301은 대기압 및 상온에서 (Ⓐ)상태로만 존재하는 물질로서 무색, 무취하고 21℃에서 공기보다 약 (Ⓑ)배 무겁다. 하론 1301은 21℃에서 약 (Ⓒ)MPa의 압력으로 가압하면 액화된다. 하론 1301은 약 (Ⓓ)℃ 이상의 온도에서 CO_2는 약 (Ⓔ)℃ 이상의 온도에서는 아무리 큰 압력으로 압축하여도 결코 액화되지 않는데 이온도를 (Ⓕ)라고 부른다. CO_2는 불에 대해 산소의 농도를 낮추어 주는 이른바 (Ⓖ)효과에 의하여 소화하지만, 하론 1301은 불꽃의 연쇄반응에 대한 (Ⓗ)로써 소화기능을 보여준다.

연습문제

5. 아래 그림과 같은 전기실에 전역방출 방식으로 하론 1301의 소화설비를 하였다. 법정 소요 약제 저장량(kg)은 얼마인가?
(단, 개구부 면적은 2.1 m^2이며, 자동폐쇄장치가 설치되지 않았다)

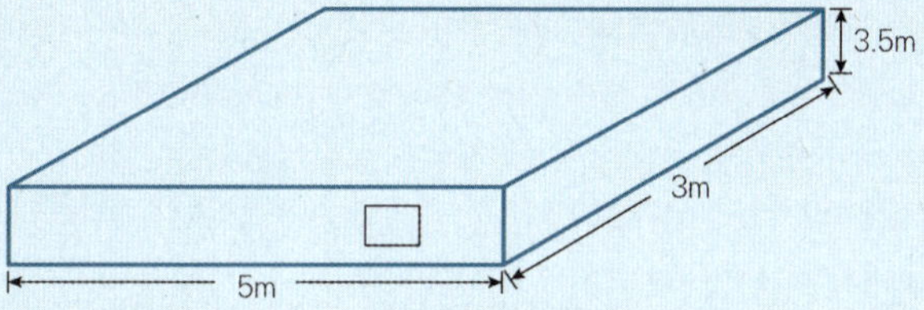

6. 아래와 같은 방호대상물에 하론 1301 소화설비를 설계하려 한다. 각 물음에 답하시오.

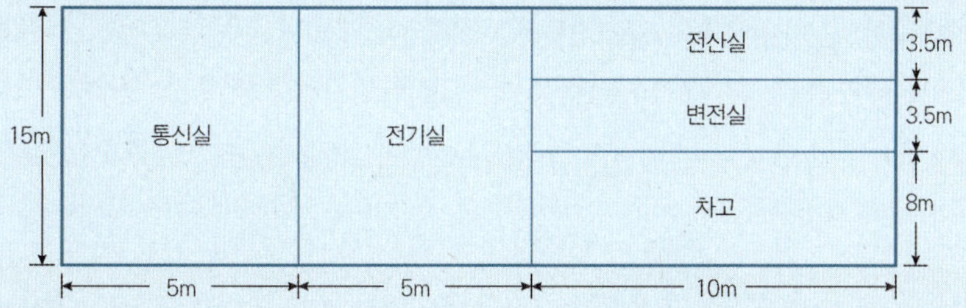

[조건]
1. 층고는 4 m이다.
2. 약제방출 방식은 전역방출 방식이다.
3. 각 구역의 개구부는 다음과 같다.
   - 통신실 : 25 m^2
   - 전기실 : 15 m^2
   - 전산실 : 10 m^2
   - 변전실 : 8 m^2
   - 차고 : 12 m^2
4. 전기실과 차고에만 자동폐쇄장치가 설치되어 있다.
5. 용기의 충전비는 1.36이다.
6. 용기의 내용적은 68l이다.

연습문제

[물음]

① 각 구역당 필요한 소화약제량(kg) 및 필요한 저장용기수를 산출하시오.
② 저장용기실에 저장하여야 할 약제량(kg) 및 저장용기수는 얼마인가?
③ 저장 방식이 고압식 및 저압식일 경우 동관의 시험압력(MPa)은 얼마인가?
④ 사용되는 하론 헤드의 방사압력(MPa)은 얼마인가?
⑤ 설비를 가스압력식으로 설치할 경우 전자개방밸브의 설치 개수는?
⑥ 설비를 전기식으로 설치할 경우 전자개방밸브의 설치 개수는?
⑦ 설치되는 선택밸브의 수는 얼마인가?
⑧ 기동장치의 조작부의 설치 위치는?
⑨ 가스압력식일 경우 기동용 가스용기의 내압시험압력은 얼마인가?
⑩ 가스압력식일 경우 기동용 가스용기에 설치되는 안전장치의 작동압력은?
⑪ 가스압력식일 경우 기동용 가스용기의 내용적(L)과 충전가스의 명칭 및 충전비, 충전량(kg/sec)은 얼마인가?
⑫ 주배관에 흐르는 약제의 유량(kg/sec)은 얼마인가?

7. 아래의 도면과 같이 방호 대상물에 하론 1301 소화설비를 설계하려 한다. 설계조건을 참조하여 각 물음에 답하시오.

[조건]

1. 건물의 층고(높이)는 5 m이다.
2. 약제방출 방식은 전역방출 방식이다.
3. 개구부는 자동폐쇄장치가 설치되어 있다.
4. 약제저장용기는 50 kg/병이다.
5. A, C실의 기본 약제량은 0.33 kg/m^3이고 B, D실의 기본 약제량은 0.52 kg/m^3이다.

[물음]

① 각 실의 약제소요량과 용기수를 구하시오.
② 하론 1301 소화설비의 Isomatric Diagram을 설계하시오.

[도시기호] 저장용기 :  선택밸브 : 
기동용기 :  동관 : ··· (점선)
가스체크밸브 :  배관 : ——— (실선)

연습문제

8. 할론소화설비에서 할로겐소화약제를 저장할 경우 질소가스를 하론 소화약제와 함께 저장하는 이유에 대해서 간단히 설명하시오.

9. 다음은 하론 1301 소화설비의 평면도이다. 조건을 참조하여 물음에 답하시오.

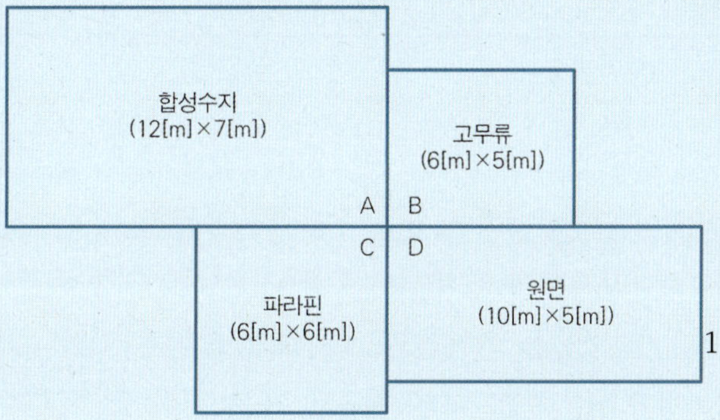

[조건]

1) 저장실의 높이는 모두 5 m이다.
2) 약제용기의 내용적은 68 L, 저장 약제량은 50[kg/병]
3) 저장실의 출입구는 모두 자동폐쇄장치가 되어 있다
4) 약제량은 최소치를 기준한다.
5) 하론 1301의 비체적은 0.16[m^3/kg]이다.

(1) 각 실별 용기수를 계산하시오.
(2) 원면 저장창고의 하론 약제농도(%)를 계산하시오.
(3) 하론소화설비 약제방출시간을 10초 이내로 지정한 이유를 4가지 쓰시오.
(4) 할론소화약제 저장용기 설치기준을 쓰시오.
(5) 이 설비의 Isometric Diagram을 설계하시오(단, 제어반은 저장용기 실내에 설치한다).

CHAPTER 9
할로겐화합물 및 불활성기체소화설비 (NFTC/PC 107A)

9.1 개요

할로겐화합물소화약제는 몬트리올 의정서에서 오존층 파괴와 지구온난화 물질로 지정되어 생산 및 사용을 중지하고 있다.

① 청정소화약제란 할로겐화합물(하론 1301, 2402, 1211 제외) 및 불활성기체로써 전기적으로 비전도성이며 휘발성이 있거나 증발 후 잔여물을 남기지 않는 소화약제이다.

② 할로겐화합물 소화약제란 불소, 염소, 브롬 또는 요오드 중 하나 이상의 원소를 포함하고 있는 유기화합물을 기본성분으로 하는 소화약제이다.

③ 불활성가스 소화약제란 헬륨, 네온, 아르곤 또는 질소가스 중 하나 이상의 원소를 기본성분으로 하는 소화약제이다.

소화성능은 기존의 할로겐화합물소화약제와 동등이거나 동등 이상이면서 GWP, ODP, ALT 등이 0에 가까워야 된다. 시스템의 구성은 할로겐화합물 소화설비나 이산화탄소소화설비와 유사하다.

■ 설치제외

① 사람이 상주하는 곳으로 최대허용 설계농도를 초과하는 장소

② 소화성능이 인정되지 않는 위험물을 저장 · 보관 · 사용하는 장소

9.2 할로겐화합물 및 불활성기체소화약제 구비조건

① 소화성능 : 기존 하론 약제와 유사하거나 그 이상일 것

② 독성 : 설계농도는 NOAEL 이하일 것

③ 환경영향성 : ODP, GWP, ALT가 낮아야 한다.

④ 물성 : 소화 후 잔존물이 없고 전기적으로 비전도성이며 냉각효과가 커야 한다.

⑤ 안정성 : 저장 시 분해되지 않고 용기를 부식시키지 않아야 한다.

⑥ 경제성 : 설치비용이 크지 않아야 한다.

9.3 할로겐화합물 및 불활성기체소화약제의 종류

표 9.1 소화약제의 종류

소 화 약 제	화 학 식
퍼플루오로부탄(이하 "FC-3-1-10"이라 한다)	C_4F_{10}
하이드로클로로플루오로카본혼화제 (이하 "HCFC BLEND A"라 한다)	HCFC-123($CHCl_2CF_3$) : 4.75% HCFC-22($CHClF_2$) : 82% HCFC-124($CHClFCF_3$) : 9.5% $C_{10}H_{16}$: 3.75%
클로로테트라플루오르에탄 (이하 "CFC-124" 한다)	$CHClFCF_3$
펜타플루오로에탄(이하 "HFC-125"라 한다)	CHF_2CF_3
헵타플루오로프로판(이하 "HFC-227ea"라 한다)	CF_3CHFCF_3
트리플루오로메탄(이하 "HFC-23"라 한다)	CHF_3
헥사플루오로프로판(이하 "HFC-236fa"라 한다)	$CF_3CH_2CF_3$
트리플루오로이오다이드(이하 "FIC-13I1"라 한다)	CF_3I
불연성·불활성기체혼합가스 (이하 "IG-01"이라 한다)	Ar
불연성·불활성기체혼합가스 (이하 "IG-100"이라 한다)	N_2
불연성·불활성기체혼합가스 (이하 "IG-541"이라 한다)	N_2 : 52%, Ar : 40%, CO_2 : 8%
불연성·불활성기체혼합가스 (이하 "IG-55"이라 한다)	N_2 : 50%, Ar : 50%
도데카플루우오로-2-메틸펜탄-3원 (이하 "FK-5-1-12"이라 한다)	$CF_3CF_2C(O)CF(CF_3)_2$

9.4 할로겐화합물 및 불활성기체소화설비의 약제량 산정

9.4.1 할로겐화합물 소화약제

$$W = \frac{V}{S} \times \left[\frac{C}{100 - C} \right]$$

여기서, W : 소화약제의 무게[kg]

V : 방호구역의 체적[m^3]

C : 체적에 따른 소화약제의 설계농도[%]

S : 소화약제별 선형상수($K_1 + K_2 \times t$)[m^3/kg]

t : 방호구역의 최소예상온도[℃]

표 9.2 선형상수의 값(할로겐화합물)

소화약제	K_1	K_2
FC-3-1-10	0.094104	0.00034455
HCFC BLEND A	0.2413	0.00088
HCFC-124	0.1575	0.0006
HFC-125	0.1825	0.0007
HFC-227ea	0.1269	0.0005
HFC-23	0.3164	0.0012
HFC-236fa	0.1413	0.0006
FIC-13I1	0.1138	0.0005
FK-5-1-12	0.0664	0.0002741

9.4.2 불활성가스 소화약제

$$X = 2.303 \times \frac{V_S}{S} \times \left(\log \frac{100}{100 - C} \right)$$

여기서, X : 공간체적당 더해진 소화약제의 부피[m^3/m^3]

Vs : 20℃에서 소화약제의 비체적[m^3/kg]

C : 체적에 따른 소화약제의 설계농도[%]

S : 소화약제별 선형상수($K_1 + K_2 \times t$)[m^3/kg]

t : 방호구역의 최소예상온도[℃]

표 9.3 선형상수의 값(불활성가스)

소화약제	K_1	K_2
IG-01	0.5685	0.00208
IG-100	0.7997	0.00293
IG-541	0.65799	0.00239
IG-55	0.6598	0.00242

9.4.3 소화약제 설계농도

① 체적에 따른 소화약제의 설계농도(%)는 상온에서 제조업체의 설계기준에서 정한 실험수치를 적용한다. 이 경우 설계농도는 소화농도(%)에 안전계수(A · C급 화재 1.2, B급 화재 1.3)를 곱한 값으로 할 것

② 산출한 소화약제량은 사람이 상주하는 곳에서는 표 9.4에 따른 최대허용설계농도를 초과할 수 없다.

표 9.4 최대허용설계농도

소화약제	최대허용 설계농도(%)
FC-3-1-10	40
HCFC BLEND A	10
HCFC-124	1.0
HFC-125	7.5
HFC-227ea	9.0
HFC-23	50
HFC-236fa	10
FIC-13I1	0.2
IG-01	43
IG-100	43
IG-541	43
IG-55	43

③ 방호구역이 둘 이상인 경우에 가장 큰 방호구역에 대하여 소화약제를 산출한 양 이상이 되도록 하여야 한다.

9.5 하론 대체 소화약제의 독성자료

표 9.5 하론 대체 소화약제 독성자료

Agent	LC_{50}, or ALC	NOAEL	LOAEL
FC-3-1-10	〉80 %	40 %	〉40 %
FK-5-1-12	(1hr) 〉30 %	〉18 %	
HCFC Blend A	64 %	10.0%	〉10.0 %
HCFC Blend B	〉3.0 %		
HFC-125	〉70 %	7.5 %	10.0 %
HFC-227ea	〉80 %	9.0 %	10.5 %
HFC-23	〉65 %	50 %	〉50 %
IG-541		43 %	52 %
FIC-13I1	(15 min) 27.4 %	0.2 %	0.4 %
Halon-1301	〉80 %	5 %	7.5 %
Halon-1211	3.1-10 %		

* LC_0 : 동물이 한 마리도 사망하지 않는 최대농도
LC_{50} : 동물의 반이 사망하는 농도
LC_{100} : 모든 동물이 사망하는 최소농도
ALC : Approximate Lethal Concentration
사망에 이르게 할 수 있는 최소농도
NOAEL : No Observable Adverse Effect Level
농도를 증가시킬 때 아무런 악영향도 감지할 수 없는 최대농도
LOAEL : Lowest Observable Adverse Effect Level
농도를 감소시킬 때 악영향을 감지할 수 있는 최소농도

9.6 구성요소 설치기준

9.6.1 저장용기

① 할로겐화합물 및 불활성기체소화약제의 저장용기는 방호구역 외의 장소로서 방화구획된 실에 설치해야 한다.

② 할로겐화합물 및 불활성기체소화약제의 저장용기는 다음 각 호의 기준에 적합해야 한다.

㉮ 저장용기의 충전밀도 및 충전압력은 할로겐화합물 및 불활성기체소화약제의 종류에 따라 적용할 것

㉯ 동일 집합관에 접속되는 저장용기는 동일한 내용적을 가진 것으로 충전량 및 충전압력이 같도록 할 것

㉰ 저장용기의 약제량 손실이 5%를 초과하거나 압력손실이 10%를 초과할 경우에는 재충전하거나 저장용기를 교체할 것. 다만, 불활성기체 소화약제 저장용기의 경우에는 압력손실이 5%를 초과할 경우 재충전하거나 저장용기를 교체해야 한다.

③ 하나의 방호구역을 담당하는 저장용기의 소화약제의 체적 합계보다 소화약제의 방출 시 방출경로가 되는 배관(집합관 포함)의 내용적의 비율이 할로겐화합물 및 불활성기체소화약제 제조업체의 설계기준에서 정한 값 이상일 경우에는 해당 방호구역에 대한 설비는 별도 독립방식으로 해야 한다.

9.6.2 기동장치

(1) 수동식 기동장치

수동식 기동장치는 다음의 기준에 따라 설치하고, 수동식 기동장치 부근에 소화약제의 방출을 지연시킬 수 있는 비상스위치를 설치하여야 한다.

① 방호구역마다 설치할 것

② 해당 방호구역의 출입구 부근 등 조작을 하는 자가 쉽게 피난할 수 있는 장소에 설치할 것

③ 기동장치의 조작부는 바닥으로부터 0.8 m 이상 1.5 m 이하의 위치에 설치하고, 보호판 등에 따른 보호장치를 설치할 것
④ 기동장치에는 가깝고 보기 쉬운 곳에 "할로겐화합물 및 불활성기체소화설비 기동장치"라는 표지를 할 것
⑤ 전기를 사용하는 기동장치에는 전원표시등을 설치할 것
⑥ 기동장치의 방출용 스위치는 음향경보장치와 연동하여 조작될 수 있는 것으로 할 것
⑦ 5 kg 이하의 힘을 가하여 기동할 수 있는 구조로 설치할 것

(2) 자동식 기동장치

자동식 기동장치는 자동화재탐지설비의 감지기의 작동과 연동하는 것으로서 다음의 기준에 따라 설치하여야 한다.

① 자동식 기동장치에는 수동식 기동장치를 함께 설치할 것
② 기계식, 전기식 또는 가스압력식에 따른 방법으로 기동하는 구조로 설치할 것
③ 할로겐화합물 및 불활성기체소화설비가 설치된 구역의 출입구에는 소화약제가 방출되고 있음을 나타내는 표시등을 설치하여야 한다.

9.6.3 제어반 및 화재표시반

제어반 및 화재표시반은 다음의 기준에 따라 설치하여야 한다. 다만, 자동화재탐지설비의 수신기의 제어반이 화재표시반의 기능을 가지고 있는 것에 있어서는 화재표시반을 설치하지 아니할 수 있다.

① 제어반은 수동기동장치 또는 감지기에서의 신호를 수신하여 음향경보장치의 작동, 소화약제의 방출 또는 지연, 기타의 제어기능을 가진 것으로 하고, 제어반에는 전원표시등을 설치할 것
② 화재표시반은 제어반에서의 신호를 수신하여 작동하는 기능을 가진 것으로 하되, 다음의 기준에 따라 설치할 것
   ㉮ 각 방호구역마다 음향경보장치의 조작 및 감지기의 작동을 명시하는 표시등과 이와 연동하여 작동하는 벨·부저 등의 경보기를 설치할 것. 이 경우 음향경보장치의 조작 및 감지기의 작동을 명시하는 표시등을 겸용할 수 있다.

㉯ 수동식 기동장치에 있어서는 그 방출용 스위치의 작동을 명시하는 표시등을 설치할 것

㉰ 소화약제의 방출을 명시하는 표시등을 설치할 것

㉱ 자동식 기동장치에 있어서는 자동·수동의 절환을 명시하는 표시등을 설치할 것

③ 제어반 및 화재표시반의 설치장소는 화재에 따른 영향, 진동 및 충격에 따른 영향 및 부식의 우려가 없고 점검에 편리한 장소에 설치할 것

9.6.4 배관

① 배관은 전용으로 할 것

② 배관·배관부속 및 밸브류는 저장용기의 방출내압을 견딜 수 있어야 하며 다음 각 목의 기준에 적합할 것. 이 경우 설계내압은 최소사용설계압력 이상으로 한다.

㉮ 강관을 사용하는 경우의 배관은 압력 배관용 탄소 강관(KS D 3562) 또는 이와 동등 이상의 강도를 가진 것으로서 아연도금 등에 따라 방식처리된 것을 사용할 것

㉯ 동관을 사용하는 경우의 배관은 이음이 없는 구리 및 구리합금관(KS D 5301)의 것을 사용할 것

㉰ 배관의 두께는 다음의 계산식에서 구한 값(t) 이상일 것 다만, 방출헤드 설치부는 제외한다.

$$\text{관의 두께}(t) = \frac{PD}{2SE} + A$$

여기서, t : 배관의 두께[mm]

P : 최대허용압력[kPa]

D : 배관의 바깥지름[mm]

SE : 최대허용응력[kPa] (배관재질 인장강도의 1/4 값과 항복점의 2/3 값 중 작은 값×배관이음효율×1.2)

A : 나사이음, 홈이음 등의 허용값[mm] (헤드 설치 부분은 제외한다)

- 나사이음 : 나사의 높이
- 절단홈이음 : 홈의 깊이

• 용접이음 : 0

※ 배관이음효율

• 이음매 없는 배관 : 1.0

• 전기저항 용접배관 : 0.85

• 가열맞대기 용접배관 : 0.60

③ 배관부속 및 밸브류는 강관 또는 동관과 동등 이상의 강도 및 내식성이 있는 것으로 할 것

④ 배관과 배관, 배관과 배관 부속 및 밸브류의 접속은 나사접합, 용접접합, 압축접합 또는 플랜지접합 등의 방법을 사용해야 한다.

⑤ 배관의 구경은 해당 방호구역에 할로겐화합물소화약제는 10초 이내에, 불활성기체 소화약제는 A · C급 화재 2분, B급 화재 1분 이내에 방호구역 각 부분에 최소설계농도의 95퍼센트 이상에 해당하는 약제량이 방출되도록 해야 한다.

9.6.5 분사헤드

① 분사헤드의 설치 높이는 방호구역의 바닥으로부터 최소 0.2 m 이상 최대 3.7 m 이하로 하여야 하며 천장높이가 3.7 m를 초과할 경우에는 추가로 다른 열의 분사헤드를 설치할 것. 다만, 분사헤드의 성능인정 범위 내에서 설치하는 경우에는 그러하지 아니하다.

② 분사헤드의 개수는 당해 방호구역에 청정소화약제가 10초(불활성가스 청정소화약제는 1분) 이내에 방호구역 각 부분에 최소설계농도의 95% 이상 해당하는 약제량을 방출할 수 있는 개수를 설치하여야 한다.

③ 분사헤드에는 부식방지조치를 하여야 하며 오리피스의 크기, 제조일자, 제조업체가 표시되도록 할 것

④ 분사헤드의 방출률 및 방출압력은 제조업체에서 정한 값으로 한다.

⑤ 분사헤드의 오리피스의 면적은 분사헤드가 연결되는 배관구경면적의 70%를 초과하여서는 아니 된다.

9.6.6 선택밸브, 기동장치, 음향경보장치 등

① 하나의 소방대상물 또는 그 부분에 2 이상의 방호구역이 있어 소화약제의 저장용기를 공용하는 경우에 있어서 방호구역마다 선택밸브를 설치하고 선택밸브에는 각각의 방호구역을 표시하여야 한다.

② 할로겐화합물 및 불활성기체소화설비의 자동식 기동장치는 다음의 기준에 따른 화재감지기를 설치하여야 한다.

㉮ 각 방호구역 내의 화재감지기의 감지에 따라 작동되도록 할 것

㉯ 화재감지기의 회로는 교차회로 방식으로 설치할 것

③ 할로겐화합물 및 불활성기체소화설비의 음향경보장치는 다음의 기준에 따라 설치하여야 한다.

㉮ 수동식 기동장치를 설치한 것에 있어서는 그 기동장치의 조작과정에서, 자동식 기동장치를 설치한 것에 있어서는 화재감지기와 연동하여 자동으로 경보를 발하는 것으로 할 것

㉯ 소화약제의 방사 개시 후 1분 이상 경보를 계속할 수 있는 것으로 할 것

㉰ 방호구역 또는 방호대상물이 있는 구획 안에 있는 자에게 유효하게 경보할 수 있는 것으로 할 것

④ 방송에 따른 경보장치를 설치할 경우에는 다음의 기준에 따라야 한다.

㉮ 증폭기 재생장치는 화재 시 연소의 우려가 없고, 유지관리가 쉬운 장소에 설치할 것

㉯ 방호구역 또는 방호대상물이 있는 구획의 각 부분으로부터 하나의 확성기까지의 수평거리는 25 m 이하가 되도록 할 것

㉰ 제어반의 복구스위치를 조작하여도 경보를 계속 발할 수 있는 것으로 할 것

9.6.7 자동폐쇄장치, 비상전원 및 과압배출장치

(1) 자동폐쇄장치

할로겐화합물 및 불활성기체소화설비를 설치한 특정소방대상물 또는 그 부분에 대하여 환기장치 등을 설치한 것은 소화약제가 방출되기 전에 해당 환기장치 등이 정지될 수 있도록 하고, 개구부 및 통기구가 있어 소화약제의 유출에 따라 소화효과를 감소시킬 우려가 있는 것은 소화약제가 방출되기 전에 당해 개구부 및 통기구를 폐쇄할 수 있도록

자동폐쇄장치를 설치해야 한다.

(2) 비상전원

할로겐화합물 및 불활성기체소화설비의 비상전원은 자가발전설비 또는 축전지설비(제어반에 내장하는 경우를 포함한다)로서 다음의 기준에 따라 설치하여야 한다.

① 점검에 편리하고 화재 및 침수 등의 재해로 인한 피해를 받을 우려가 없는 곳에 설치할 것
② 할로겐화합물 및 불활성기체소화설비를 유효하게 20분 이상 작동할 수 있어야 할 것
③ 상용 전원으로부터 전력의 공급이 중단된 때에는 자동으로 비상전원으로부터 전력을 공급받을 수 있도록 할 것
④ 비상전원의 설치장소는 다른 장소와 방화구획 할 것
⑤ 비상전원을 실내에 설치하는 때에는 그 실내에 비상조명등을 설치할 것

(3) 과압배출장치

할로겐화합물 및 불활성기체소화설비가 설치된 방호구역에는 소화약제 방출 시 과압으로 인한 구조물 등의 손상을 방지하기 위하여 과압배출구를 설치해야 한다.

연습문제

1. 할로겐화합물 및 불활성기체소화약제의 종류에 대해 나열하시오

2. 바닥면적 320 m^2, 높이 3.5 m의 발전실에 할로겐화합물 및 불활성기체소화약제설비를 설치하려고 한다. 다음의 조건을 이용하여 물음에 알맞은 답을 기술하라.

[조건]
① HCFC Blend A의 설계농도는 8.6%로 한다.
② IG-541의 설계농도는 37.5%로 한다.
③ 방사시 온도는 20℃를 기준으로 한다.
④ 선형 상수표를 이용하도록 한다.
⑤ HCFC Blend A 용기는 68 L용 50 kg으로 하며, IG-541 용기는 80 L용 12.4 m^3로 적용한다.

[선형상수표]

청정소화약제	K_1	K_2
HCFC Blend A	0.2413	0.00088
IG-541	0.649	0.00237

※ 약제량은 산정시 IG-541은 부피[m^3]로 기타 청정약제는 무게[kg]로 계산한다.

(1) 필요한 HCFC Blend A의 최소 용기수는 몇 병인가?

(2) 필요한 IG-541의 최소 용기수는 몇 병인가?

CHAPTER 10

분말소화설비(NFTC/PC 108)

10.1 분말소화설비의 개요

분말소화설비는 분말을 저장하는 탱크에 질소나 이산화탄소를 혼합하여 보관하였다가 화재 시 이 가스의 압력을 이용하여 분말소화약제를 방사하는 설비이다.

물에 의한 소화가 어려운 위험물이나, 고압의 전기설비 등으로 전기의 절연성이 요구되는 소방대상물에 설치하는 소화설비로써 가압용가스의 압력으로 분말소화약제를 배관을 통해 배출시키는 구조이다. 급격히 확대되는 가연성 액체의 표면화재를 소화하는 데 효과적일 뿐만 아니라 변전설비, 발전기 등 전기설비와 섬유나 종이화재에도 소화효과가 있다.

소화효과는 냉각 및 질식효과와 연쇄반응을 차단하는 억제효과가 있다.

그림 10.1 분말소화설비

10.2 분말소화설비의 특징

(1) 분말소화설비의 소화작용

① 질식소화

분말약제가 연소면에 분사되면 분말은 가연물과 반응하고 반응 시 발생하는 CO_2와 수증기(H_2O)가 산소의 공급을 차단하는 질식작용을 한다.

② 억제소화(연쇄반응차단)

분말약제 분사 시 약제입자의 표면에서 발생된 Na^+, K^+, NH_3^+가 활성 라디컬과 반응하여 부촉매 효과를 나타낸다. 이로 인하여 연쇄반응을 차단하는 억제소화작용을 하게 된다.

③ 냉각소화

분말약제 분사 시 열분해되어 생성되는 반응식은 전부 흡열반응으로 가연물 주위열을 흡수하여 냉각소화작용을 한다.

(2) 분말소화설비의 특징

① 다른 소화설비보다 소화성능이 뛰어나며 소화시간이 짧다.

② 약제는 절연성이므로 고전압기기의 소화에도 안전하다.

③ 기구가 간단하고 유지관리가 용이하다.

④ 의류, 기물을 파손하지 않고 인체에 무해하다.

⑤ 온도변화에 의한 약제의 변질이나 성능의 저하가 없다.

⑥ 약제의 수명이 반영구적이므로 경제적이다.

⑦ 다른 소화설비보다 시설비가 저렴하다.

10.3 분말소화설비의 작동과정

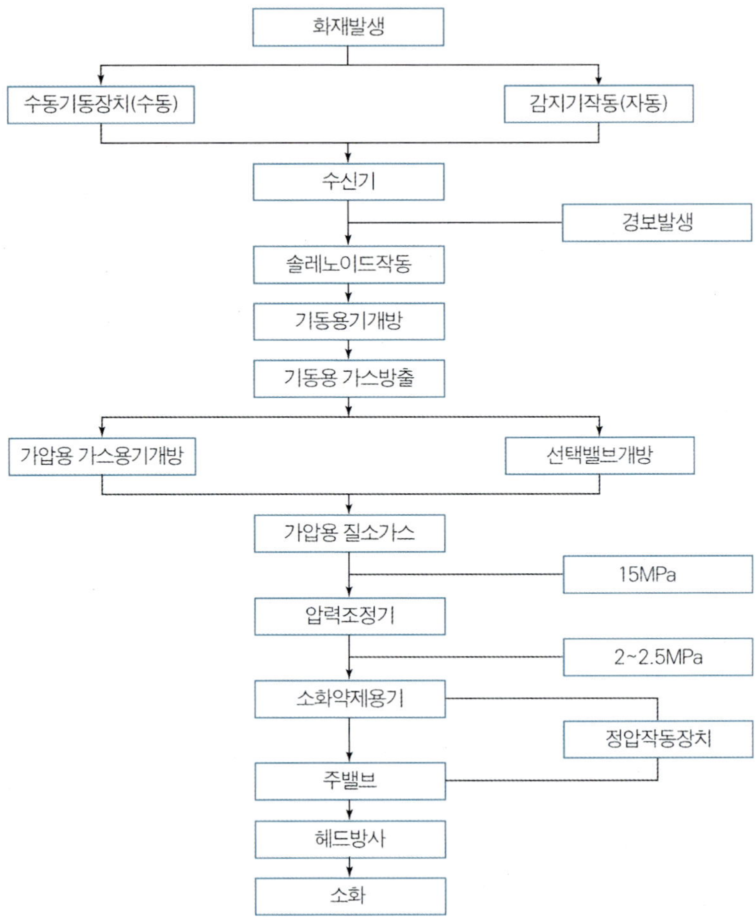

10.3.1 가압식 저장용기

(1) 작동 순서

화재발생 → A,B 감지기 동작 or 수동기동장치 작동 → 화재표시반 및 제어반 작동 → 기동용 가스용기 개방 → 선택밸브, 가압용기밸브 개방 → 가압용 가스 저장용기 가압 → 정압작동장치 작동 → 약제탱크의 주밸브 개방 → 분말소화약제 방사 → 소화 → 소화 후 청소용 가스용기 개방하여 청소

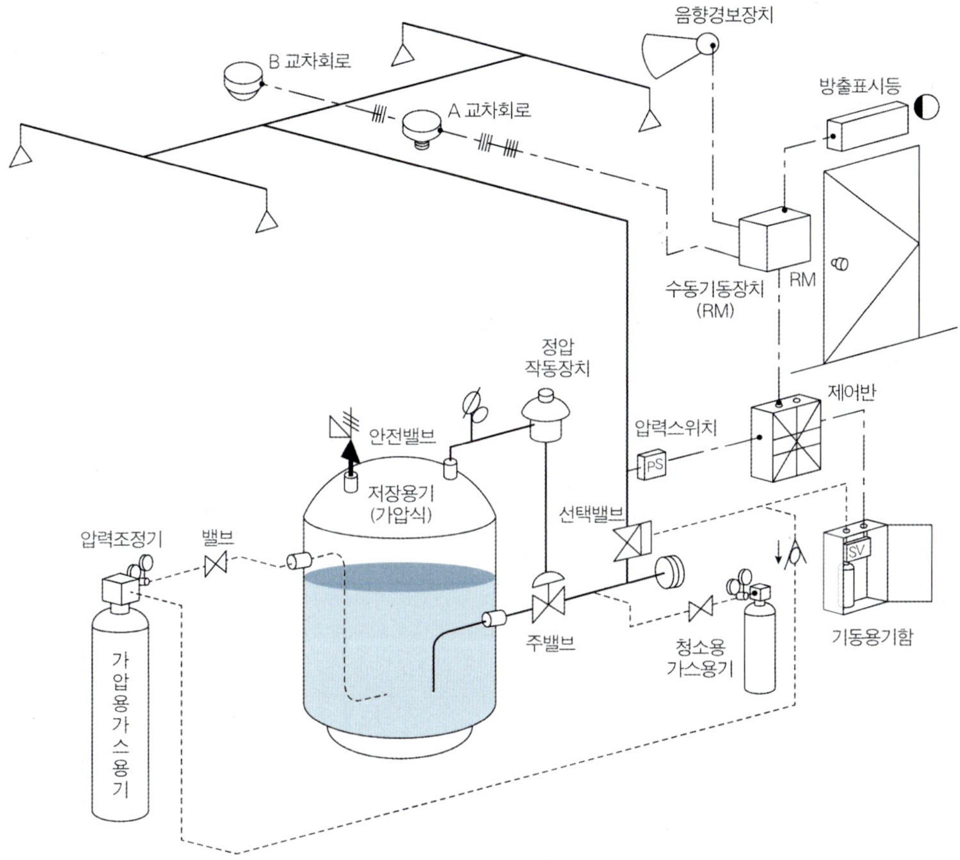

그림 10.2 가압식 분말소화설비 계통도

10.3.2 축압식 저장용기

(1) 작동 순서

화재발생 → A,B 감지기 동작 or 수동기동장치 작동 → 화재표시반 및 제어반 작동 → 기동용 가스용기 개방 → 선택밸브 및 약제탱크의 주밸브 개방 → 분말소화약제 방사 → 소화 → 소화 후 청소용 가스용기 개방하여 청소

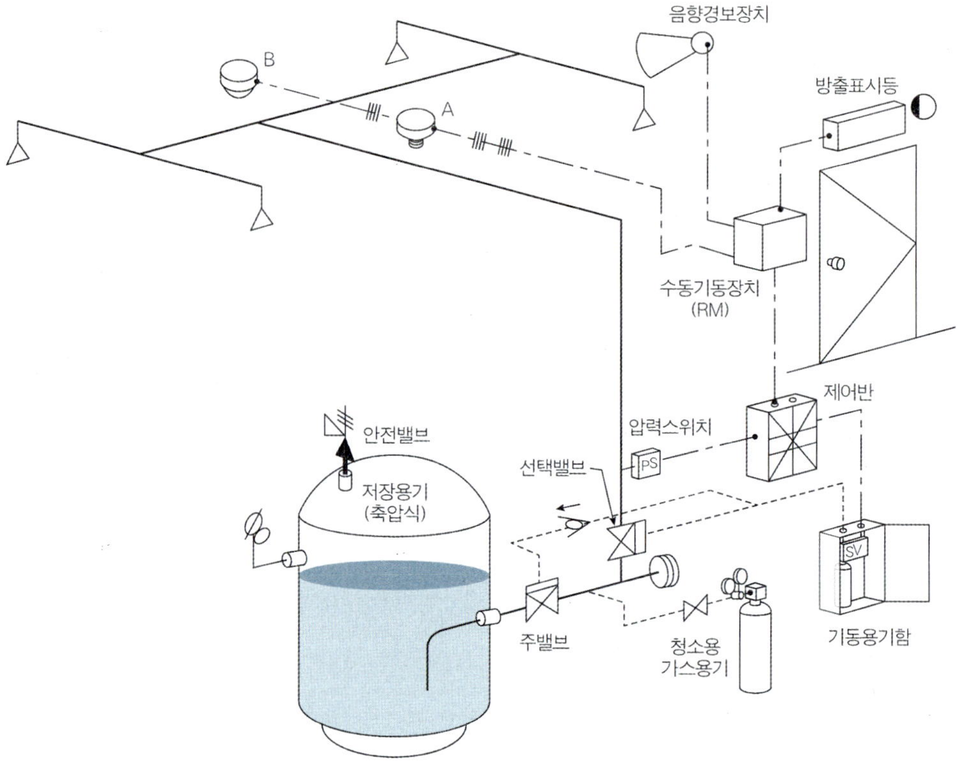

그림 10.3 축압식 분말소화설비 계통도

10.4 분말소화설비의 종류

10.4.1 전역방출 방식

방호대상물이 내화구조 또는 불연재료로 된 벽, 기둥, 반자로 구획되어 있고 자동폐쇄장치의 개구부가 설치된 구획 안에 헤드를 설치하여 소화제를 방출하는 방식을 말한다.

10.4.2 국소방출 방식

방호대상물의 일부를 국부적으로 소화하려고 할 때 적용하는 방식으로써, 직접 연소면을 유효하게 커버할 수 있도록 분사헤드를 설치하여 소화분말을 방출하는 방식이다.

10.4.3 호스릴 방식

국소방출 방식의 일종으로서 방호대상물의 규모에 상관없이 사용하며, 조작 방식은 수동조작 방식이고 설비 방식은 이동 방식과 반이동 방식을 취하고 있다.

10.5 분말소화약제의 종류 및 구비조건

10.5.1 분말소화약제 종류

(1) 1종 분말 : $NaHCO_3$

주성분이 $NaHCO_3$(탄산수소나트륨)로 B,C급 화재 전용의 약제로 소형 소화기용으로 사용한다.

화재 시 열분해 반응식은 다음과 같다.

- 저온반응(270℃) : $2NaHCO_3 \rightarrow Na_2CO_3+CO_2+H_2O$
- 고온반응(850℃) : $2NaHCO_3 \rightarrow Na_2O+CO_2+H_2O$

장점	① 타 약제보다 가격이 저렴하다 ② 비누화 반응으로 지방이나 기름화재에 대해 소화적응성이 높다.
단점	① 분말약제 중 소화의 강도가 가장 낮다. ② A급 화재에 대한 소화적응성이 없다.

(2) 2종 분말

주성분이 $KHCO_3$(탄산수소칼륨)로 1종 분말약제보다 약 1.67배의 소화효과로 대형 소화기용으로 사용한다.

화재 시 열분해 반응식은 다음과 같다.

- 저온반응(190℃) : $2KHCO_3 \rightarrow K_2CO_3+CO_2+H_2O$
- 고온반응(560℃) : $2KHCO_3 \rightarrow K_2O+2CO_2+H_2O$

장점	① 1종 분말보다 BC급 약제 대비소화 강도가 약 2배가량 높다. ② CDC 소화약제로 사용할 수 있다.
단점	① A급 화재에 대한 소화적응성이 없다.

(3) 3종 분말

주성분이 인산염으로 $NH_4H_2PO_4$(제1인산암모늄)을 사용으로 A,B,C급 화재에 적응성이 있다.

화재 시 열분해 반응식은 다음과 같다.

- 저온반응(166℃) : $NH_4H_2PO_4 \rightarrow H_3PO_4+NH_3$
- 고온반응(360℃) : $NH_4H_2PO_4 \rightarrow HPO_3+NH_3+H_2O$

장점	① ABC급 화재에 대해 적응성이 있다. ② CDC 소화약제로 사용할 수 있다.
단점	① 비누화반응이 없어 주방용 기름화재에 적응성이 낮다.

TIP

인산의 경우에는 3가지 기본형이 있다. 일반적으로 말하는 인산은 오르소 인산을 말한다.

- $NH_4H_2PO_4 \rightarrow H_3PO_4+NH_3$(Ortho 인산)
- $2H_3PO_4 \rightarrow H_4P_2O_7+H_2O$(Pyro 인산)
- $H_4P_2O_7 \rightarrow 2HPO_3+H_2O$(Meta 인산)
- $2HPO_3 \rightarrow P_2O_5+H_2O$

(4) 4종 분말

$KHCO_3$ (탄산수소칼륨)와 $(NH_2)_2CO$ (요소)와의 반응물을 주성분으로 하며 이는 2종 분말에 요소를 반응시킨 것으로 B,C급 화재에 적응성이 있으나 가격이 높아 대중적이 못하며 우리나라에서는 생산되지 않고 있다.

화재 시 열분해 반응식은 다음과 같다.

- 반응식 : $KHCO_3+(NH_2)_2CO \rightarrow K_2CO_3+2NH_3+2CO_2$

장점	① 분말소화약제 중 가장 소화성능이 뛰어나다.
단점	① A급 화재에 대한 소화적응성이 없다. ② 가격이 타 약제보다 비싸며 국내에서는 생산되지 않는다.

표 10.1 분말소화약제 특징

종별	주성분	적응화재	색깔	충전비
제 1종 분말	$NaHCO_3$	B C	백색	0.8 L/kg
제 2종 분말	$KHCO_3$	B C	담자색	1.0 L/kg
제 3종 분말	$NH_4H_2PO_4$	A B C	담홍색	1.0 L/kg
제 4종 분말	$KHCO_3+(NH_2)_2CO$	B C	쥐색	1.25 L/kg

10.5.2 분말소화약제 구비조건

① 일정한 겉보기 비중을 가지고 있어야 한다.

② 유동성이 좋아야 한다.

③ 내습성이 있어야 한다.

④ 고화 또는 응고하지 않아야 한다.

⑤ 입자경이 고르고 미세한 입자이어야 한다(최대소화 효과 20-25㎛).

⑥ 부식성과 독성이 없어야 한다.

⑦ 경년기간이 길고 안정성이 좋아야 한다.

⑧ 값이 싸야 한다.

10.6 분말소화설비의 구성요소

10.6.1 저장용기

(1) 저장용기의 설치장소

① 방호구역 외의 장소에 설치한다.

② 온도가 40℃ 이하이고, 온도변화가 적은 곳에 설치한다.

③ 직사광선 및 빗물이 침투할 우려가 없는 곳에 설치한다.

④ 갑종방화문 또는 을종방화문으로 구획된 실에 설치한다.

⑤ 용기 설치장소에는 당해 용기가 설치된 곳에 표지를 한다.

⑥ 용기 간의 간격은 점검에 지장이 없도록 3 cm 이상의 간격을 유지한다.

⑦ 저장용기와 집합관을 연결하는 연결배관에는 체크밸브를 설치한다.
다만, 저장용기가 하나의 방호구역만을 담당하는 경우에는 그러하지 아니하다.

(2) 저장용기의 설치기준

① 저장용기의 내용적은 표 10.2에 따른다.

표 10.2 저장용기 내용적

종별	소화약제 1 kg당 저장용기 내용적
제 1종 분말	0.8
제 2종 분말	1.0
제 3종 분말	

② 다음의 압력에서 작동하는 안전밸브를 설치할 것

㉮ 가압식 : 최고 사용압력의 1.8배 이하

㉯ 축압식 : 용기 내압시험압력의 0.8배 이하

③ 저장용기의 내부압력이 설정압력이 되었을 때 주밸브를 개방하는 정압작동장치를 설치하여야 한다.

④ 저장용기의 충전비는 0.8 이상으로 할 것

⑤ 저장용기 및 배관에는 잔류 소화약제를 처리할 수 있는 청소장치를 설치할 것

⑥ 축압식의 경우 사용압력의 범위를 표시한 지시압력계를 설치할 것

10.6.2 가압용 가스용기

(1) 가압용 가스용기 설치기준

① 분말소화약제의 가스용기는 분말소화약제의 저장용기에 접속하여 설치하여야 한다.

② 분말소화약제의 가압용 가스용기를 3병 이상 설치한 경우에 있어서는 2개 이상의 용기에 전자 개방밸브를 부착하여야 한다.

③ 분말소화약제의 가압용 가스용기에는 2.5 MPa 이하의 압력에서 조정이 가능한 압력 조정기를 설치하여야 한다.

(2) 가압용 또는 축압용 가스 설치기준

① 가압용 또는 축압용 가스는 질소가스 또는 이산화탄소로 할 것

② 가압용 가스에 질소가스를 사용하는 것에 있어서는 질소가스는 소화약제 1 kg마다 40 L(35℃ 에서 0.1 MPa의 압력상태에서 환산한 것) 이상, 이산화탄소를 사용하는 것에 있어서의 이산화탄소는 소화약제 1 kg에 대하여 20g에 배관의 청소에 필요한 양을 가산한 양 이상으로 할 것

③ 축압용 가스에 질소가스를 사용하는 것에 있어서의 질소가스는 소화약제 1 kg에 대하여 10 L(35°C에서 0.1 MPa의 압력상태로 환산한 것) 이상, 이산화탄소를 사용하는 것에 있어서의 이산화탄소는 소화약제 1 kg에 대하여 20g에 배관의 청소에 필요한 양을 가산한 양 이상으로 할 것

④ 배관의 청소에 필요한 양의 가스는 별도의 용기에 저장할 것

10.6.3 분사헤드

(1) 전역방출 방식

① 방사된 소화약제가 방호구역의 전역에 균일하고 신속하게 확산할 수 있게 한다.

② 약제저장기준에 의하여 산출된 분말소화약제의 저장량을 30초 이내에 방사할 수 있어야 한다.

(2) 국소방출 방식

① 소화약제의 방사에 의하여 가연물이 비산하지 아니하는 장소에 설치한다.

② 기준 저장량의 소화약제를 30초 이내에 방사할 수 있는 것으로 한다.

(3) 호스릴 방식

① 방호대상물의 각 부분으로부터 하나의 호스접결구까지의 수평거리가 15 m 이하가 되도록 한다.

② 소화약제 저장용기의 개방밸브는 호스릴 설치장소에서 수동으로 개폐할 수 있는 것으로 한다.

③ 소화약제의 저장용기는 호스릴을 설치하는 장소마다 설치한다.

④ 노즐은 하나의 노즐마다 1분당 아래의 표 10.3에 의한 소화약제를 방사할 수 있도록 한다.

표 10.3 약제별 분당 방사량

소화약제의 종별	1분당 방사하는 소화약제량
제1종 분말	45 kg
제2종 분말 또는 제3종 분말	27 kg
제4종 분말	18 kg

⑤ 저장용기는 보기 쉬운 곳에 적색의 표시등을 설치하고, 이동식 분말소화설비가 있다는 뜻을 표시한 표지를 설치한다.

10.6.4 배관

(1) 배관의 설치기준

① 배관은 전용으로 할 것

② 강관을 사용하는 경우의 배관은 아연도금에 의한 KS D 3507이나 이와 동등 이상의 강도·내식성 및 내열성을 가진 것으로 할 것(다만, 축압식 분말소화설비에 사용하는 것 중 20℃ 에서 압력이 2.5 MPa 이상 4.2 MPa 이하인 것에 있어서는 KS D 3562 중 이음이 없는 스케줄 40 이상의 것 또는 이와 동등 이상의 강도를 가진 것으로서 아연도금으로 방식처리된 것을 사용)

③ 동관을 사용하는 경우의 배관은 고정압력 또는 최고사용압력이 1.5배 이상의 압력에 견딜 수 있는 것을 사용할 것

④ 밸브류는 개폐위치 또는 개폐방향을 표시한 것으로 할 것

⑤ 배관의 관부속 및 밸브류는 배관과 동등 이상의 강도 및 내식성이 있는 것으로 할 것

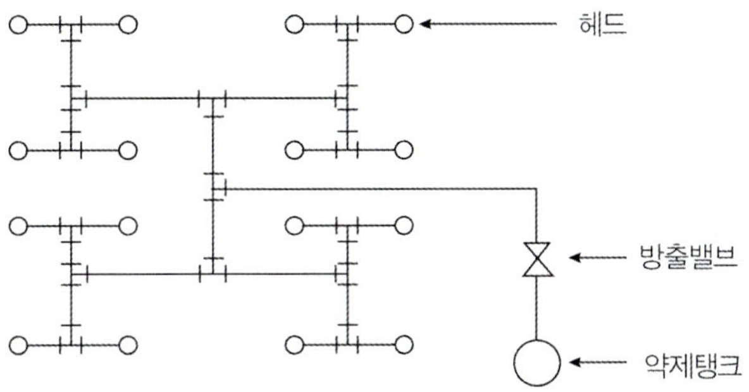

그림 10.4 토너먼트 배관

(2) 배관의 설계기준

① 가스와 분말의 분리를 방지하기 위하여 배관의 최소 굵기는 20 mm 이상으로 한다.

② 배관을 분기하는 경우 관경의 20배 이상 간격을 두고 분기한다.

③ 티를 사용하여 분기 시에는 2방향은 대칭이 되도록 하여 배관 단면적의 합계가 일정하도록 한다.

④ 분사헤드를 설치한 가지배관에 이르는 배관의 분기는 토너먼트 방식으로 한다.

⑤ 낙차는 50 m 이하로 한다.

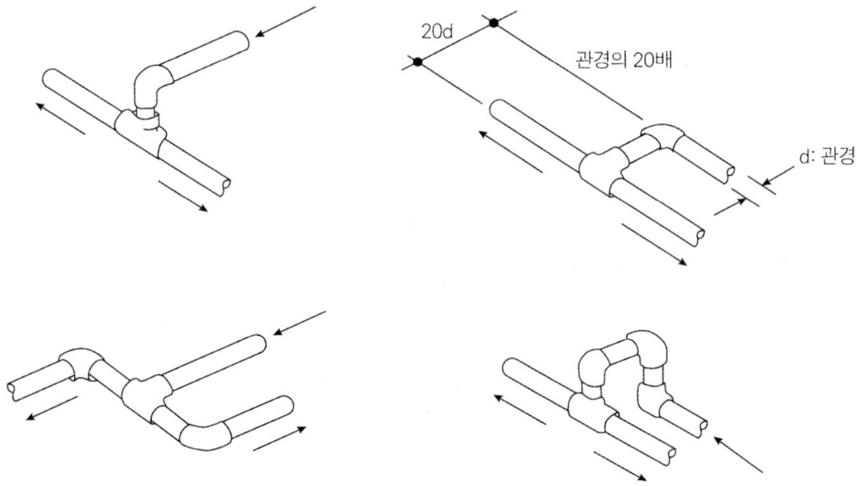

그림 10.5 토너먼트 배관의 분기규정

10.6.5 부속장치류

(1) 정압작동장치

질소 또는 이산화탄소의 가압용가스용기로부터 가압가스가 분말소화설비 약제 저장용기 내에 유입되어 분말약제를 혼합, 유동하여 방사압력이 되었을 때 정압작동장치가 동작하여 약제용기의 주밸브를 개방시켜주는 장치이다.

1 종류

① 압력스위치 방식(가스압식)

약제저장탱크 내의 압력이 일정압력(1.5~2.0 MPa)에 이르면 압력스위치가 이를 감지하여 솔레노이드밸브를 개방시킴으로서 가압용 가스가 공급되어 주밸브를 개방시킨다.

② 스프링 방식(기계식)

약제저장탱크 내의 압력이 일정압력(1.5~2.0 MPa)에 이르면 약제탱크 내에 내장된 스프링의 힘으로 주밸브를 개방시킨다.

③ 릴레이 방식(전기식)

약제저장용기 내의 압력이 일정 압력에 도달하는 시간을 미리 설정하고 타이머에 설정된 시간이 경과하면 릴레이가 움직여 솔레노이드밸브를 작동하여 가압용 가스가 주밸브를 개방시킨다.

(2) 압력조정장치

가압용기의 15 MPa의 가압용 고압가스를 1~2 MPa 으로 감압하여 분말소화약제 저장탱크에 보내는 장치이다.

(3) 클리닝장치

분말소화약제 방출 후에 배관 속에 약제가 남아있는 경우 분말약제가 습기를 흡수하여 굳어져 설비의 재사용이 불가능해지고 심하면 배관을 교체하여야 한다.

따라서 이런 현상을 방지하기 위하여 소화약제 작동 후 분말소화약제 탱크의 잔압을 방출함과 동시에 청소장치로 배관 내를 깨끗이 청소해주는 것이 클리닝 장치이다.

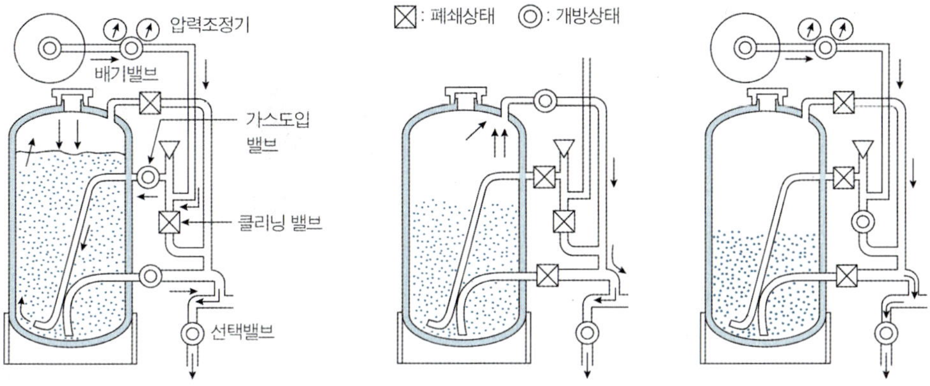

(a) 소화약제 압송 중 (b) 잔압방출 조작 중 (c) 클리닝 조작 중

그림 10.6 배관 클리닝밸브 조작

10.7 소화약제 저장량

10.7.1 전역방출 방식

① 방호구역의 체적 1 m^3에 대하여 표 10.4에 의한 양으로 하며

$$\text{소화약제 저장량(kg)} = \text{방호구역 체적}(m^3) \times \text{소화약제량}(kg/m^3)$$

② 방호구역의 개구부에 자동폐쇄장치를 설치하지 아니한 경우에는 표 10.4의 가산한 양을 더하여 구한다.

$$\text{소화약제 저장량(kg)} = \text{방호구역 체적}(m^3) \times \text{소화약제량}(kg/m^3) + \text{개구부 면적}(m^2) \times \text{가산량}(kg/m^2)$$

표 10.4 분말소화약제 소화약제량

약제의 종류	소화약제량	가산량
제1종 분말	0.60 kg/m^3	4.5 kg/m^2
제2·3종 분말	0.36 kg/m^3	2.7 kg/m^2
제4종 분말	0.24 kg/m^3	1.8 kg/m^2

10.7.2 국소방출방식

분말소화 설비의 국소방출방식은 다음 기준에 의하여 산출한 양에 1.1을 곱하여 얻은 양 이상으로 하여야 한다.

$$Q = \left(X - Y\frac{a}{A}\right) \times 1.1$$

여기서, Q : 방호공간에 1 m^3에 대한 분말소화약제량[kg/m^3]

a : 방호대상물의 주변에 설치된 벽면적의 합계[m^2]

A : 방호공간의 벽면적의 합계[m^2]

X, Y : 표 10.5 수치

표 10.5 X, Y의 수치

소화약제의 종별	X의 수치	Y의 수치
제1종 분말	5.2	3.9
제2종 분말 또는 제3종 분말	3.2	2.4
제4종 분말	2.0	1.5

10.7.3 호스릴 방식

호스릴 분말소화설비에 있어서는 하나의 노즐에 대하여 표 10.6에 의한 양 이상으로 한다.

$$\text{약제저장량(kg)} = \text{노즐 수} \times \text{소화약제량}$$

표 10.6 호스릴 방식 종별 약제량

소화약제의 종별	소화약제량
제1종 분말	50 kg
제2·3종 분말	30 kg
제4종 분말	20 kg

10.8 knock down 효과, 비누화 현상

10.8.1 knock down 효과

제1종 분말($NaHCO_3$)및 제2종 분말($KHCO_3$) 소화약제가 연소 중인 가연물에 분사되면 가연물의 표면을 덮어서 산소공급을 차단하여 질식시키며, 동시에 분말이 불꽃과 연소물질을 입체적으로 포위하여 부촉매작용에 의한 연소의 연쇄반응을 중단시켜 순식간에 소화되는데 이를 Knock down 효과라 한다.

일반적으로 약제 방사 후 약 10~20초 내에 소화되며 30초 이내에 Knock down 되지 않으면 소화불능으로 판정된다. 그 원인은 약제량의 방출이 부족하기 때문이다.

10.8.2 비누화 현상

제1종 분말소화약제($NaHCO_3$)를 지방이나 식용유의 화재에 사용하면 탄산수소나트륨의 Na+이온과 기름(지방이나 식용유)의 지방산이 결합하여 비누거품을 형성하게 된다. 이 비누거품이 가연물을 덮어 산소공급을 차단하여 소화효과를 높이게 되는데 이를 분말소화약제의 비누화 현상이라고 한다.

연습문제

1. 분말소화설비의 장점을 기술하시오.

2. 분말소화설비에서 소화약제 방출 후 배관 내 청소를 해주어야 한다. 그 이유는 무엇인지 간단히 설명하시오.

3. 분말소화설비에 사용되는 소화약제의 종류를 쓰고 약제의 주성분을 기술하시오 (단, 종별로 구분하시오).

4. 분말소화약제에서 분말약제 저장용기와 연결 설치되는 정압작동장치의 기능은 무엇인가?

5. 비중이 1.82이고 A, B, C급 화재에 모두 유효한 분말소화약제로서 특히 A급 가연물에 좋은 소화효과가 있으나 식용유나 지방질 화재 시는 적응성이 없다.

   [물음]
   ① 소화약제의 주성분을 화학식으로 표시하면?
   ② 소화약제 화학방정식은?
   ③ 소화약제의 착염색은?

6. 주차장에 전역방출 방식으로 분말소화설비를 설치하고자 할 때 어떤 소화약제를 선정하여야 하는지 기술하시오.

7. 아래 그림과 같은 방호대상물에 전역방출방식으로 분말소화설비를 설치하려 한다. 약제저장량은 얼마인가? (단, 개구부면적은 2 m^2이며, 자동폐쇄장치가 설치되어 있지 않다)

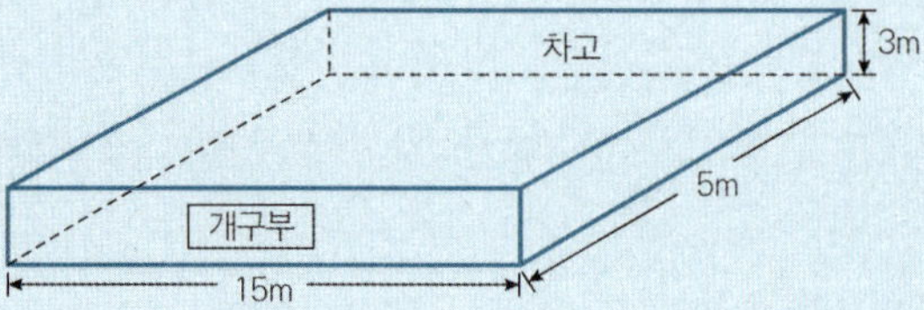

연습문제

8. 다음과 같은 소방대상물에 제3종 분말소화약제를 사용하는 분말소화설비를 전역방출 방식의 가압식으로 설치하려고 한다. 다음 조건을 이용하여 각 물음에 답하시오.

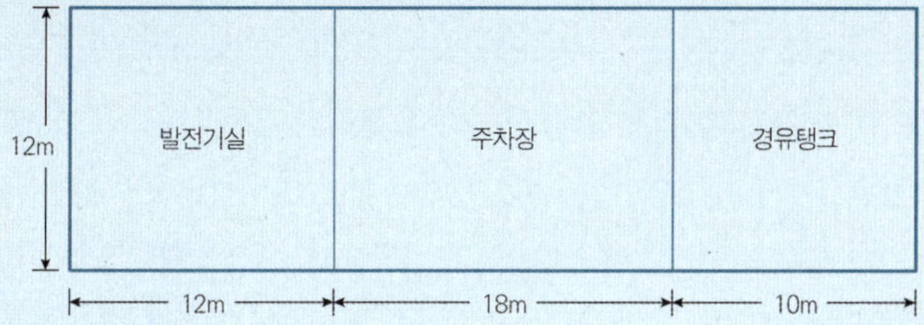

[조건]

1. 층고는 5 m이다.
2. 발전기실, 경유탱크에는 자동폐쇄장치가 설치되어 있다.
3. 개구부의 크기는 발전기실이 4 m^2, 주차장은 6 m^2, 경유탱크는 3.5 m^2이다.
4. 헤드 1개의 분출구 단면적은 0.32 cm^2이다.
5. 각 구역에 설치된 분사헤드 1개당 방출률은 9 kg/mm^2 · 분 · 개이다.
6. 약제저장용기 1병당 내용적은 68 L이다.

[물음]

① 각 방호구역당 필요한 약제 저장량(kg)을 산출하시오.
② 각 방호구역당 필요한 약제 저장용기수를 산출하시오.
③ 저장용기실에 저장하여야 하는 저장용기수는 얼마인가?
④ 각 구역당 설치해야 할 분사헤드의 개수를 산출하시오.
⑤ 사용된 약제의 소화작용에 관하여 기술하시오.

9. 분말소화설비에 대한 설명이다. ( )안에 알맞은 말을 쓰시오.

① 분말소화약제 저장용기의 잔류가스를 배출하기 위하여 (Ⓐ)을 설치하며, 배관 내의 잔류소화약제를 청소하기 위한 (Ⓑ)를 설치하도록 되어 있다.
② 분말소화설비의 정압작동장치의 종류 3가지를 쓰시오.

10. Knock down 효과와 비누화 현상에 대해 설명하시오.

소방관은 불이 난 집에서 개를 구해내 마당에 옮겨둔 뒤
다시 불을 끄러 갔습니다. 개는 임신한 상태였습니다.
소방관은 처음에는 그 개가 무서웠습니다.
한번도 도베르만을 대해본 적이 없었기 때문입니다.
불은 마침내 꺼졌고,
소방관은 주저앉아서 한숨을 돌렸습니다.
이때 한 사진작가가 그 도베르만이 멀리서 소방관을 바라보고 있는 것을 보았습니다.
그 사진작가는 도베르만이 소방관 쪽으로 똑바로 걸어가는 것을 보고는
무슨 일이 일어날지 궁금해하며 카메라를 들어 올렸습니다.

도베르만은 자신과 뱃속의 아기들을 구해준 지쳐있는 소방관에게 다가가 키스를 했고,
소방관은 이 따뜻한 소통을 기쁜 마음으로 받아줬습니다.
그 순간 사진작가는 사진을 찍었습니다~
여러분들은 그 생생한 장면을 보고 있습니다.
우리 모두 사랑합시다.

PART 3

피난구조설비

CHAPTER 1

피난기구(NFTC/PC 301)

1.1 개요

산업의 발전과 함께 건축물이 심층화, 고층화, 지능화되어가고 있어 화재발생 시 피난에 어려움이 많아지고 있다. 따라서 이러한 건축물에 화재가 발생하였을 때 안전하게 대피하기 위해서는 설치 및 피난방법, 대피훈련 등을 실시하여 안전하게 피난할 수 있도록 하여야 한다. 또한 피난기구는 화재발생 시 건축물 내에 수용되어 있는 사람들을 신속하게 피난시키고 동시에 그들의 피난활동을 돕기 위해 설치되는 소방용 기계기구이므로 남녀노소 누구나 사용하기 편리하고 조작하기 쉬워야 한다.

1.2 피난기구의 종류

- 피난기구
  - 피난사다리
  - 구조대
  - 완강기
  - 화재안전으로 정하는 것
    - 미끄럼대
    - 피난교
    - 피난용 트랩
    - 간이완강기
    - 공기안전매트
    - 다수인 피난장비
    - 승강식 피난기

1.2.1 피난사다리

화재 시 긴급대피를 위해 사용하는 사다리이다.

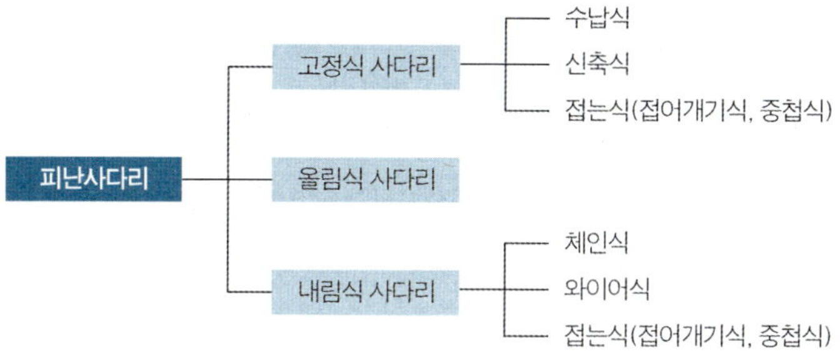

(1) 피난사다리의 구조

피난사다리는 2개 이상의 종봉과 횡봉으로 구성되며, 미끄러지지 않는 구조이어야 하며 간격과 굵기는 다음과 같다.

① 안전하고 확실하며 쉽게 사용할 수 있는 금속제 구조이어야 한다.

② 피난사다리는 2개 이상의 종봉 및 횡봉으로 구성되어야 한다. 다만, 고정식 사다리인 경우에는 종봉의 수를 1개로 할 수 있다.

③ 피난사다리의 종봉 간격은 30 cm 이상 50 cm 이하이어야 한다.

④ 피난사다리의 횡봉 직경은 14 mm 이상 35 mm 이하이어야 하며, 단면은 원형이거나 손으로 잡을 수 있는 형태이어야 한다.

⑤ 피난사다리의 횡봉 간격은 25 cm 이상 35 cm 이하이어야 한다.

⑥ 피난사다리 횡봉의 디딤면과 손으로 잡는 종봉은 미끄러지지 않는 구조이어야 한다.

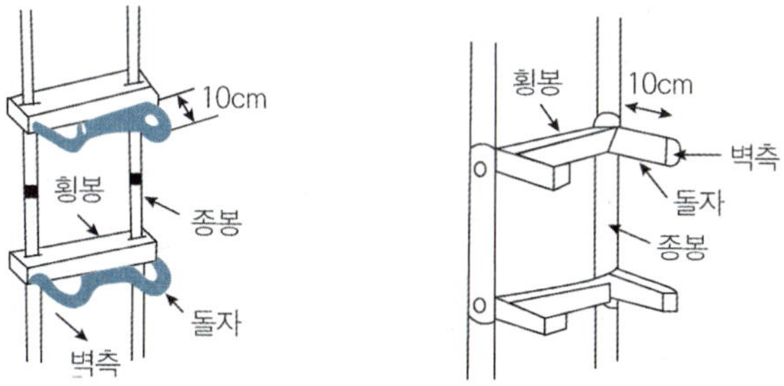

그림 1.1 피난사다리

TIP

돌자

사다리의 발판을 쉽게 디딜 수 있도록 벽과 사다리 사이의 간격은 최소 10 cm 이상의 거리가 확보되도록 돌자를 설치하여야 한다.

(2) 피난사다리의 종류

1 고정식 사다리

4층 이상의 건물에 설치하여 화재발생 시 건축물 내의 사람들을 안전한 장소로 피난할 수 있도록 건축물 벽 등에 고정으로 설치하는 것으로 구조에 따라 수납식, 접어개기식 및 신축식이 있다.

① 수납식

수납식은 평상시에는 세로봉 안에 가로봉이 수납되어 보관하고, 사용 시에는 세로봉에 수납되어 있는 가로봉을 전개하여 사용하는 사다리이다.

② 신축식

신축식 사다리는 사다리를 상하로 신축할 수 있는 구조의 고정식 사다리를 말한다.

③ 접어개기식

접어개기식 사다리는 접을 수 있도록 구성된 것으로 평상시에는 접어서 보관을 한다.

2 내림식 사다리

평상시에는 접어두거나 축소시켜 두었다가 사용 시 소방대상물의 견고한 부분 또는 견고하게 보강되어 있는 부분에 설치하는 것으로 체인식, 와이어식 및 접어개기식 등이 있다.

① 사용자의 안전을 위하여 10 cm 이상의 돌자를 설치한다(단, 돌자를 설치하지 않아도 사용 시 10 cm 이상 소방대상물과 거리를 유지할 수 있으면 설치하지 않아도 된다).
② 종봉의 끝에는 가변식 걸고리나 쉽게 이탈되지 않는 걸림장치를 부착해야 한다.

3 올림식 사다리

소방대상물에 사다리의 상부를 올려 받혀서 사용하는 것으로서 2연식, 3연식이 있으며 신축식과 접어 굽히는 식이 있다.

① 상부 지지점에 미끄러지거나 넘어지지 않도록 안전장치를 설치하여야 한다.
② 하부 지지점에는 미끄러짐을 막는 장치를 설치하여야 한다.
③ 신축하는 구조인 것은 사용할 때 자동적으로 작동하는 축제 방지장치를 설치하여야 한다.
④ 접어지는 구조인 것은 사용할 때 자동적으로 작동하는 접힘 방지장치를 설치하여야 한다.

1.2.2 완강기

완강기는 창문이나 발코니 부근의 벽 등에 고정하여 사용하는 완강기와 이동 가능한 간이 완강기로 구분한다.

(1) 완강기

완강기는 지지대에 걸어서 피난자의 몸무게에 의하여 자동적으로 하강할 수 있도록 구성된 피난기구로 사용자가 교대하여 연속적으로 사용할 수 있다. 사용방법에 따라 1인용 및 다수인용(2인용, 3인용)이 있지만 다수인용은 거의 사용하지 않고 있다.

완강기는 속도조절기(조속기), 벨트, 로프 및 후크 등으로 구성되며 강하 속도는 16 cm/s ~150 cm/s 이내이다.

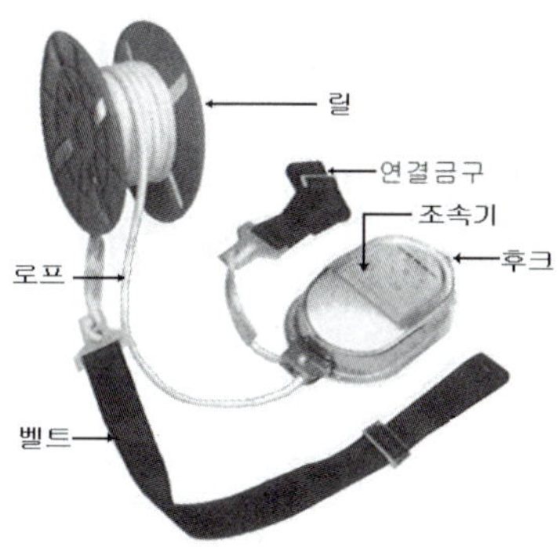

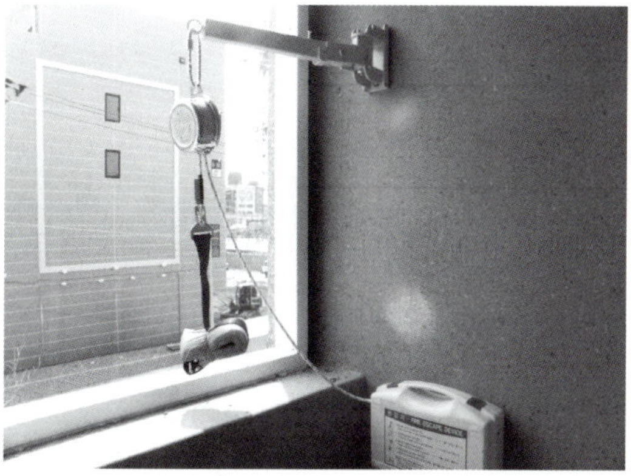

그림 1.2 완강기

1 속도조절기(조속기)

속도조절기는 피난자의 하강속도를 일정범위로 조절하는 것으로 피난자의 체중에 의해서 하강속도를 일정한 범위 내로 제어하거나 유압식에 의해 제어한다. 조속기는 다음과 같은 기능이 있어야 한다.

① 내부에는 모래 등의 이물질이 들어가지 않도록 커버로 덮을 것
② 보관 시는 장기간 사용에 견딜 수 있는 구조의 것으로 할 것
③ 회전에 의하여 가열되지 않아야 할 것
④ 강하 시 로프가 손상되지 않아야 할 것

2 로프

① 로프는 직경 3 mm 이상의 와이어로프 심에 면사로 감은 것을 사용할 것
② 로프의 구조는 전체 길이가 균일하고 하중이 걸려도 비틀리지 않는 구조일 것
③ 로프의 양 끝은 벨트의 연결금구 구멍을 통과하여 매듭을 지어서 이탈하지 않도록 하고 매듭에 봉인을 할 것

3 벨트

① 벨트는 면직물로 되어 있으며, 피난자의 흉부에 감아서 몸을 유지하는 것
② 하강 시는 피난자의 손과 발을 자유롭게 움직일 수 있고, 금구류에 의해서 부상을 입을 염려가 없는 구조
③ 벨트는 폭 45 mm 이상, 두께 0.3 cm 이상, 장착부분 길이는 160 cm 이상 180 cm 이하로 사용자의 가슴둘레에 알맞게 조절하는 조정 고리 부착

$$\text{최대 사용자수} = \frac{\text{완강기최대하중}}{80\text{kg}}$$

4 후크

방화대상물에 고정되어 있는 설치금구에 연결하여 완강기 및 사용자 체중을 지지하는 것

5 완강기의 강도

① 완강기의 강도는 최대 사용자의 수에 390 kg을 곱하여 얻은 값에 상당하는 정하중을 가하는 시험에서 다음의 기준에 적합하여야 한다.
㉮ 속도조절기, 속도조절기의 연결부 및 연결 금속구는 분해, 파손 또는 현저한 변형이 생기지 않는 구조일 것
㉯ 로프는 파손 또는 현저한 변형이 생기지 않는 것으로 할 것
② 벨트의 강도는 늘어뜨린 방향으로 1개에 650 kg의 인장하중을 가하는 시험에서 파손 또는 현저한 변형이 생기지 않는 것으로 할 것

(2) 간이 완강기

간이 완강기는 휴대가 가능하며 소방대상물에 고정시켜 사용하는 것이 아니고, 화재발생 시 피난자가 건물 내에서 외부로 피난하기 쉬운 장소에 임시로 설치하여 사용하는 것이다.

숙박시설(휴양콘도미니엄 제외)에 추가로 객실(지하층 또는 피난층 제외)마다 설치하는 것으로써 1회밖에 사용할 수 없다는 단점이 있다.

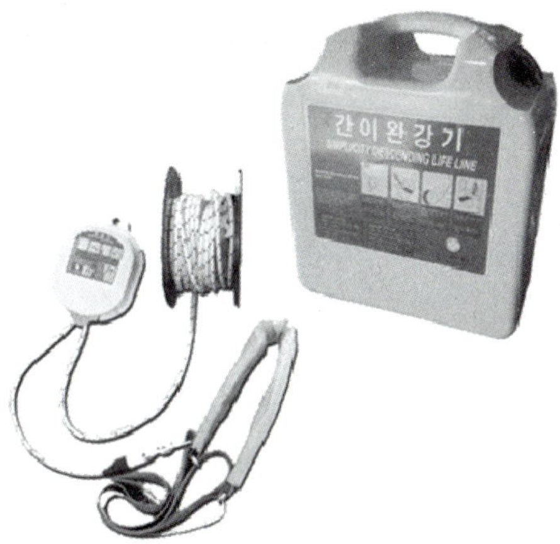

그림 1.4 간이 완강기

1.2.3 구조대

구조대는 3층 이상에 설치하는 피난기구로써 비상시 건축물 창, 발코니 등에서 지상까지 포대를 사용하여 그 포대 속을 활강하는 피난기구이다. 설치 방법에 따라 경사 강하식과 수직 강하식으로 분류된다.

(1) 구조대의 종류

① 경사 강하식 구조대(사강식)

소방대상물의 창이나 발코니 등의 개구부에서 지상으로 비스듬하게 설치하여 사용자가 그 각도에 의해 미끄럼식으로 내려올 수 있는 구조대이다.

포대의 길이는 30 m 이하, 40 m 이하, 40 m 초과의 3종류가 있으며 포대의 입구틀 크기는 50 cm의 원형물체가 통과할 수 있어야 한다.

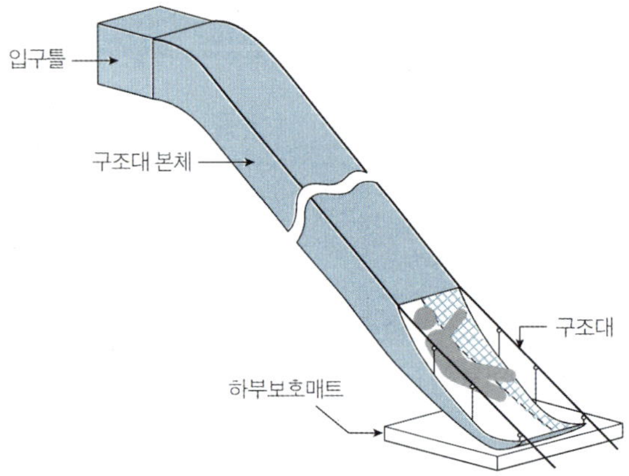

그림 1.5 경사 강하식 구조대

② 수직 강하식 구조대

건축물의 개구부에서 지상까지 수직으로 설치하는 것으로 일정한 간격으로 설치한 협축부에 의한 마찰로 하강속도를 감속시키게 되어있는 구조대이다.

사용방법은 화재발생 시 피난자가 수직의 포대 본체의 내부를 미끄러져 하강하여 피난하는 것이다.

피난자가 하강 시에는 정지하지 않는 구조이어야 하며, 입구 및 취부틀의 크기는 지름 50 cm 이상, 평균 강하속도 4 m/sec, 순간 최대 강하속도는 6 m/sec 이하이다.

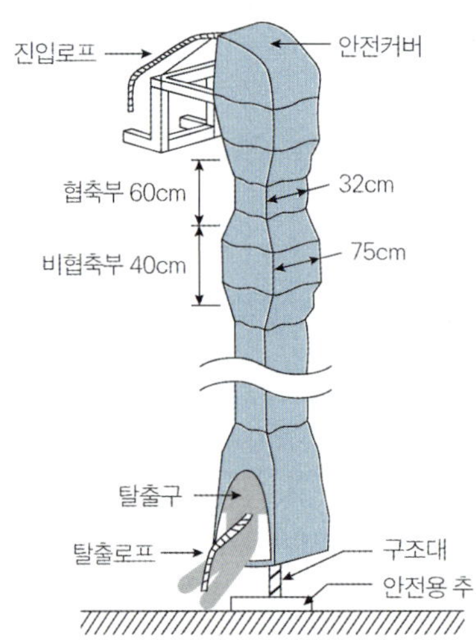

그림 1.6 수직 강하식 구조대

(2) 구조대의 구조

1 경사 강하식 구조대

① 구조대는 안전하고 쉽게 사용할 수 있어야 한다.

② 입구틀 및 취부틀의 입구는 지름 50 cm 이상의 구체가 통과할 수 있어야 한다.

③ 구조대는 연속하여 하강할 수 있는 구조이어야 한다.

④ 구조대 본체의 활강부는 낙하방지를 위해 포를 2중구조로 하거나 망목의 한 변의 길이가 8 cm 이하인 망을 설치하여야 한다.

⑤ 손잡이는 출구부분에 좌우 각 3개 이상 균일한 간격으로 견고하게 부착하여야 한다.

⑥ 지면에 닿을 때 충격을 받는 부분에는 완충장치로서 받침포 등을 부착하여야 한다.

2 수직강하식 구조대

① 구조대는 안전하고 쉽게 사용할 수 있어야 한다.

② 구조대의 포지는 외부포지와 내부포지로 구성하되 외부포지와 내부포지 사이에 충분한 공기층을 두어야 한다.

③ 입구틀 및 취부틀의 입구는 지름 50 cm 이상의 구체가 통과할 수 있어야 한다.

④ 포지는 사용 시 수직 방향으로 현저하게 늘어나지 않아야 한다.
포지, 지지틀, 취부틀 그 밖의 부속장치 등은 견고하게 부착되어야 한다.

1.2.4 공기안전매트

공기안전매트는 화재발생 시 외부로 긴급히 피난할 때 사용하는 것으로써 소방대상물의 고층에서 뛰어내릴 때 충격을 흡수하여 주는 장치를 말한다.

매트에는 공기가 충압되어 있으며, 사용 시에는 신속히 공기를 주입할 수 있는 구조이어야 하며 아파트단지에는 반드시 설치해야 하는 장비이다.

① 매트규격 : 사용높이 15 m 이하의 경우 3.5 m×3.5 m×1.7 m 이상, 중량 100 kg 이하

② 설치시간 : 성인 3명이 낙하준비 완료할 때까지 90초 이내

③ 복원시간 : 120 kg 모래주머니를 사용 높이에서 연속 2회 낙하시킨 후 다시 낙하시킬 수 있는 상태까지 복원되는 시간은 20초 이내

④ 낙하시험 : 120 kg의 모래주머니를 낙하면 부분에 연속 10회 낙하시킨 경우에 설치상태를 유지하고, 포지는 파열, 갈라짐 등의 손상이 생기지 아니하여야 한다.

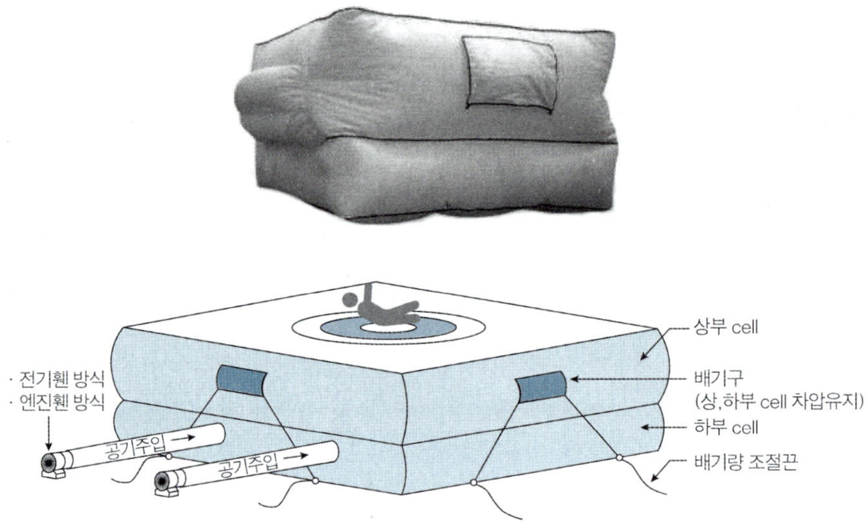

그림 1.7 공기안전매트

1.2.5 **미끄럼대**

2층 또는 3층의 건축물에 설치하여 화재발생 시 피난자가 앉아서 미끄럼을 타듯이 활강하여 피난하는 기구로써 장애인 복지시설, 노약자 수용시설 및 병원 등에 적합하며 고정식 · 반고정식 · 수납식의 3종류가 있다.

① 미끄럼면의 경사 : 25~35°

② 측판의 높이 : 30~50 cm 이하

③ 미끄럼대의 폭 : 50~100 cm 이하

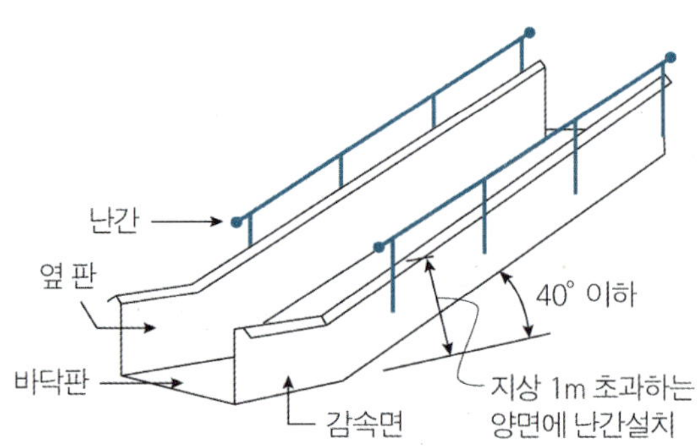

그림 1.8 미끄럼대

1.2.6 피난교

피난교는 2개동의 소방대상물 각각의 옥상부분 또는 외벽에 설치된 개구부를 연결하여 양쪽에서 상호 간에 피난하기 위해 설치하는 피난기구이다. 평상시에는 건축물 내에 접어두었다가 화재가 발생하면 신속하게 옆 건축물에 설치하여 이웃 건축물로 안전하게 피난할 수 있도록 가교 역할을 해 주는 피난기구이다.

① 피난교의 폭 : 60 cm 이상
② 난간의 높이 : 1.1 m 이상
③ 난간의 간격 : 18 cm 이하
④ 기울기 : 바닥면 1/5 미만(1/5 이상의 경우는 계단식으로 한다)

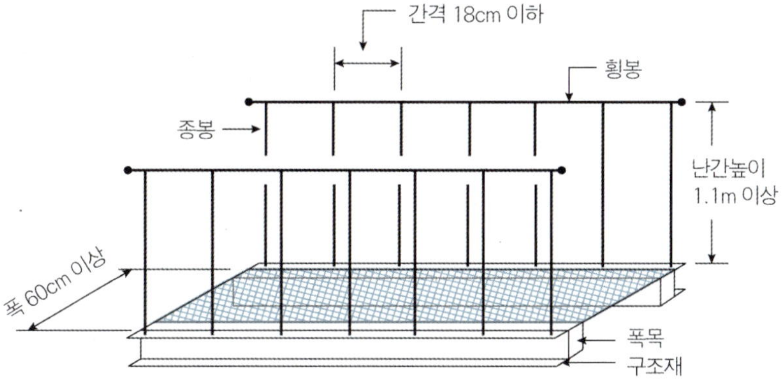

그림 1.9 피난교

1.2.7 피난용 트랩(Trap)

소방대상물의 지하층이나 2층 및 3층 높이의 개구부에 설치하여 화재발생 시 피난하는 피난기구로써 고정식과 반고정식이 있다.

① 발판(디딤판)의 폭 : 1.2 m 이상
② 적재하중 : 130 kg(1300N) 이상
③ 발판의 돌출치수 : 벽으로부터 10~15 cm
④ 발디딤 상호 간의 간격 : 25~35 cm

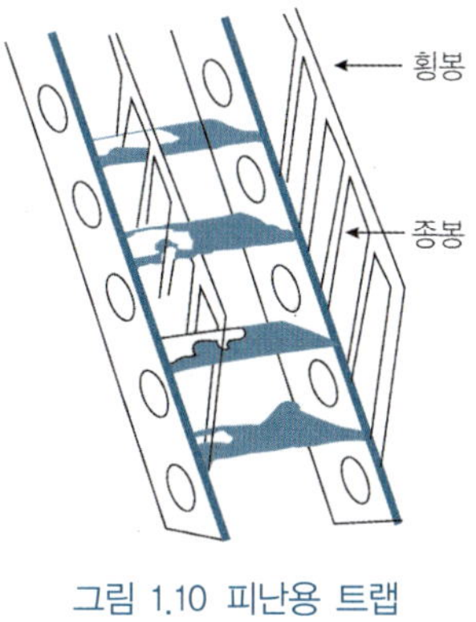

그림 1.10 피난용 트랩

1.2.8 승강식 피난기

사용자의 몸무게에 의하여 자동으로 하강하고 피난기에서 내리면 스스로 상승하여 연속적으로 사용할 수 있는 무동력 승강식 피난기이다. 2대를 1조로 좌우측에 설치하여 피난자가 층마다 좌측과 우측의 피난기를 교대로 사용하여 피난한다.

1.2.9 다수인 피난장비

화재 시 2인 이상의 피난자가 동시에 해당 층에서 지상 또는 피난층으로 하강하는 피난기구를 말한다.

(1) 설치기준

① 피난에 용이하고 안전하게 하강할 수 있는 장소에 적재 하중을 충분히 견딜 수 있도록 견고하게 설치할 것

② 다수인 피난장비 보관실은 건물 외측보다 돌출되지 아니하고, 빗물 · 먼지 등으로부터 장비를 보호할 수 있는 구조일 것

③ 사용 시에 보관실 외측 문이 먼저 열리고 탑승기가 외측으로 자동으로 전개될 것

④ 하강 시에 탑승기가 건물 외벽이나 돌출물에 충돌하지 않도록 설치할 것

⑤ 상 · 하층에 설치할 경우에는 탑승기의 하강경로가 중첩되지 않도록 할 것

⑥ 하강 시에는 안전하고 일정한 속도를 유지하도록 하고 전복, 흔들림, 경로이탈 방지를 위한 안전조치를 할 것

⑦ 보관실의 문에는 오작동 방지조치를 하고, 문 개방 시에는 당해 소방대상물에 설치된 경보설비와 연동하여 유효한 경보음을 발하도록 할 것

⑧ 피난층에는 해당층에 설치된 피난기구가 착지에 지장이 없도록 충분한 공간을 확보할 것

1.3 피난기구 설치기준

피난기구는 표 1.1에 따라 소방대상물의 설치장소별로 그에 적응하는 종류의 것으로 설치하여야 한다.

표 1.1 설치장소별 피난기구 적응성

	1층	2층	3층	4층 이상 10층 이하
노유자 시설	• 미끄럼대 • 구조대 • 피난교 • 다수인피난장비 • 승강식 피난기	• 미끄럼대 • 구조대 • 피난교 • 다수인피난장비 • 승강식 피난기	• 미끄럼대 • 구조대 • 피난교 • 다수인피난장비 • 승강식 피난기	• 구조대[1)] • 피난교 • 다수인피난장비 • 승강식 피난기
의료시설 · 근린생활시설 중 입원시설이 있는 의원 · 접골원 · 조산원			• 미끄럼대 • 구조대 • 피난교 • 피난용 트랩 • 다수인피난장비 • 승강식 피난기	• 구조대 • 피난교 • 피난용 트랩 • 다수인피난장비 • 승강식 피난기
「다중이용업소의 안전관리에 관한 특별법 시행령」 제2조에 따른 다중이용업소로써 영업장의 위치가 4층 이하인 다중이용업소		• 미끄럼대 • 피난사다리 • 구조대 • 완강기 • 다수인피난장비 • 승강식 피난기	• 미끄럼대 • 피난사다리 • 구조대 • 완강기 • 다수인피난장비 • 승강식 피난기	• 미끄럼대 • 피난사다리 • 구조대 • 완강기 • 다수인피난장비 • 승강식 피난기
그 밖의 것			• 미끄럼대 • 피난사다리 • 구조대 • 완강기 • 피난교 • 피난용 트랩 • 간이완강기[2)] • 공기안전매트[3)] • 다수인피난장비 • 승강식 피난기	• 피난사다리 • 구조대 • 완강기 • 피난교 • 간이완강기[2)] • 공기안전매트[3)] • 다수인피난장비 • 승강식 피난기

[비고]

1) 구조대의 적응성은 장애인 관련 시설로써 주된 사용자 중 스스로 피난이 불가능한 자가 있는 경우 제4조제2항제4호에 따라 추가로 설치하는 경우에 한한다.

2), 3) 간이완강기의 적응성은 제4조제2항제2호에 따라 숙박시설의 3층 이상에 있는 객실에 안전매트의 적응성은 제4조제2항제호에 따라 공동주택(「공동주택관리법」 제2조제1항제2호 가목부터 라목까지 중 어느 하나에 해당하는 공동주택)에 추가로 설치하는 경우에 한한다.

1.3.1 피난기구의 설치

(1) 피난기구의 설치 개수

① 층마다 설치하되 숙박 시설 · 노유자 시설 및 의료 시설로 사용되는 층에 있어서는 그 층의 바닥면적 500 m^2마다, 위락 시설 · 관람 집회 및 운동 시설 · 판매 시설로 사용되는 층 또는 복합 용도의 층에 있어서는 그 층의 바닥면적 800 m^2마다, 계단실형 아파트에 있어서는 각 세대마다, 그 밖의 용도의 층에 있어서는 그 층의 바닥면적 1,000 m^2마다 1개 이상을 설치할 것

② 제 ①호 규정에 따라 설치한 피난기구 외에 숙박시설(휴양콘도미니엄은 제외한다)의 경우에는 추가로 객실마다 간이 완강기를 설치할 것

③ 제 ①호 규정에 따라 설치한 피난기구 외에 아파트(주택법시행령 제48조의 규정에 따른 아파트에 한한다)의 경우에는 하나의 관리주체가 관리하는 아파트 구역마다 공기안전매트 1개 이상을 추가로 설치할 것. 다만, 옥상으로 피난이 가능하거나 인접세대로 피난할 수 있는 구조인 경우에는 추가로 설치하지 아니할 수 있다.

(2) 피난기구의 설치 기준

① 피난기구는 계단, 피난구 기타 피난시설로부터 적당한 거리에 있는 안전한 구조로 된 피난 또는 소화 활동상 유효한 개구부에 고정하여 설치하거나 필요한 때에 신속하고 유효하게 설치할 수 있는 상태에 둘 것

② 피난기구를 설치하는 개구부는 서로 동일 직선상이 아닌 위치에 있도록 하되 미끄럼 봉, 피난교, 피난용트랩, 간이 완강기, 아파트에 설치되는 피난기구 기타 피난상 지장이 없는 것에 있어서는 그러하지 아니하다.

③ 소방 대상물의 기둥, 바닥, 보 그밖의 구조상 견고한 부분에 볼트 조임, 매입, 용접 그 밖의 방법으로 견고하게 부착하여야 한다.

④ 4층 이상의 층에 피난 사다리를 설치하는 경우에는 금속성 고정 사다리를 설치하고, 당해 고정 사다리는 쉽게 피난할 수 있는 구조의 노대를 설치하여야 한다.

⑤ 완강기는 강하 시 로프가 소방 대상물과 접촉하여 손상되지 않도록 하여야 한다.

⑥ 완강기, 미끄럼 봉 및 피난 로프의 길이는 부착 위치에서 지면, 기타 피난상 유효한 착지면까지의 길이로 하여야 한다.

⑦ 미끄럼대는 안전한 하강속도를 유지하도록 하고, 전락방지를 위한 안전조치를 하여

야 한다.

⑧ 구조대의 길이는 피난상 지장이 없고, 안전한 하강속도를 유지할 수 있는 길이로 하여야 한다.

⑨ 피난기구를 설치한 장소에는 가까운 곳의 보기 쉬운 곳에, 피난기구의 위치를 표시하는 발광식 또는 축광식 표지와 그 사용방법을 표시한 표지를 부착하되, 축광식 표지는 다음 기준에 적합하여야 한다.

㉮ 방사성물질을 사용하는 위치표지는 쉽게 파괴되지 않는 재질로 처리할 것

㉯ 위치표지는 주위 조도 0 Lx에서 20분간 발광 후 직선거리로 20 m 떨어진 위치에서 표시면의 문자 또는 화살표 등을 쉽게 식별할 수 있는 것으로 할 것

㉰ 위치표지의 표시면은 쉽게 변형, 변질 또는 변색되지 아니할 것

㉱ 위치표지의 표지면의 휘도는 주위 조도 0 Lx에서 20분간 발광 후 24mcd/m^2으로 할 것

(3) 설치감소 기준

1 피난기구를 1/2로 감소할 수 있는 경우(소수점 이하는 1로 본다)

① 주요 구조부가 내화구조로 되어 있을 것

② 직통계단인 피난계단 또는 특별피난계단이 2 이상 설치되어 있을 것

2 주요 구조부가 내화구조이고 건널 복도가 설치되어 있는 층에는 당해 건널 복도 수의 2배수를 뺀 수로 한다.

① 내화구조 또는 철골조로 되어 있을 것

② 건널 복도 양단의 출입구에 자동폐쇄장치를 한 60분+방화문 또는 60분 방화문(방화셔터 제외)이 설치되어 있을 것

③ 피난, 통행 또는 운반의 전용 용도일 것

3 다음 각 호의 기준에 적합한 노대가 설치된 거실의 바닥면적은 피난기구 설치개수의 규정에 의한 피난기구의 설치개수 산정을 위한 바닥면적에서 이를 제외할 것

① 노대를 포함한 소방대상물의 주요구조부가 내화구조이어야 할 것

② 노대가 거실의 외기에 면하는 부분에 피난상 유효하게 설치할 것

③ 노대가 소방사다리차가 쉽게 통행할 수 있는 도로 또는 공지에 면하여 설치되어 있거나, 거실부분과 방화구획되어 있거나 또는 노대에 지상으로 통하는 계단 그밖

의 피난기구가 설치되어 있어야 할 것

(4) 피난기구의 설치제외

피난구조설비의 설치면제 요건의 규정에 따라 다음에 해당하는 소방대상물 또는 그 부분에는 피난기구를 설치하지 아니할 수 있다(단, 숙박시설(휴양 콘도미니엄 제외)에 설치되는 간이 완강기는 그렇지 아니한다).

[1] 다음의 기준에 적합한 층

① 주요 구조부가 내화구조로 되어 있어야 할 것
② 실내의 면하는 부분의 마감이 불연재료, 준불연재료 또는 난연재료로 되어 있고, 방화구획이 건축법 시행령 제46조의 규정에 적합하게 구획되어 있어야 할 것
③ 거실의 각 부분으로부터 직접 복도로 쉽게 통할 수 있어야 할 것
④ 복도에 2 이상의 특별 피난계단 또는 피난계단이 건축법 시행령 제35조의 규정에 적합하게 설치되어 있어야 할 것
⑤ 복도의 어느 부분에서도 2 이상의 방향으로 각각 다른 계단에 도달할 수 있어야 할 것

[2] 다음의 기준에 적합한 소방대상물 중 그 옥상에 직하층 또는 최상층(관람집회 및 운동시설 또는 판매시설 제외)

① 주요구조부가 내화구조로 되어 있어야 할 것
② 옥상의 면적이 1,500 m^2 이상이어야 할 것
③ 옥상으로 쉽게 통할 수 있는 창 또는 출입구가 설치되어 있어야 할 것
④ 옥상이 소방 사다리차가 쉽게 통행할 수 있는 도로(폭 6 m 이상의 것) 또는 공지(공원 또는 광장)에 면하여 설치되어 있거나 옥상으로부터 피난층 또는 지상으로 통하는 2 이상의 피난계단 또는 특별피난계단이 건축법시행령 제35조에 적합하게 설치되어 있어야 할 것

연습문제

1. 다음은 피난기구에 대한 물음이다. 각 물음에 답하시오.
   1) 피난사다리의 횡봉은 부착면과 일정한 간격을 유지하도록 규정하고 있는데, 유지간격(cm)과 그 이유를 쓰시오.
   2) 조속기(속도조절기)의 하강속도는 몇 cm/s인가?
   3) 조속기의 기능점검사항 5가지를 쓰시오.
   4) 수직 강하식 구조대에는 일정한 간격으로 협축부를 설치하는데 이유는 무엇인가?

2. 완강기의 구성 부분 5가지를 구분하여 기술하시오.

3. 피난구조설비 중 실제 화재 시에 사용할 수 있는 피난기구의 종류 5가지를 쓰시오.

4. 아래 그림의 소방대상물에 사강식 구조대를 설치하는 경우의 개구부의 위치를 도시하시오.

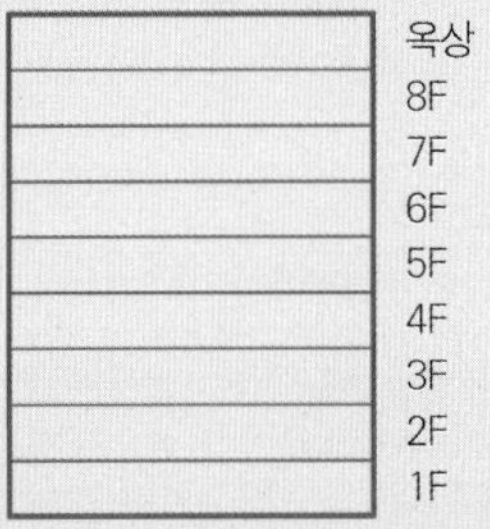

CHAPTER 2

인명구조기구(NFTC/PC 302)

2.1 개요

인명구조기구는 소방대상물의 화재 시 발생되는 열, 연기, 유해성가스, 위험물질 등으로부터 인명을 보호하거나 구조하는데 사용되는 기구이다.

인명구조기구의 종류는 방열복, 공기호흡기, 인공소생기 등이 있으며 인명에 피해를 주거나 취급 및 조작기술 부족으로 인하여 위해가 발생되지 않도록 평상시 충분한 조작 및 사용, 취급에 대한 안전관리가 필요하다.

2.2 적용대상물

인명구조기구는 지하층을 포함한 층수가 5층 이상 병원 및 7층 이상 관광호텔에 설치한다. 그러나 병원의 경우에는 인공소생기의 설치를 제외한다.

표 2.1 특정소방대상물의 용도 및 장소별로 설치하여야 할 인명구조기구

특정 소방대상물	종류	수량
• 지하층을 포함하는 층수가 7층 이상인 관광호텔 및 5층 이상인 병원	• 방열복 • 공기호흡기 • 인공소생기 • 방화복(안전모, 보호장갑, 안전화 포함)	각 2개 이상 비치 (예외: 병원의 경우 방열복, 공기호흡기)
• 문화 및 집회시설 중 수용인원 100명 이상의 영화상영관 • 판매시설 중 대규모 점포 • 운수시설 중 지하역사 • 지하가 중 지하상가	• 공기호흡기	층마다 2개 이상 비치 예외: 공기호흡기 중 일부를 직원이 상주하는 인근 사무실에 갖추어둘 경우)
• 이산화탄소소화설비를 설치하여야 하는 특정 소방대상물	• 공기호흡기	이산화탄소소화실비가 설치된 장소의 출입구 외부 인근에 1대 이상 비치

2.3 인명구조기구의 종류

인명구조기구
- 방열복
- 방화복(안전모, 보호장갑, 안전화)
- 공기호흡기
- 인공소생기

2.3.1 방열복

방열복은 인명구조기구 중 가장 많이 이용되는 것으로 사람이 화염 주변에서 고온의 복사열에 견딜 수 있도록 제작된 특수 내열피복이며, 소화활동을 위하여 입는 옷을 말한다.

방열복은 방열상의, 방열하의, 방열장갑 및 방열장화 등으로 구분된다.

그림 2.1 방열복

2.3.2 공기호흡기

공기호흡기는 소방대상물 화재 시 발생되는 유해성 가스 중에서 일정한 시간 동안 사용이 가능하도록 제조된 공기 압축식의 공기호흡 장비이다.

공기호흡기는 유독성가스 중에서도 순수한 공기만을 공급하여 소화 활동을 하는 사람이 유독성 가스에 질식하거나 중독되지 않도록 되어 있으며 양압식 공기호흡기와 음압식 공기호흡기로 구분된다.

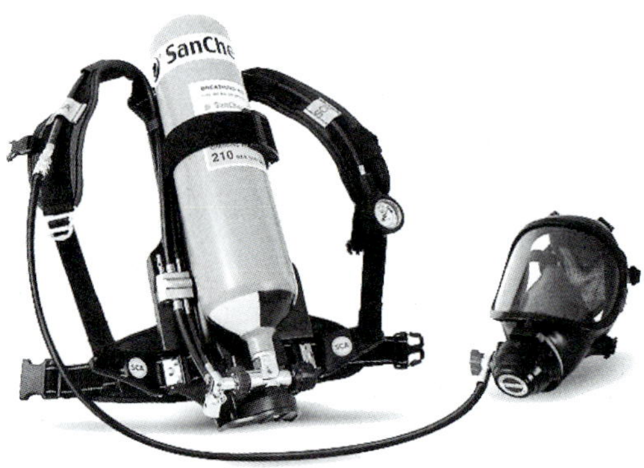

그림 2.2 공기호흡기

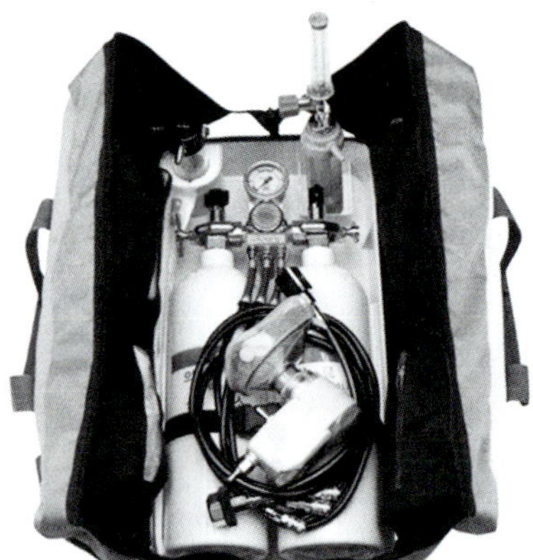

그림 2.3 인공소생기

(1) 양압식 공기호흡기(Positive Air Respirator)

양압식 공기호흡기는 사람의 얼굴 면에 작용하는 압력이 외기의 압력보다 항상 일정 압력만큼 높게 되어 있으며, 면체 내의 압력이 일정 압력 이하가 되면 작동되는 압력 디멘드 밸브(demand valve)가 부착되어 있다.

(2) 음압식 공기호흡기(Negative Air Respirator)

음압식 공기호흡기는 공기를 흡입할 때 열리고, 공기를 배기하거나 정지할 때에 닫히는 디멘드밸브가 부착되어 있다.

2.3.3 인공소생기

인공소생기는 화재발생 시 유독성 가스에 질식되었거나 중독 등에 의해서 심폐기능이 악화되어 정상적으로 호흡할 수 없는 사람에게 인공호흡시켜 소생하도록 하는 구급용 기구이다.

(1) 흡인기능

인공호흡 전에 입속이나 기관지에 남아있는 점액, 혈액, 오물 등을 흡인시켜 기관지를 정상적으로 유지시켜주는 기능이다.

(2) 자동인공호흡기능

사람의 호흡이 정지되었거나 스스로 호흡이 곤란한 환자에게 자동 전환기에 의해 인공호흡을 시켜 소생하도록 하는 기능이다.

(3) 산소흡인기능

산소흡인기능은 스스로 호흡이 가능한 환자 및 산소결핍에 의한 청색증 환자에게 습윤산소를 공급하는 기능이다.

2.3.4 인명구조기구 설치기준

① 방열복, 공기호흡기(보조마스크포함) 및 인공소생기를 각각 2개 이상 비치하여야 한다.
② 화재 시 쉽게 반출하여 사용할 수 있는 장소에 비치하여야 한다.
③ 인명구조 기구가 설치된 가까운 장소의 보기 쉬운 곳에 "인명구조기구"라는 표지판 등을 설치하여야 한다.

PART 4

소화활동설비

CHAPTER 1

제연설비(NFTC/PC 501)

1.1 제연설비(NFTC/PC 501)

1.1.1 개요

제연설비는 화재에 의하여 발생하는 연기가 피난을 방해하지 않도록 방호구역 내에 가두어 그 연기를 제어, 배출하거나 피난통로로 연기의 침입을 방지시켜 연기로부터 피난 안전성을 확보하는 설비이다.

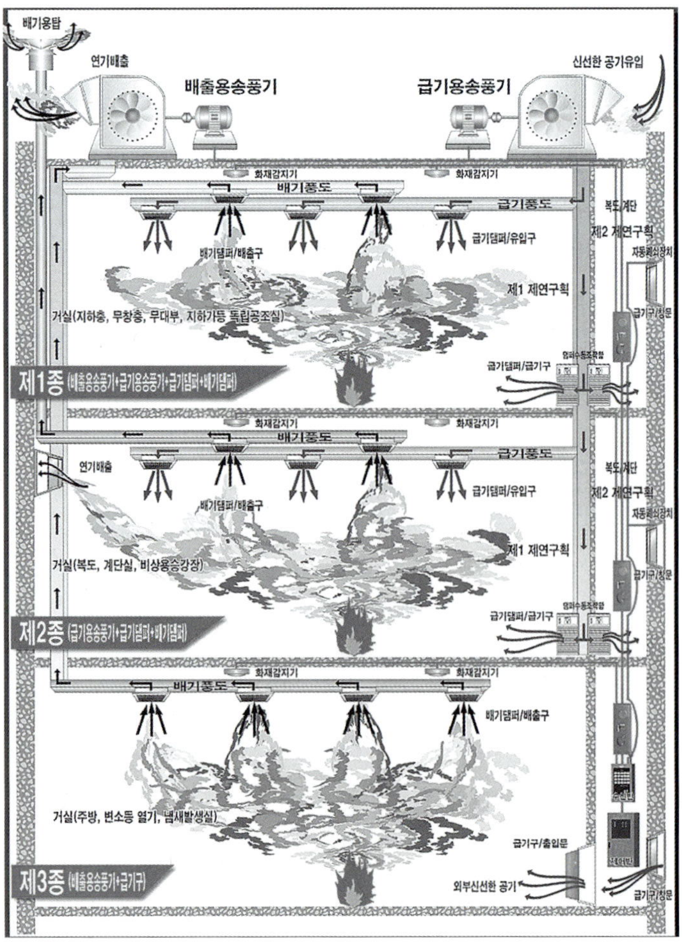

그림 1.1 제연설비

제연설비는 자연 또는 기계적인 방법(송풍기, 배출기)을 이용하여 연기의 이동 및 확산을 제어한다. 단순히 연기만 배출시키는 배연설비와 구분되며, 송풍기로 가압시켜 가압공간 내로 연기가 들어오지 못하도록 하는 방연(smoke defense)설비와 배출기로 화재실의 연기를 배출시키는 배연(smoke ventilation)설비로 구분할 수 있다.

1.1.2 제연설비의 목적

① 계단, 피난로, 승강로 등 피난 경로상에 연기가 유입되는 것을 제한한다.
② 피난에 소요되는 시간 동안 피난로, 방연구역에 방어환경을 유지시켜준다.
③ 제연구역으로부터 연기의 확산을 억제한다.
④ 각종 소화 및 구조활동을 수행하는 비상요원을 지원하도록 제연구역 외부의 환경을 조성시켜준다.
⑤ 인명을 보호하고, 재산손실을 감소시켜준다.

TIP

연기의 이동요인
① 온도상승에 의한 가스팽창
② 굴뚝효과(stack effect)
③ 외부 바람의 영향
④ 공조설비

1.1.3 제연 방식의 종류

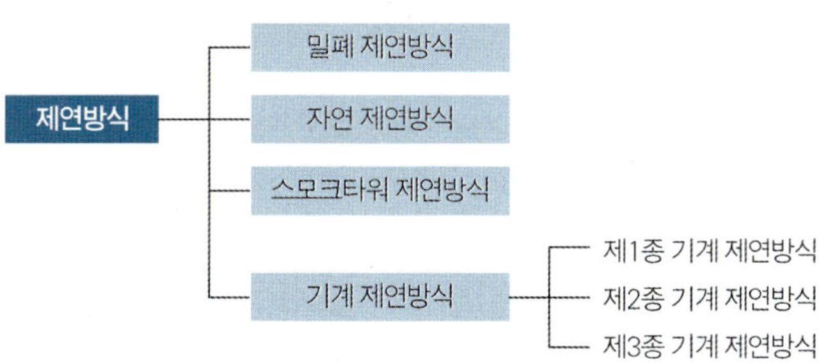

(1) 밀폐제연 방식

화재가 발생하였을 때 밀폐도가 높은 벽이나 문으로 밀폐하여 연기의 유출 및 공기 등의 유입을 차단시켜 제연하는 방식으로 호텔, 아파트 등 구획을 작게 할 수 있는 소방대상물에 적합하다.

(2) 자연제연 방식

화재 시 발생한 고온에 의한 열기류의 부력 또는 화재실 외부바람의 흡출효과에 의하여 화재실 상부에 설치된 창 또는 전용의 배연구로부터 연기를 실외로 배출하는 방식이다.

부력에 의해 자동 배출되므로 전원장치가 필요하지 않고 평상시에는 환기설비로도 겸용 할 수 있으므로 방재설비의 유휴화 방지에도 이점이 있다.

그러나 실외 바람의 방향 등에 의하여 배연효과가 감소하거나 연기가 타 지역으로 누출될 수도 있는 단점이 있다. 또한 고층빌딩 등에서 층간 구획이 확실히 행하여지지 않은 상태에서 저층의 개구부를 열면 연돌효과에 의해 화재를 확대시킬 수가 있다.

자연제연방식은 소방법과 건축법에서 요구하고 있는 제연설비로써 당해 층에 설치되어 있는 창, 발코니 등의 개구부 면적이 당해 바닥면적의 1/100 이상이 되는 경우에 인정된다.

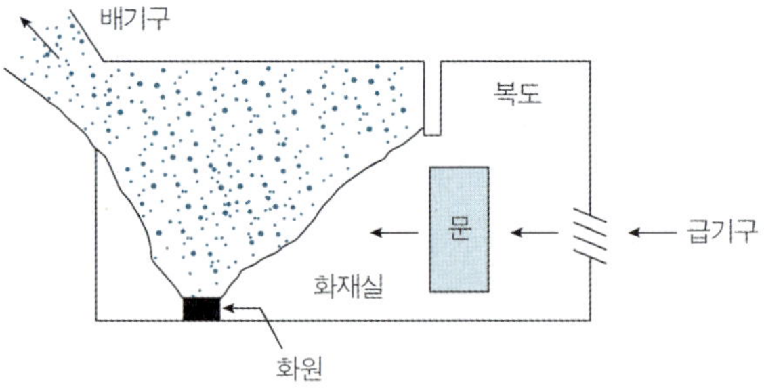

그림 1.2 자연제연 방식

(3) 스모그타워제연 방식

제연전용의 샤프트를 설치하여 난방 등에 의한 소방대상물 내·외의 온도 차이, 화재 시 온도상승에 의해 생기는 부력이나 지붕상부에 설치된 루프모니터 등의 외풍에 의하여 회전하면서 생기는 흡인력을 통기력으로 제연하는 방식으로서 고층빌딩에 적합하다.

굴뚝이나 환기통의 내열성에 따라 어느 정도 고온의 연기까지는 제연할 수 있는 장점이 있다.

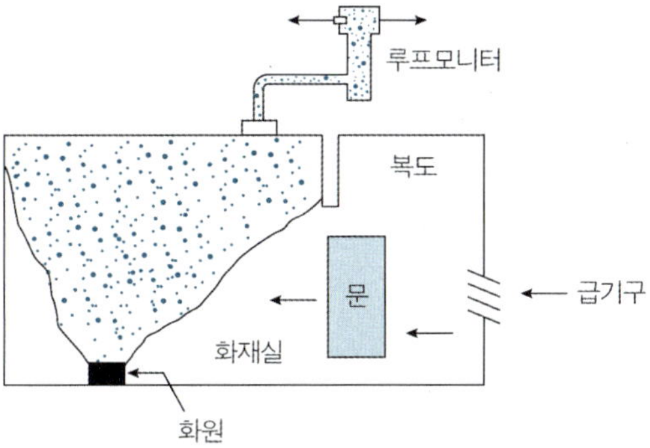

그림 1.3 스모크타워 제연방식

(4) 기계제연 방식

① 제1종 기계제연 방식

화재실 연도 쪽에 배풍기(배연기)를 설치하고 실내의 연기를 배기함과 동시에 연소실 입구 쪽에 송풍기를 설치하여 복도나 계단 등을 통하여 외부의 공기를 급기하는 제연 방식이다.

화재실 내의 압력 균형을 취할 필요가 있을 때 사용하고, 항상 배기량을 급기량보다 크게 공급하여 화재실 내를 부압으로 만들 때 좋으나 급·배기를 모두 기계에 의존하므로 다른 설비에 비해 장치가 복잡하고 급기량 및 배기량의 균형에 주의하여야 한다.

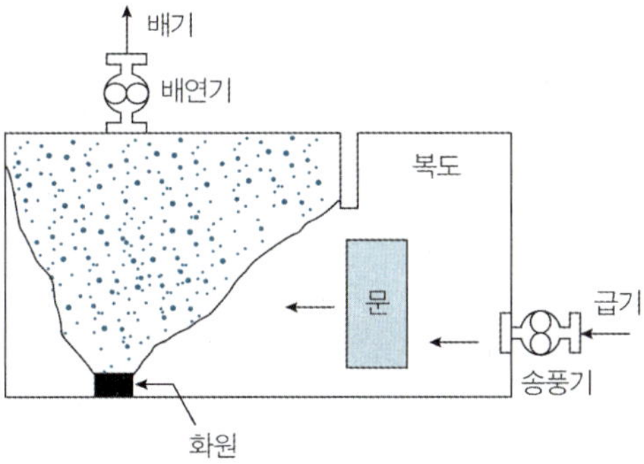

그림 1.4 제1종 기계제연방식

② 제2종 기계제연 방식

화재실 입구측에 송풍기(배연기)만 설치하여 화재실 밖의 공기를 복도, 계단 등 피난통로에 급기하고 그 부분의 압력을 화재실보다 상대적으로 높게 하여 연기의 침입을 방지하는 방식으로 가압급기 제연 방식이라고도 한다.

그러나 피난로를 확보한다는 측면에서는 바람직하지만 과잉 공기가 공급되면 화재실의 화재를 확대시킬 우려가 있고, 열 또는 연기가 복도로 역류할 수 있어 일반적으로 사용하지 않고 있다.

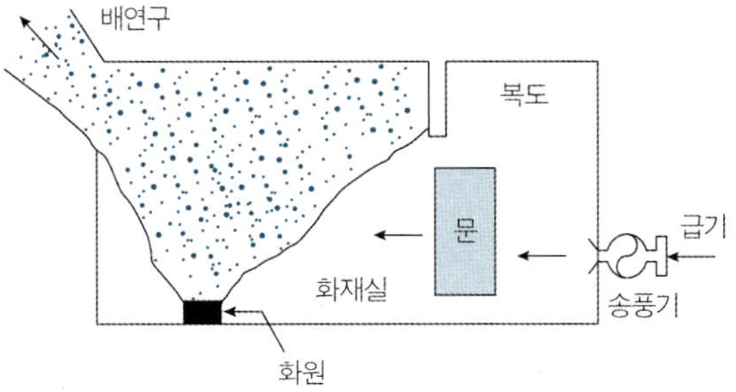

그림 1.5 제2종 기계제연 방식

③ 제3종 기계제연 방식

화재실 상부에 설치된 배기구에 배연기만 설치하여 화재실 내의 연기를 외부로 강제 배출시키는 방식의 제연설비이다. 현재 가장 많이 사용되고 있는 방식이다.

화재실의 내압은 낮게 하여 연기가 다른 지역으로 확대되는 것을 방지한다는 점에서 가장 우수한 방법이지만 화재가 진행되어 연기의 양이 많아지면 흡입을 모두 할 수가 없는 우려가 있고, 기기의 내열성에도 한계가 있으므로 연기의 온도가 이 한계를 넘으면 배연이 중단될 수 있다. 또한 배연구역이 크면 곤란하고 유지 관리비가 많이 든다.

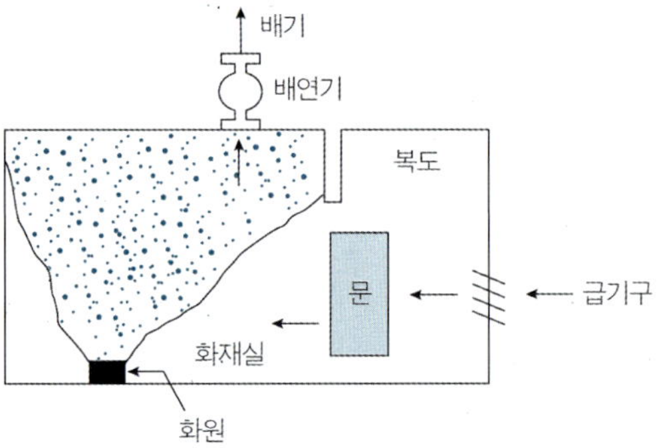

그림 1.6 제3종 기계제연 방식

TIP

방연 · 배연

- 방연 : 연기를 화재실로부터 다른 장소로 유동하지 않도록 하며, 연기가 당해 장소에 침입하는 것을 방지
- 배연 : 연기를 일정한 장소로 유인하여 옥외로 배출하게 하거나 기계의 동력에 의해서 신속하게 옥외로 배출하게 하는 것

1.1.4 거실제연설비의 종류

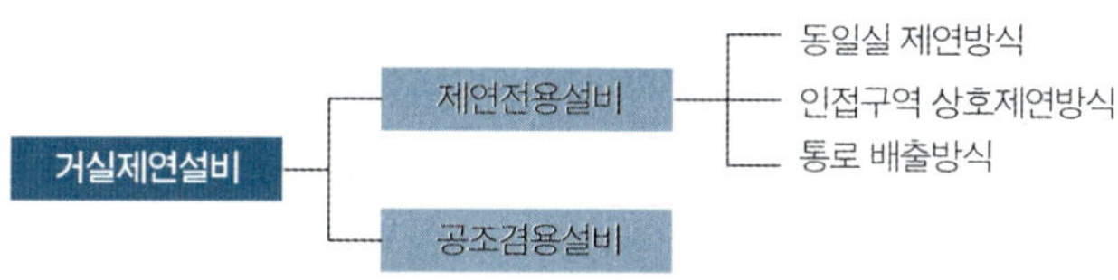

(1) 제연전용설비

거실제연의 경우 제연 방식은 제연전용설비와 공조겸용설비의 2가지로 구분하며, 제연전용설비는 동일실 제연 방식, 인접구역 상호제연 방식, 통로배출 방식으로 분류한다.

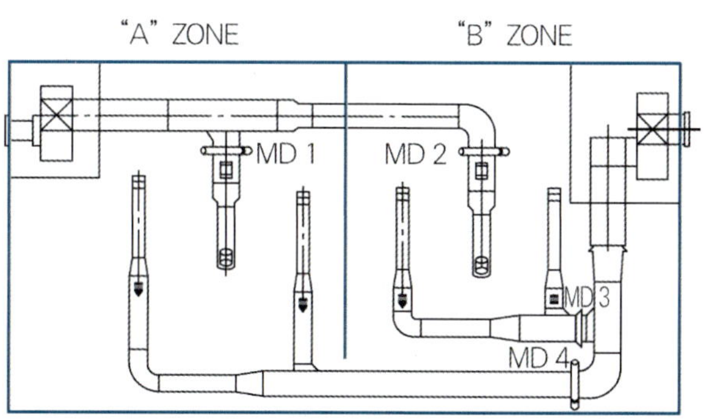

그림 1.7 거실제연설비의 덕트

1) 동일실 제연 방식

화재실에서 급기 및 배기를 동시에 실시하는 방식으로 일반적으로 사용하지 않는 제연 방식이다. 화재 시 급기구의 위치가 화점 부근이 될 경우 연소를 촉진시키게 된다. 급기와 배기를 동일실에서 동시에 실시하므로 실내의 기류가 난기류가 되어 청정층(Clear layer)과 연기층(Smoke layer)간에 와류가 되어 청정층의 형성을 방해한다.

따라서 이는 소규모 화재실의 경우에 적용되며 화재 시 덕트 분기점에 있는 MD(Motor control damper)는 해당 구역의 감지기 동작과 연동하여 아래 표와 같이 개폐되도록 한다.

제연구역	급기	배기
A구역 화재	MD_1(Open)	MD_4(Open)
	MD_2(Close)	MD_3(Close)
B구역 화재	MD_2(Open)	MD_3(Open)
	MD_1(Close)	MD_4(Close)

2) 인접구역 상호제연 방식

화재실에서 배기하고 인접구역에서 급기를 실시하여 급기가 당해 구역으로 유입되는 방식으로 거실제연은 대부분 이 방식으로 설계한다. 화재실은 연기를 배출시켜야 하므로 화재실에서는 직접 배기를 실시하며 인접실에서는 급기를 실시하여 화재실로 급기가 유입되어 청정층이 형성되도록 조치한다.

제연구역	급기	배기
A구역 화재	MD_2(Open)	MD_4(Open)
	MD_1(Close)	MD_3(Close)
B구역 화재	MD_1(Open)	MD_3(Open)
	MD_2(Close)	MD_4(Close)

3) 통로배출 방식

통로에 연기가 체류되지 않도록 화재 시 통로를 유효한 피난경로로 확보하기 위하여 통로에서 배기만을 실시하는 방식이다.

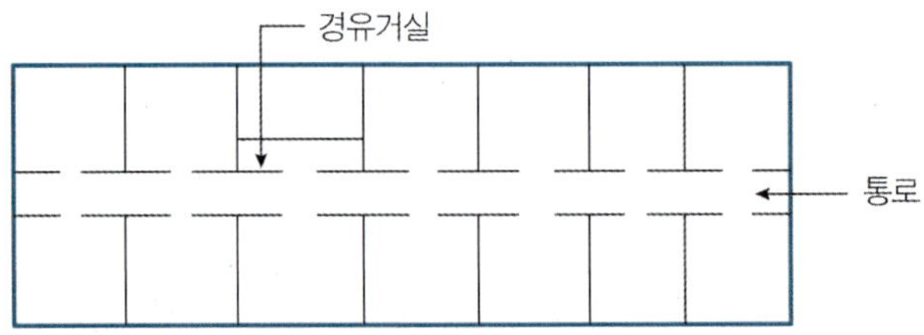

그림 1.8 통로배출 방식의 경유거실

50 m^2 미만으로 각 실이 각각 구획되어 통로에 면한 경우에 한하여 적용할 수 있으며 급기설비는 없고 통로에 배기만을 실시하는 방식이다. 이 방식은 화재실의 면적이 적고 출입구가 통로에 면해 있으므로 거실에서 화재 시 통로까지 피난하는 데 소요되는 시간이 짧다. 따라서 화재실에서의 연기가 통로로 유입되는 것을 배출시켜 통로를 피난경로로 사용하는 데 지장이 없도록 한 방식이다.

(2) 공조겸용설비

평상시에는 공조방식으로 운행하다가 화재 시 해당구역 감지기의 동작신호에 따라 제연 방식으로 변환되는 방식이다.

제연전용설비보다 신뢰도는 낮으나 반자 위의 제한된 공간으로 인하여 대형 건축물의 경우 대부분 공조겸용설비로 적용하고 있다. 공조겸용설비에서 덕트만 사용할지 덕트와 송풍기까지 겸용할지의 여부는 건물의 유지관리, 경제성, 안전 등을 감안하여 판단한다.

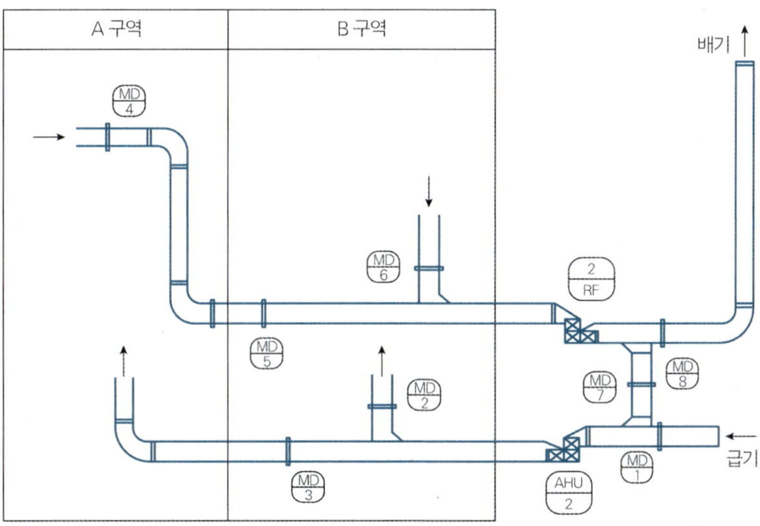

그림 1.9 공조 겸용 거실제연 방식

구분	급기			배기				
	MD_1	MD_2	MD_3	MD_4	MD_5	MD_6	MD_7	MD_8
A구역	Open	Open	Close	Open	Open	Close	Close	Open
B구역	Open	Close	Close	Close	Close	Open	Close	Open
공조	Open	Open	Close	Open	Open	Open	Open	Open

표 1.1 제연전용 방식과 공조설비 겸용 방식 비교

	제연전용 방식	공조설비 겸용 방식
신뢰성	제어가 간단해 신뢰도가 높다	제어가 복잡해 신뢰도가 낮다
건축물 층고	공조덕트 필요	충분하다
에너지 소모	화재 시 운전 에너지 소모량이 적다	에너지 소모량이 많다
개보수	용이하다	곤란하다
유지관리	단순하고 수명이 길며 비용 저렴하다	고비용
설치비용	공사비가 비싸다	공사비가 싸다

1.1.5 제연구역의 기준

(1) 제연구역의 설계

1) 제연구역의 구획

① 하나의 제연구역의 면적은 1,000 m^2 이내로 할 것

② 거실과 통로(복도를 포함)는 각각 제연구획 할 것

③ 통로상의 제연구역은 보행 중심선의 길이가 60 m를 초과하지 않을 것

④ 하나의 제연구역은 직경 60 m의 원내에 들어갈 수 있을 것

⑤ 하나의 제연구역은 2개 이상의 층에 미치지 않도록 할 것
다만, 층의 구분이 불분명한 부분은 그 부분을 다른 부분과 별도로 제연구획 해야 한다.

2) 보, 제연경계벽 및 벽의 설치

제연구역의 구획으로 사용되는 보, 제연경계벽(이하 "제연경계"라 한다) 및 벽(화재 시 자동으로 구획되는 가동벽, 셔터, 방화문 포함)으로 하되 다음의 기준에 적합해야 한다.

① 재질은 내화재료, 불연재료 또는 제연경계벽으로 성능을 인정받은 것으로서 화재 시 쉽게 변형 파괴되지 아니하고 연기가 누설되지 않는 기밀성 있는 재료로 할 것

② 제연경계의 폭이 0.6 m 이상이고, 수직거리는 2 m 이내로 할 것(단, 구조상 불가피한 경우는 2 m를 초과할 수 있다)

③ 제연경계벽은 배연 시 기류에 따라 그 하단이 쉽게 흔들리지 않고, 가동식의 경우에는 급속히 하강하여 인명에 위해를 주지 않는 구조일 것

그림 1.10 제연경계벽 설치 예

(2) 배출량 및 배출 방식

1) 소규모 거실

거실의 면적이 400 m^2 미만으로 구획된 예상제연구역의 배출량

① 바닥면적 1 m^2당 1 m^3/min 이상으로 하되 예상제연구역의 최소 배출량은 5,000 m^3/hr 이상으로 한다.

$$Q = \text{바닥면적}(m^2) \times 1m^3/m^2\cdot min \times 60min/hr\ (\text{최저 } 5{,}000m^3/hr \text{ 이상})$$

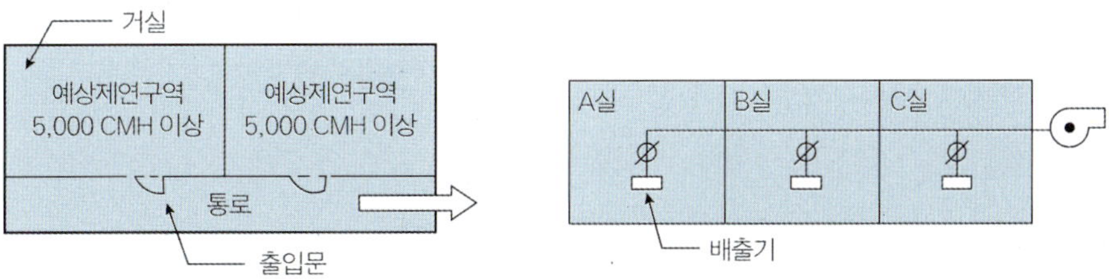

그림 1.11 통로 및 출입문

② 바닥면적이 50 m^2 미만인 예상제연구역을 통로배출 방식으로 하는 경우에는 통로 보행 중심선의 길이 및 수직거리에 따라 표 1.2에서 정하는 배출량 이상으로 할 것

표 1.2 통로보행중심선의 길이 및 수직거리에 따른 배출량

통로보행중심선의 길이	수직거리	배출량(m^3/hr)	비고
40 m 이하	2 m 이하	25,000	벽으로 구획된 경우 포함
	2 m 초과 2.5 m 이하	30,000	
	2.5 m 초과 3 m 이하	35,000	
	3 m 초과	45,000	
40 m 초과 60 m 이하	2 m 이하	30,000	벽으로 구획된 경우 포함
	2 m 초과 2.5 m 이하	35,000	
	2.5 m 초과 3 m 이하	40,000	
	3 m 초과	50,000	

2) 대규모 거실

바닥면적이 400 m^2 이상인 거실의 예상제연구획의 배출량

① 예상제연구역이 직경 40 m인 원의 범위 안에 있을 경우 배출량은 40,000 m^3/hr 이상으로 할 것(단, 예상제연구역이 제연경계로 구획된 경우에는 그 수직거리에 따라 배출량은 표 1.3에 따른다)

표 1.3 수직거리에 따른 배출량

수직거리	배출량(m^3/hr)
2 m 이하	40,000 이상
2 m 초과 2.5 m 이하	45,000 이상
2.5 m 초과 3 m 이하	50,000 이상
3 m 초과	60,000 이상

② 예상제연구역이 직경 40 m인 원의 범위를 초과할 경우 배출량은 45,000 m^3/hr 이상으로 할 것(단, 예상제연구역이 제연경계로 구획된 경우에는 그 수직거리에 따라 배출량은 표 1.4에 따른다)

표 1.4 수직거리에 따른 배출량

수직거리	배출풍량(m^3/hr)
2 m 이하	45,000 이상
2 m 초과 2.5 m 이하	50,000 이상
2.5 m 초과 3 m 이하	55,000 이상
3 m 초과	65,000 이상

3) 예상제연구역이 통로인 경우

배출량은 45,000 m^3/h 이상으로 할 것. 다만, 예상제연구역이 제연경계로 구획된 경우에는 그 수직거리에 따라 배출량은 표 1.4에 따른다.

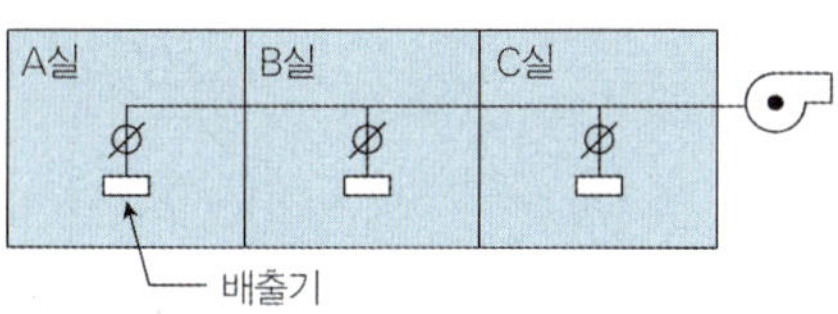

그림 1.12 단독제연 방식

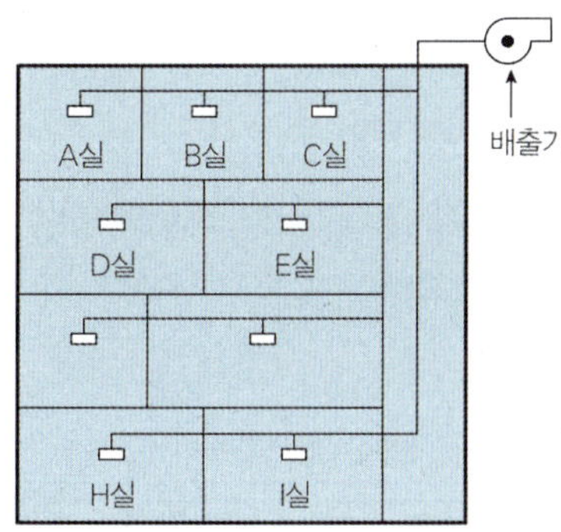

그림 1.13 공동제연 방식

4) 배출

배출은 각 예상제연구역별로 1)부터 3)에 따른 배출량 이상을 배출하되, 2 이상의 예상제연구역이 설치된 특정소방대상물에서 배출을 각 예상제연구역별로 구분하지 아니하고 공동예상제연구역을 동시에 배출하고자 할 때의 배출량은 다음의 기준에 따라야 한다. 다만, 거실과 통로는 공동예상제연구역으로 할 수 없다.

① 공동예상제연구역 안에 설치된 예상제연구역이 각각 벽으로 구획된 경우(제연구역의 구획 중 출입구만을 제연경계로 구획한 경우 포함)에는 각 예상제연구역의 배출량을 합한 것 이상으로 할 것. 다만, 예상제연구역의 바닥면적이 400 m^2 미만인 경우 배출량은 바닥면적 1 m^2 당 1 m^3/min 이상으로 하고 공동예상구역 전체배출량은 5,000 m^3/hr 이상으로 할 것

② 공동예상제연구역 안에 설치된 예상제연구역이 각각 제연경계로 구획된 경우(예상

제연구역의 구획 중 일부가 제연경계로 구획된 경우를 포함하나, 출입구 부분만을 제연경계로 구획한 경우 제외)에 배출량은 각 예상제연구역의 배출량 중 최대의 것으로 할 것. 이 경우 공동제연예상구역이 거실일 때에는 그 바닥면적이 1,000 m^2이하이며, 직경 40 m 원 안에 들어가야 하고, 공동제연예상구역이 통로일 때에는 보행중심선의 길이를 40 m 이하로 해야 한다.

5) 수직거리가 구획 부분에 따라 다른 경우는 수직거리가 긴 것을 기준으로 한다.

(3) 배출기 및 배출풍도

1) 배출기

① 배출기의 배출능력은 규정에 의한 배출량 이상이 되도록 할 것

② 배출기와 배출풍도 접속부에 사용되는 캔버스는 내열성(석면재료는 제외)이 있는 것으로 할 것

③ 배출기의 전동기 부분과 배풍기 부분은 분리하여 설치하여야 하며, 배풍기 부분은 유효한 내열처리를 할 것

2) 배출풍도

① 배출풍도는 아연도금강판 또는 이와 동등 이상의 내식성, 내열성이 있는 것으로 하며, 불연재료인 단열재료로 풍도 외부에 유효한 단열처리를 하고, 강판의 두께는 배출풍도의 크기에 따라 표 1.5에 따른 기준 이상으로 할 것

표 1.5 배출풍도의 긴 변 또는 직경의 크기에 따른 강판의 두께

풍도단면의 긴변 또는 직경의 크기	45 mm 이하	450 mm 초과 750 mm 이하	750 mm 초과 1,500 mm 이하	1,500 mm 초과 2,250 mm 이하	2,250 mm 초과
강판 두께	0.5 mm	0.6 mm	0.8 mm	1.0 mm	1.2 mm

② 배출기의 흡입측 풍도 안의 풍속은 15 m/sec 이하로 하고, 배출측 풍도 안에서의 풍속은 20 m/sec 이하로 할 것

(4) 유입풍도

① 유입풍도 안의 풍속은 20 m/sec 이하로 한다.

② 옥외에 면하는 배출구 및 공기유입구는 비 또는 눈 등이 들어가지 아니하도록 하고, 배출된 연기가 공기유입구로 순환 유입되지 아니하도록 한다.

(5) 배출구

배출구는 개구부에 의한 자연환기의 제연이 바람직하며, 배출기에 의한 것은 부득이한 경우에 적용한다.

배출기에 의한 흡입식 제연설비의 사용은 외기에 접하는 배출구의 개구면적이 방연구획부분은 바닥면적의 1/100보다 작을 때 적용한다.

1) 바닥면적 400 m^2 미만인 예상제연구역의 배출구(통로 제외)

① 예상제연구역이 벽으로 구획되어 있는 경우의 배출구는 천장 또는 반자와 바닥 사이의 중간 윗부분에 설치할 것

② 예상제연구역 중 어느 한 부분이 제연경계로 구획되어 있는 경우에는 천장, 반자 또는 이에 가까운 벽 부분에 설치할 것. 다만, 배출구를 벽에 설치하는 경우에는 배출구의 하단이 해당 예상제연구역에서 제연경계의 폭이 가장 짧은 제연경계의 하단보다 높게 설치할 것

2) 통로인 예상제연구역과 바닥면적이 400 m^2 이상

① 예상제연구역이 벽으로 구획되어 있는 경우의 배출구는 천장, 반자 또는 이에 가까운 벽의 부분에 설치할 것. 단만 배출구를 벽에 설치한 경우 배출구 하단과 바닥 간의 최단거리는 2 m 이상이어야 한다.

② 예상제연구역 중 어느 한 부분이 제연경계로 구획되어 있을 경우에는 천장, 반자 또는 이에 가까운 벽 부분(제연경계 포함)에 설치하여야 한다. 단, 배출구를 벽 또는 제연경계에 설치하는 경우 배출구의 하단이 해당 예상제연구역에서 제연경계의 폭이 가장 짧은 제연경계의 하단보다 높게 설치할 것

3) 예상제연구역

제연설비의 예상제연구역의 각 부분으로부터 배출구까지의 수평거리는 10 m 이내가 되게 할 것

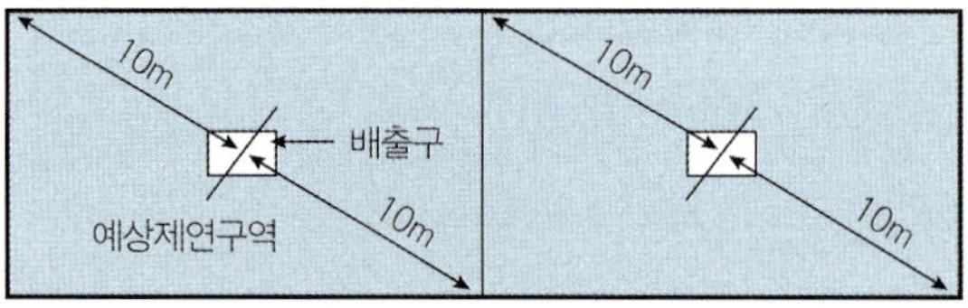

그림 1.14 예상제연구역에 설치한 배출구

(6) 공기유입방식 및 유입구

예상제연구역에 대한 공기유입은 유입 풍도를 경유한 강제유입 또는 자연유입 방식으로 하거나 인접한 제연구역 또는 통로에 유입되는 공기가 당해 제연구역으로 유입되는 방식으로 할 수 있다.

1) 예상제연구역에 설치되는 공기유입구 설치기준

① 바닥면적 400 m^2 미만의 거실인 예상제연구역(제연경계에 따른 구획은 제외한다. 다만, 거실과 통로와의 구획은 그렇지 않다)에 대해서는 공기유입구와 배출구 간의 직선거리는 5 m 이상으로 또는 구획된 실의 장변의 2분의 1 이상으로 할 것. 다만 공연장, 집회장, 위락시설의 용도로 사용되는 바닥면적 200 m^2 초과 시는 ②의 기준에 의한다.

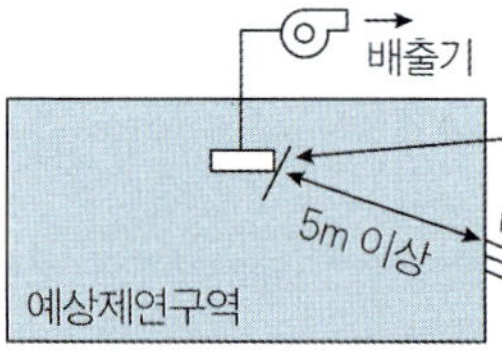

그림 1.15 공기유입구와 배출구와의 직선거리

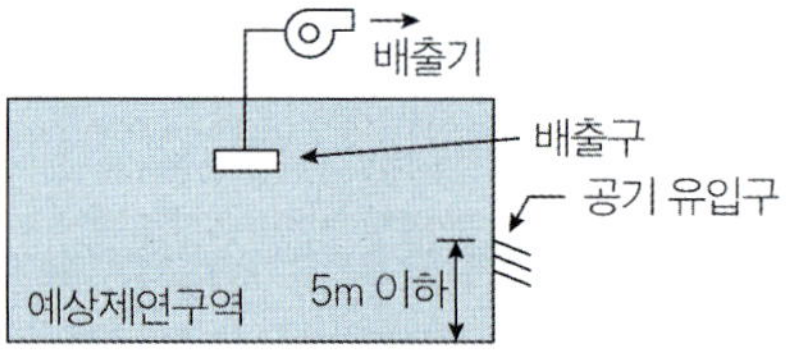

그림 1.16 공기유입구의 설치위지

② 바닥면적 400 m^2 이상의 거실인 예상제연구역(제연경계에 따른 구획은 제외하다. 다만, 거실과 통로와의 구획은 그렇지 않다)에 대해서는 바닥으로부터 1.5 m 이하의 높이에 설치하고, 그 주변은 공기의 유입에 장애가 없도록 한다.

③ ①내지 ②에 해당하는 것 외의 예상제연구역(통로인 예상제연구역 포함)에 대한 유입구는 다음에 따른다. 다만, 제연경계로 인접하는 구역의 유입공기가 당해 예상제연구획으로 유입되게 한 때에는 그렇지 않다.

㉮ 유입구를 벽에 설치한 경우

㉯ 유입구를 벽 외의 장소에 설치할 경우에는 유입구 상단이 천장 또는 반자와 바

닥 사이의 중간 아랫부분보다 낮게 되도록 하고, 수직거리가 가장 짧은 제연경계 하단보다 낮게 되도록 하여야 한다.

2) 공동예상제연구역에 설치되는 공기 유입구 기준

① 인접한 제연구역 또는 통로에 유입되는 공기를 당해 예상제연구역에 대한 공기유입으로 하는 경우에는 그 인접한 제연구역 또는 통로의 유입구가 제연경계 하단보다 높은 경우에는 그 인접한 제연구역 또는 통로의 화재 시 그 유입구는 다음의 어느 하나에 적합하여야 한다.

㉮ 각 유입구는 자동 폐쇄될 것

㉯ 해당 구역 내에 설치된 유입풍도가 해당 제연구획 부분을 지나는 곳에 설치된 댐퍼는 자동으로 폐쇄될 것

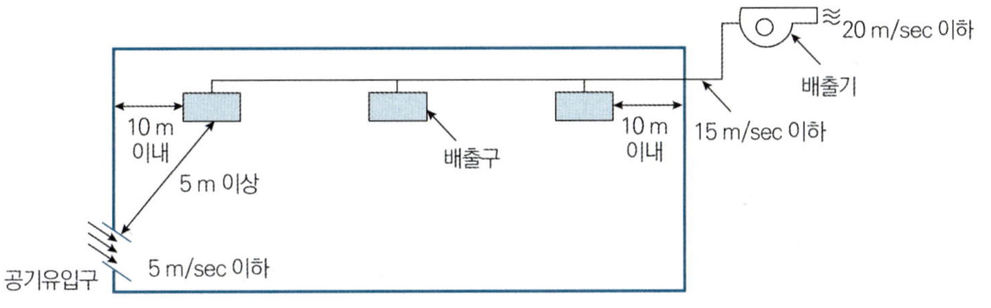

그림 1.17 인접구역 유입 방식

② 예상제연구역에 공기가 유입되는 순간의 풍속은 5 m/sec 이하가 되도록 하고, 공기유입구의 구조는 유입공기를 상향으로 분출하지 않도록 설치해야 한다. 다만, 유입구가 바닥에 설치되는 경우에는 상향으로 분출이 가능하며 이때의 풍속은 1 m/s 이하가 되도록 해야 한다.

③ 예상제연구역에 대한 공기유입구의 크기는 당해 예상제연구역 배출량 1 m^3/min에 대하여 35 cm^2 이상으로 하여야 한다.

1.2 특별피난계단의 계단실 및 부속실 제연설비(NFTC/PC 501A)

① 제연구역에 옥외의 신선한 공기를 공급하여 제연구역의 기압을 제연구역 이외의 옥내보다 높게 하되 일정한 기압차이를 유지하게 함으로써 연기를 옥내로부터 제연구역 내로 침투하지 못하도록 할 것

② 피난을 위하여 제연구역의 출입문이 일시적으로 개방되는 경우 방연풍속을 유지하도록 옥외의 공기를 제연구역내로 보충 공급하도록 할 것

③ 피난을 위하여 일시 개방된 출입문이 다시 닫히는 경우 제연구역의 과압을 방지할 수 있는 유효한 조치를 하여 차압을 유지할 것

1.2.1 제연구역의 선정

① 계단실 및 그 부속실을 동시에 제연하는 것

② 부속실만을 단독으로 제연하는 것

③ 계단실만을 단독 제연하는 것

④ 비상용승강기, 승강장을 단독 제연하는 것

1.2.2 차압

① 제연구역과 옥내와의 사이에 유지해야 하는 최소차압은 40 Pa(옥내에 스프링클러설비가 설치된 경우에는 12.5 Pa) 이상으로 하여야 한다.

② 제연설비가 가동되었을 경우 출입문의 개방에 필요한 힘은 110 N 이하로 해야 한다.

③ 출입문이 일시적으로 개방되는 경우 개방되지 아니하는 제연구역과 옥내와의 차압은 제1항의 기준에 불구하고 제1항의 기준에 따른 차압의 70% 이상이어야 한다.

④ 계단실과 부속실을 동시에 제연하는 경우 부속실의 기압은 계단실과 같게 하거나 계단실의 기압보다 낮게 할 경우에는 부속실과 계단실의 압력차이는 5 Pa 이하가 되도록 한다.

1.2.3 급기량

(1) 기본량과 보충량

- **기본량** : 차압을 유지하기 위하여 제연구역에 공급하여야 할 공기량
- **보충량** : 방연풍속을 유지하기 위하여 제연구역에 보충하여야 할 공기량
- 보충량은 부속실(또는 승강장)의 수가 20 이하는 1개층 이상, 20을 초과하는 경우에는 2개층 이상의 보충량으로 한다.

$$\text{급기량}(m^3/s) = \text{기본량} + \text{보충량}$$

(2) 급기풍량 계산

급기 가압하고자 하는 폐쇄공간의 소요차압을 형성시켜주기 위한 급기량은 그 공간으로부터 외부로의 급기 누설량에 의해 결정되며 다음 식으로 계산된다.

$$Q = 0.827 \times A \times P^{\frac{1}{n}}$$

여기서, Q : 급기량[m^3/sec]

A : 누설틈새 면적[m^2]

P : 차압[Pa 또는 N/m^2]

n : 누설면적과 관계되는 상수[일반적인 출입문의 경우 2, 창문의 경우 1.6]

누설 시에 가압공간으로부터 누설되는 경로의 배열상태에 따라 누설량이 영향을 받게 되며 누설경로의 배열 상태는 직렬배열, 병렬배열, 직 · 병렬배열이 있다.

1) 병렬상태인 경우의 틈새면적

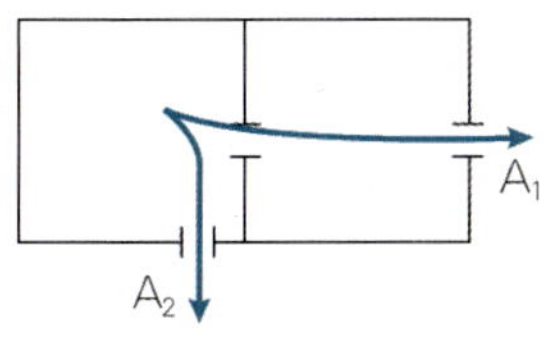

그림 1.18 병렬상태

$$A_T = A_1 + A_2 + \ldots.$$

여기서, A_T = 총 틈새면적

A_1, A_2 : 각 누설경로의 문틈새 면적

2) 직렬상태인 경우의 틈새면적

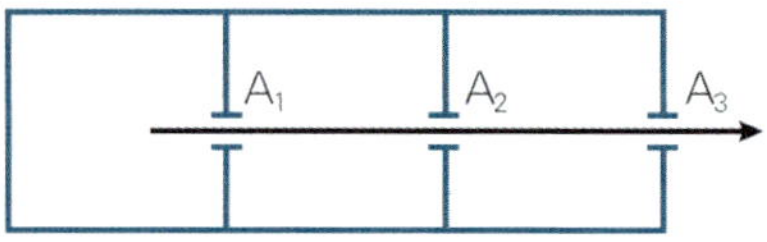

그림 1.19 직렬상태

$$A_T = \frac{1}{A_1^2} + \frac{1}{A_2^2} + \frac{1}{A_3^2}$$

1.2.4 방연풍속의 기준

표 1.6 방연풍속

제 연 구 역		방연풍속
계단실 및 그 부속실을 동시에 제연하는 것 또는 계단실만 단독으로 제연하는 것		0.5 m/s 이상
부속실만 단독으로 제연하는 것 또는 비상용승강기의 승강장만 단독으로 제연하는 것	부속실 또는 승강장이 면하는 옥내가 거실인 경우	0.7 m/s 이상
	부속실 또는 승강장이 면하는 옥내가 복도로서 그 구조가 방화구조(내화시간이 30분 이상인 구조 포함)인 것	0.5 m/s 이상

1.2.5 과압방지장치

과압방지장치는 부속실 내에서 방화문 개방에 필요한 힘이 110N을 초과할 경우는 피난시 노약자가 방화문을 쉽게 개방하기 어려우므로 부속실 내의 과압을 배출시켜 항상 적정차압을 유지하기 위한 과압배출장치이다.

제연구역의 차압이 최대차압을 초과할 경우 이를 감지하여 과압공기를 자동으로 제연구역 외부로 배출시켜 주는 과압방지장치를 설치하여야 하는데 이때 플랩 댐퍼(Flap damper)를 사용한다.

플랩 댐퍼를 설치하는 경우 날개면적은 다음 식에 따라 산출한 수치 이상으로 하여야 한다.

$$A_f = \frac{q}{5.8}$$

여기서, A_f : 플랩댐퍼의 날개면적[m^2]

q : 제연구역에 대한 보충량[m^3/sec]

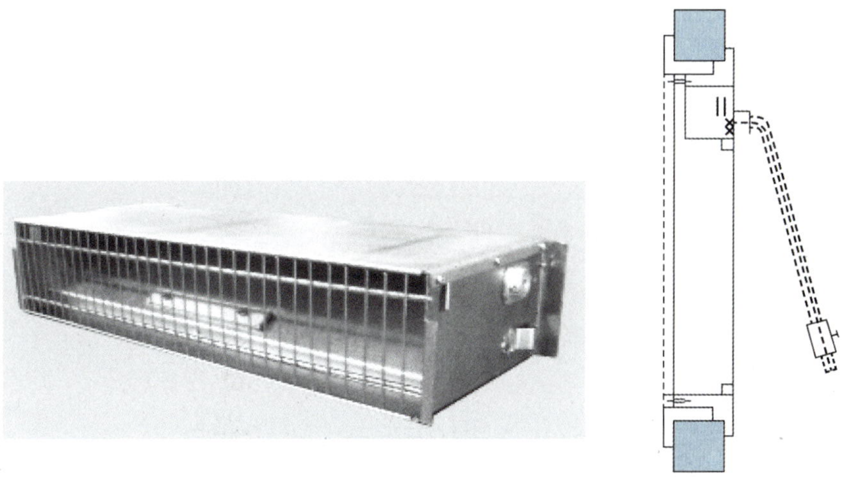

그림 1.20 플랩댐퍼

연습문제

1. 기계제연 방식의 종류를 쓰고 각각에 대하여 설명하시오.

2. 다음은 제연설비의 설치기준이다. ( )안에 적합한 단어를 쓰시오.
   a. 하나의 제연구역 면적은 (①) m^2 이내로 하여야 하며, 하나의 제연구역은 직경(②) m의 원내에 들어갈 수 있어야 한다.
   b. 제연경계는 천장 또는 반자로부터 그 하단까지의 거리가 (①) m 이상이며, 바닥으로부터 그 수직하단까지의 거리가 (②) m 이내이어야 한다.

3. 스모그타워제연 방식에 대하여 설명하시오.

4. 각 배연구역의 소요 배출량을 계산하여 보니 A (5,000[CMH]), B (7,000[CMH]), C (5,000[CMH]), D (10,000[CMH]), E (15,000[CMH])이었다. ABC는 공동 배연구역으로 DE는 각각 독립 배연구역으로 할 경우 배출 FAN의 소요 풍량을 계산하시오.

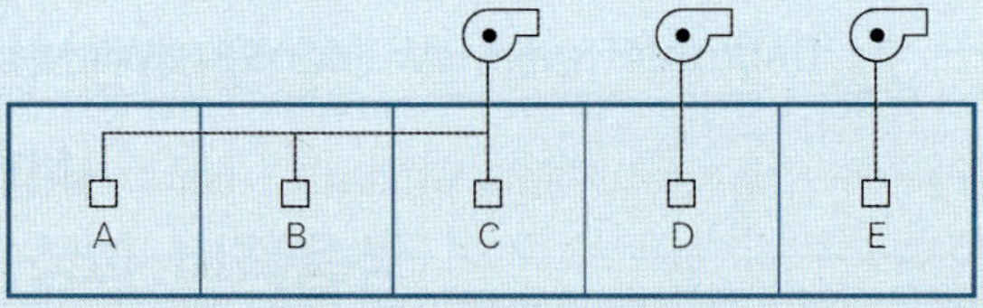

5. 6층 이상의 건축물로서 해당 용도로 사용하는 것은 국토교통부령이 정하는 바에 의해서 제연설비를 설치하여야 한다. 다음 제연설비에 관한 물음에 답하시오.

[물음]

① 제연구(배출구)에서 측정한 평균 풍속이 200 cm/sec, 배연구의 유효면적이 2.0 m^2이고 실내 온도가 20℃일 때의 풍량(m^3/min)을 구하시오.

② 전압 30 mmH_2O이고 효율이 60%, 전압력손실과 제연량 누수도 고려한 여유율을 10% 증가시킨 것으로 할 때 ①의 풍량을 송풍할 수 있는 배출기 동력(kW)을 구하시오.

연습문제

6. 그림은 서로 직렬로 된 2개의 실Ⅰ, Ⅱ의 평면도로서 A_1, A_2는 출입문이며, 각 실은 출입문 이외의 틈새가 없다고 한다. 출입문이 닫혀진 상태에서 실Ⅰ을 급기 가압하여 실Ⅰ과 외부간에 50파스칼의 기압차를 얻기 위하여 실Ⅰ에 급기시켜야 할 풍량은 몇 m^3/sec가 되겠는가? (단, 닫힌 문 A_1, A_2에 의해 공기가 유통될 수 있는 틈새의 면적은 각각 0.02 m^2이며, 임의의 어느 실에 대한 급기량 Q(m^3/sec)와 얻고자 하는 기압차(파스칼)의 관계식은 $Q = 0.827 \times A \times \sqrt{P}$이다)

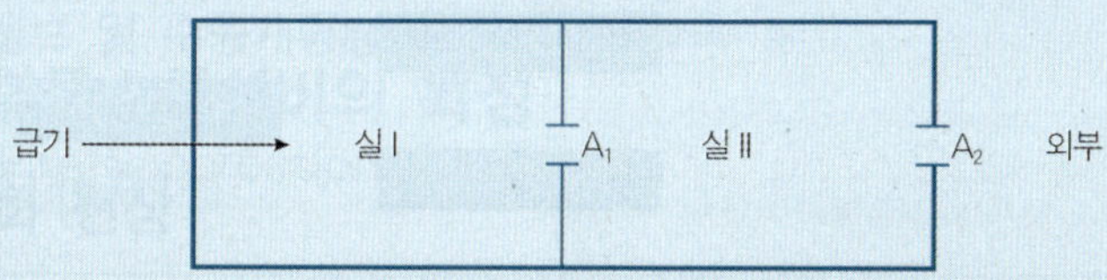

7. 다음 그림은 어느 실 등의 평면도이다. 이 실들 중 A실을 급기 가압하고자 한다. 주어진 조건을 이용하여 A실에 유입시켜야 할 풍량은 몇 m^3/sec가 되는지 산출하시오.

[조건]

1. 실 외부 대기의 가압은 절대압력으로 101,300 파스칼로서 일정하다.
2. A실에 유지하고자 하는 가압은 절대압력으로 101,400 파스칼이다.
3. 각 실의 문(Door)들의 틈새면적은 0.01 m^2이다.
4. 어느 실을 급기 가압할 때 그 실의 문의 틈새를 통하여 누출되는 공기의 양은 다음의 식을 따른다(아래 그림 참조).

$Q = 0.827A\sqrt{P}$

여기서, Q = 누출되는 공기의 양(m^3/sec)

A = 문의 틈새면적(m^2)

P = 문을 경계로 한 실내의 기압차, Pa

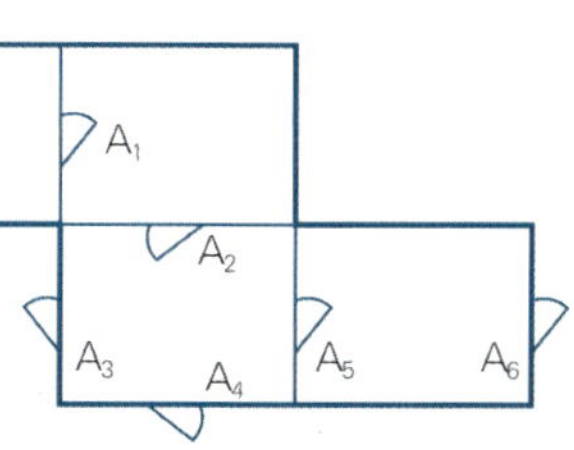

연습문제

8. 그림은 어느 예상제연구역의 제연설비 중 배출 풍도와 배출 FAN을 나타내고 있다. 주어진 조건을 이용하여 다음 각 물음에 답하시오.

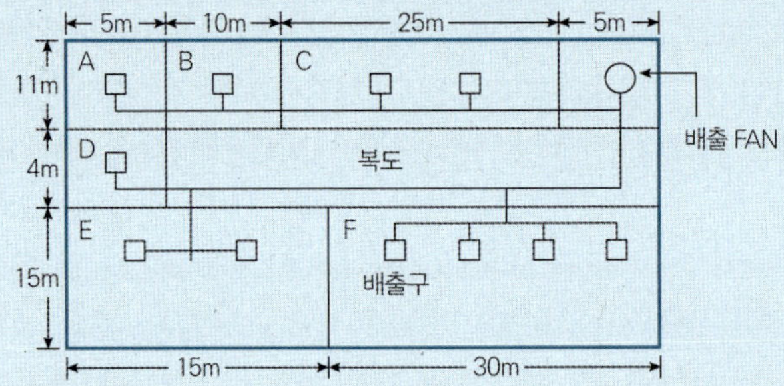

[조건]

1. 각 제연구역(A~F)의 크기는 위 그림과 같다.
2. 복도의 내부면은 불연재료로 되어 있다.
3. 각 제연구역의 제연풍량은 $1\,m^3$/분 · m^2 이상으로 한다.
4. 주요 구조부는 내화구조이다.
5. 댐퍼의 표기는 ⊘으로 할 것

[물음]

① 댐퍼의 설치위치를 표기하시오.
② 각 실의 소요배출량(m^3/hr)을 산출하시오.
③ 배출 FAN의 배출량(m^3/hr)은 얼마인지 산출하시오.
④ C실 화재 시 댐퍼의 작동여부(개폐여부)에 관해 설명하시오.

CHAPTER 2

연결송수관설비(NFTC/PC 502)

2.1 개요

연결송수관설비란 고층건축물, 지하건축물, 복합건축물, 아케이드용 건축물 등에 설치하여 스프링클러설비, 물분무소화설비, 옥내소화전설비 등을 도와 소화활동을 하기 위한 소화활동설비이다.

화재가 확대된 상태에서 소방관들이 화재현장에 도착하여 건축물의 벽면에 설치된 송수구로부터 수원을 공급받아 건축물 내의 화재를 소화한다.

배관 방식은 건식과 습식으로 대별된다.

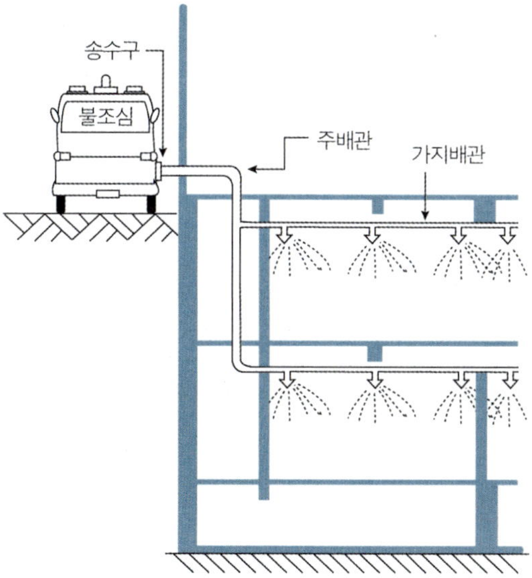

그림 2.1 연결송수관 설비

2.2 연결송수관설비의 종류

2.2.1 습식 연결송수관설비

습식 연결송수관설비는 높이가 31 m 이상 되는 건축물과 11층 이상의 건축물에 설치하는 것으로 송수구에서 방수구까지 항상 물이 충만 되어 있도록 설치한 본격 소화용 설비이다.

연결송수관설비를 습식배관 방식으로 하는 이유는 높이 31 m 이상 또는 11층 이상인 건축물의 외부에 설치된 송수구로 물을 공급받을 경우 배관 내에 건식 상태로 되어 있게 되면 물이 배관을 흐르는 동안 마찰손실이 상당히 증가하기 때문이다. 연결송수관설비를 습식배관 방식으로 하려면 옥내소화전배관과 공용하거나 옥상의 고가수조를 사용하는 자연낙차 방식에 의한 습식배관 방식이 있다. 건축물의 높이가 70 m 이상이 되는 경우에는 건축물의 중간층에 가압송수장치를 설치하여 옥상층에서도 법정 방수압력과 방수량이 유지되도록 하여야 한다.

2.2.2 건식 연결송수관설비

건축물의 1층 벽면 또는 화단 벽면에 설치된 송수구로부터 건축물의 최상층에 설치된 방수구까지의 배관에 소화약제로 사용되는 물이 충전되어 있지 않은 연결송수관설비이다. 따라서 소화수는 소방대상물에 설치된 송수구를 통하여 소방대 또는 소방자동차 등으로부터 물을 공급받아 소화하게 된다.

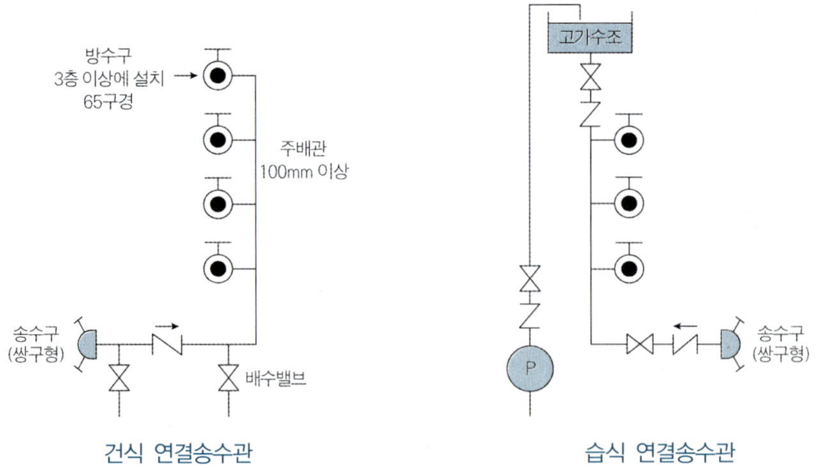

그림 2.2 연결송구관 설비

건식 연결송수관설비는 고층 소방대상물이 아닌 10층 이하의 소방대상물 또는 높이 31 m 미만의 소방대상물에 설치하고 최상층에서의 규정 방수압은 습식의 연결송수관설비에서와 같이 0.35 MPa 이상이 되게 하여야 한다.

2.3 연결송수관설비의 구성요소 설치기준

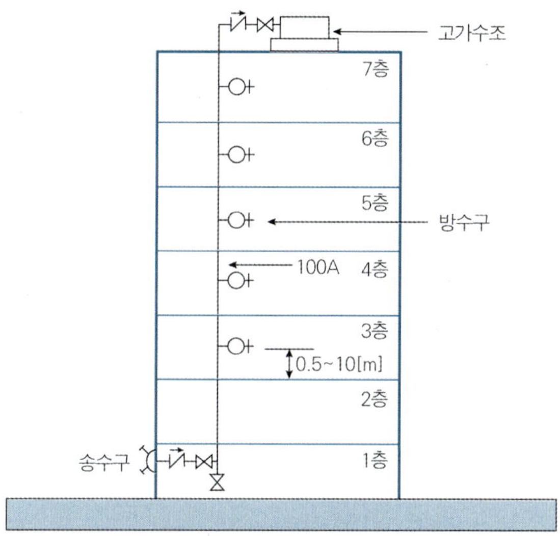

그림 2.3 연결송수관설비 구성도

2.3.1 가압송수장치

지표면에서 최상층 방수구 높이가 70 m 이상의 소방대상물에 연결송수관설비를 설치하는 경우에는 최고층에서의 규정 방수압력인 0.35 MPa 이상을 유지하기 위해 가압송수장치를 설치하여야 한다.

(1) 설치기준

① 쉽게 접근할 수 있고 점검하기에 충분한 공간이 있는 장소로서 화재 및 침수 등의 재해로 인한 피해를 받을 우려가 없는 곳에 설치할 것

② 동결방지조치를 하거나 동결의 우려가 없는 장소에 설치할 것

③ 펌프는 전용으로 할 것. 다만, 다른 소화설비와 겸용하는 경우 각각의 소화설비의 성능에 지장이 없을 때에는 그러하지 아니하다.

④ 펌프의 토출측에는 압력계를 체크밸브 이전에 펌프토출측 플랜지에서 가까운 곳에 설치하고, 흡입측에는 연성계 또는 진공계를 설치할 것. 다만, 수원의 수위가 펌프의 위치보다 높거나 수직회전축 펌프의 경우에는 연성계 또는 진공계를 설치하지 아니할 수 있다.

⑤ 가압송수장치에는 정격부하운전 시 펌프의 성능을 시험하기 위한 배관을 설치할 것. 다만, 충압펌프의 경우에는 그러하지 아니하다.

⑥ 가압송수장치에는 체절운전 시 수온의 상승을 방지하기 위한 순환배관을 설치할 것. 다만, 충압펌프의 경우에는 그러하지 아니하다.

⑦ 펌프의 토출량은 2,400 L/min(계단식아파트 경우에는 1,200 L/min) 이상이 되게 하여야 한다. 또한 당해 층에 설치하는 방수구가 3개 이상(방수구가 5개 이상인 경우에는 5개)인 것에 있어서는 1개마다 800 L/min(계단식 아파트의 경우에는 400 L/min)를 가산한 양이 되는 것으로 하여야 한다.

표 2.1은 동일 층에 설치하는 방수구의 수(개)에 따른 가압송수장치인 펌프의 토출량[L/min]을 설명한 것이다.

표 2.1 동일 층에 설치하는 방수구의 수에 따른 펌프의 토출량

동일 층의 방수구 수(개)	1~3	4	5
펌프 토출량(L)	2,400	3,200	4,000

⑧ 가압송수장치인 펌프의 양정(토출압력)은 소방대상물의 최상층에 설치된 노즐선단에서 0.35 MPa 이상의 압력이 되게 하여야 한다.

⑨ 가압송수장치는 방수가 개방될 때 자동으로 기동되거나 또는 수동스위치의 조작에 의하여 기동되도록 하여야 한다. 이 경우 수동스위치는 2개 이상을 설치하되, 그중 1개는 다음의 기준에 적합하게 송수구 부근에 설치하여야 한다.

㉮ 송수구로부터 5 m 이내의 보기 쉬운 장소에 바닥으로부터의 높이가 0.8 m 이상 1.5 m 이하가 되게 설치하여야 한다.

㉯ 1.5 mm 이상의 강판함에 수납하여 설치하고 "연결송수관설비 수동스위치"라고 표시한 표지를 부착할 것. 이 경우 문짝은 불연재료로 설치할 수 있다.

㉰ 전기사업법 제67조에 따른 기술기준에 따라 접지하고 빗물 등이 들어가지 아니하는 구조로 할 것

⑩ 기동장치로는 기동용수압개폐장치 또는 이와 동등 이상의 성능이 있는 것으로 설치할 것. 다만, 기동용수압개폐장치 중 압력챔버를 사용할 경우 그 용적은 100 L이상의 것으로 할 것

⑪ 수원의 수위가 펌프보다 낮은 위치에 있는 가압송수장치에는 다음의 기준에 따른 물올림장치를 설치할 것

㉮ 물올림장치에는 전용의 탱크를 설치할 것

㉯ 탱크의 유효수량은 100 L이상으로 하되, 구경 15 mm 이상의 급수배관에 따라 당해 탱크에 물이 계속 보급되도록 할 것

⑫ 기동용수압개폐장치를 기동장치로 사용할 경우에는 다음의 기준에 따른 충압펌프를 설치할 것. 다만, 소화용 급수펌프로도 상시 충압이 가능하고 다음의 성능을 갖춘 경우에는 충압펌프를 별도로 설치하지 아니할 수 있다.

㉮ 펌프의 토출압력은 그 설비의 최고위 호스접결구의 자연압보다 적어도 0.2 MPa이 더 크도록 하거나 가압송수장치의 정격토출압력과 같게 할 것

㉯ 펌프의 정격토출량은 정상적인 누설량보다 적어서는 아니 되며 연결송수관설비의 펌프가 자동적으로 작동할 수 있도록 충분한 토출량을 유지할 것

⑬ 내연기관을 사용하는 경우에는 다음의 기준에 적합한 것으로 할 것

㉮ 내연기관의 기동은 제9호의 기동장치의 기동을 명시하는 적색등을 설치할 것

㉯ 제어반에 따라 내연기관의 자동기동 및 수동기동이 가능하고, 상시 충전되어 있는 축전지설비를 갖출 것

㉰ 내연기관의 연료량은 펌프를 20분(층수가 30층 이상 49층 이하는 40분, 50층이 이상은 60분) 이상 운전할 수 있는 용량일 것

⑭ 가압송수장치에는 "연결송수관펌프"라고 표시한 표지를 할 것. 이 경우 그 가압송수 장치를 다른 설비와 겸용하는 때에는 그 겸용되는 설비의 이름을 표시한 표지를 함께 하여야 한다.

⑮ 가압송수장치가 기동이 된 경우에는 자동으로 정지되지 아니하도록 하여야 한다. 다만, 충압펌프의 경우에는 그러하지 아니하다.

2.3.2 연결 송수구

(1) 송수구의 설치기준

① 소방차가 쉽게 접근할 수 있고 노출된 장소에 설치할 것

② 지면으로부터 높이가 0.5 m 이상 1 m 이하의 위치에 설치할 것

③ 송수구는 화재층으로부터 지면으로 떨어지는 유리창 등이 송수 및 그 밖의 소화작업에 지장을 주지 아니하는 장소에 설치할 것

④ 송수구로부터 연결송수관설비의 주배관에 이르는 연결배관에 개폐밸브를 설치한 때에는 그 개폐상태를 쉽게 확인 및 조작할 수 있는 옥외 또는 기계실 등의 장소에 설치할 것. 이 경우 개폐밸브에는 그 밸브의 개폐상태를 감시제어반에서 확인할 수 있도록 급수개폐밸브 작동표시 스위치(탬퍼스위치)를 다음의 기준에 따라 설치해야 한다.

㉮ 급수개폐밸브가 잠길 경우 탬퍼스위치의 동작으로 인하여 감시제어반 또는 수신기에 표시되어야 하며 경보음을 발할 것

㉯ 탬퍼스위치는 감시제어반 또는 수신기에서 동작의 유무확인과 동작시험, 도통시험을 할 수 있을 것

㉰ 탬퍼스위치에 사용되는 전기배선은 내화전선 또는 내열전선으로 설치할 것

⑤ 구경 65 mm의 쌍구형으로 할 것

⑥ 송수구에는 그 가까운 곳의 보기 쉬운 곳에 송수압력범위를 표시한 표지를 할 것

⑦ 송수구는 연결송수관의 수직배관마다 1개 이상을 설치할 것. 다만, 하나의 건축물에 설치된 각 수직배관이 중간에 개폐밸브가 설치되지 아니한 배관으로 상호 연결되어 있는 경우에는 건축물마다 1개씩 설치할 수 있다.

⑧ 송수구의 자동배수밸브 또는 체크밸브를 다음 각목의 기준에 따라 설치할 것. 이 경우 자동배수밸브는 배관 안의 물이 잘 빠질 수 있는 위치에 설치하되, 배수로 인하여 다른 물건이나 장소에 피해를 주지 아니하여야 한다.

㉮ 습식의 경우에는 송수구, 자동배수밸브, 체크밸브의 순으로 설치할 것

㉯ 건식의 경우에는 송수구, 자동배수밸브, 체크밸브, 자동배수밸브의 순으로 설치할 것

⑨ 송수구에는 가까운 보기 쉬운 곳에 "연결송수관설비 송수구"라고 표시한 표지를 설치할 것

⑩ 송수구에는 이물질을 막기 위한 마개를 씌울 것

(2) 송수구의 겸용

연결송수관설비의 송수구를 옥내소화전설비, 스프링클러설비, 간이스프링클러설비, 화재조기진압용 스프링클러설비, 물분무소화설비, 포소화설비 또는 연결살수설비와 겸용으로 설치하는 경우에는 스프링클러설비의 송수구 설치기준에 따르되 각각의 소화설비 기능에 지장이 없도록 하여야 한다.

2.3.3 배관

① 연결송수관설비의 배관은 다음 각 호의 기준에 따라 설치하여야 한다.

㉮ 주배관의 구경은 100 mm 이상의 것으로 할 것

㉯ 지면으로부터 높이가 31 m 이상인 소방대상물 또는 지상 11층 이상인 소방대상물에 있어서는 습식설비로 할 것

② 연결송수관설비의 배관은 주배관의 구경이 100 mm 이상인 옥내소화전설비 · 스프링클러설비 또는 물분무등소화설비의 배관과 겸용할 수 있다.

③ 연결송수관설비의 수직배관은 내화구조로 구획된 계단실(부속실 포함) 또는 파이프, 덕트 등 화재의 우려가 없는 장소에 설치하여야 한다. 다만, 학교 또는 공장이나 배관 주위를 1시간 이상의 내화성능이 있는 재료로 보호하는 경우에는 그러하지 아니하다.

④ 분기배관을 사용할 경우에는 지정받은 기관에서 그 성능을 검증받은 것으로 설치하여야 한다.

2.3.4 방수구

① 연결송수관설비의 방수구는 그 소방대상물의 층마다 설치할 것. 다만, 다음 각목에 해당하는 층에는 설치하지 않아도 된다.

㉮ 아파트인 경우 1층 및 2층

㉯ 소방자동차의 접근이 가능하고, 소방대원이 소방자동차로부터 각 부분에 쉽게 도달할 수 있는 피난층

㉰ 송수구가 부설된 옥내소화전이 설치된 소방대상물(집회장 · 관람장 · 백화점 · 도매시장 · 소매시장 · 판매시설 · 공장 · 창고시설 또는 지하가는 제외)로서 다음에

해당하는 층

㉠ 지하층을 제외한 층수가 4층 이하이고 연면적이 6,000 m^2 미만인 소방대상물의 지상층

㉡ 지하층의 층수가 2층 이하인 소방대상물의 지하층

② 방수구는 아파트 또는 바닥면적이 1,000 m^2 미만인 층에 있어서는 계단(계단의 부속실을 포함하여 계단이 2 이상 설치되어 있는 경우에는 그 중 1개의 계단)으로부터 5 m 이내에, 바닥면적 1,000 m^2 이상인 층(아파트는 제외)에 있어서는 각 계단(계단실의 부속실을 포함하며 계단이 3개 이상 설치되어 있는 경우에는 그 중 2개의 계단)으로부터 5 m 이내에 설치하되 그 방수구로부터 그 층의 각 부분까지의 수평거리가 다음의 기준을 초과하는 경우에는 그 기준 이하가 되도록 방수구를 추가하여 설치하여야 한다.

㉮ 지하가(터널은 제외) 또는 지하층의 바닥면적의 합계가 3,000 m^2 이상인 것은 수평거리 25 m

㉯ ㉮에 해당하지 아니하는 것은 수평거리 50 m

③ 11층 이상의 층에 설치하는 방수구는 쌍구형 방수구로 하되 다음에 해당하는 층에는 단구형의 방수구로 하여도 된다.

㉮ 아파트의 용도로 사용되는 층

㉯ 스프링클러설비가 유효하게 설치되어 있고 방수구가 2개소 이상 설치된 층

④ 방수구의 소방용 호스접결구는 바닥으로부터 0.5 m 이상 1.0 m 이하의 위치에 설치

⑤ 방수구는 연결송수관설비의 전용방수구 또는 옥내소화전 방수구로서 구경 65 mm의 것으로 하여야 한다.

⑥ 방수구의 위치표시는 표시등이나 축광식 표지로 하되 다음 기준에 따라 설치할 것

㉮ 표시등을 설치하는 경우에는 함의 상부에 설치하되, 그 불빛은 부착면으로부터 15° 이상의 범위 안에서 부착지점으로부터 10 m 이내의 어느 곳에서도 쉽게 식별할 수 있는 적색등으로 할 것

㉯ 축광식표지를 설치하는 경우에는 소방청장이 고시한 「축광표지의 성능인증 및 제품검사의 기술기준」에 적합한 것으로 설치하여야 한다.

⑦ 방수구는 개폐 기능을 가진 것으로 설치해야 하며, 평상시 닫힌 상태를 유지할 것

그림 2.4 연결송수구 설비의 방수구

2.3.5 방수기구함

① 방수기구함은 피난층과 가장 가까운 층을 기준으로 하여 3개층마다 설치하되 당해 층의 방수구로부터 보행 거리가 5 m 이내가 되도록 하여야 한다.

② 방수기구함에는 길이 15 m의 소방용 호스와 방사형 관창을 다음과 같이 비치하여야 한다.

㉮ 호스는 방수구에 연결하였을 때 그 방수구가 담당하는 구역의 각 부분에 유효하게 물이 뿌려질 수 있는 개수 이상을 비치하여야 한다. 이 경우 쌍구형 방수구는 단구형 방수구의 2배 이상의 개수를 설치하여야 한다.

㉯ 방사형 관창은 단구형 방수구가 설치되어 있을 경우에는 1개, 쌍구형 방수구가 설치되어 있을 경우에는 2개 이상을 비치하여야 한다.

③ 방수기구함에는 "방수기구함"이라고 표시한 축광식표지를 하여야 한다.

2.4 적용대상물

연결송수관설비를 설치하여야 할 특정소방대상물은 다음과 같다. 다만, 가스시설 또는 지하구의 경우에는 그러하지 아니하다.

① 층수가 5층 이상으로서 연면적 6,000 m^2 이상인 것

② ①에 해당하지 아니하는 특정소방대상물로서 층수가 7층 이상인 것

③ ① 및 ②에 해당하지 아니하는 특정소방대상물로서 지하층의 층수가 3개층 이상이고 지하층의 바닥면적의 합계가 1,000 m^2 이상인 것

④ 지하가 중 터널로서 길이가 1,000 m 이상인 것

CHAPTER 3

연결살수설비(NFTC/PC 503)

3.1 개요

화재 시 발생하는 연기는 소화활동의 커다란 장애요인이 되는데, 특히 지하상가나 지하실에서의 화재는 연기로 인해 소방대의 진입이 곤란하여 화원부분에 유효하게 물을 뿌리는 것이 힘들다. 따라서 연결살수설비는 지하가 또는 연면적이 150 m^2 이상인 소방대상물 등에 화재가 발생하였을 때 사용하는 소화활동설비로 소방펌프차가 송수하고 살수헤드로 방수하여 소화하는 설비이다. 옥내소화전설비만으로는 화재의 소화가 어려워 옥내소화전설비의 주배관 수도배관 또는 옥상에 설치된 수조로부터 수원을 공급받거나 소방대상물의 1층벽에 설치된 연결살수설비용의 송수구로 수원을 공급받아 사용하도록 되어 있다.

자체의 수원이 없어도 외부의 소방자동차 등으로부터 수원을 공급받아 화재를 소화할 수 있다. 송수구역마다 선택밸브(송수구역을 선택하는 밸브)가 설치되어 있어 선택밸브를 자동, 수동으로 개폐하여 물을 화재장소(송수구역)에 설치된 살수헤드로 송수할 수 있다.

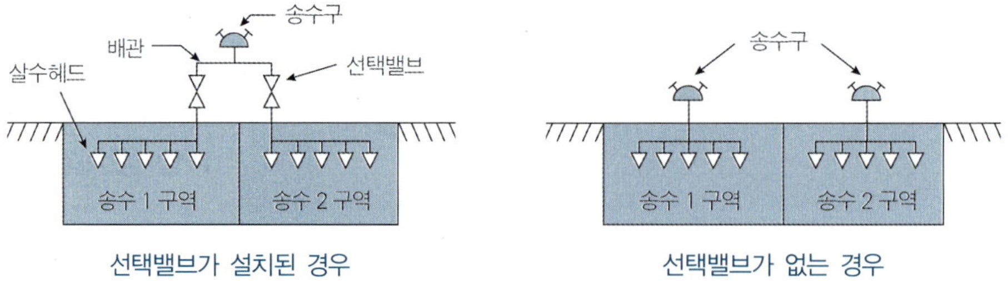

선택밸브가 설치된 경우　　　　선택밸브가 없는 경우

그림 3.1 연결살수설비

3.2 연결살수설비의 종류

3.2.1 건식 연결살수설비

연결살수설비가 설치되어 있는 소방대상물의 1층 벽면에 설치된 송수구로부터 소방차 등에 의해서 수원을 공급받아 연결살수전용헤드로 물을 살수할 수 있게 설치된 설비이다. 그러므로 개방형 살수헤드로부터 연결송수관용 송수구까지의 배관 내부에는 소화용수가 차 있지 않으며 개방형 헤드를 사용하기 때문에 물이 공급되면 가압수가 동시에 모든 헤드에서 방수된다.

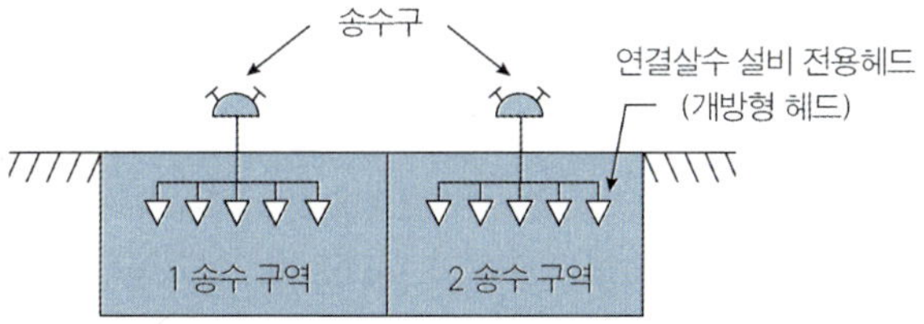

그림 3.2 건식 연결살수설비

3.2.2 습식 연결살수설비

옥내소화전설비용의 수원 또는 소방대상물의 옥상에 설치된 수조의 수원 및 상수도 배관을 사용하는 설비이다. 송수구역에 설치된 폐쇄형 스프링클러헤드가 화재의 발생을 감지하고 개방됨으로써 물을 살수하는 구조이며 개방된 헤드에서만 방수된다.

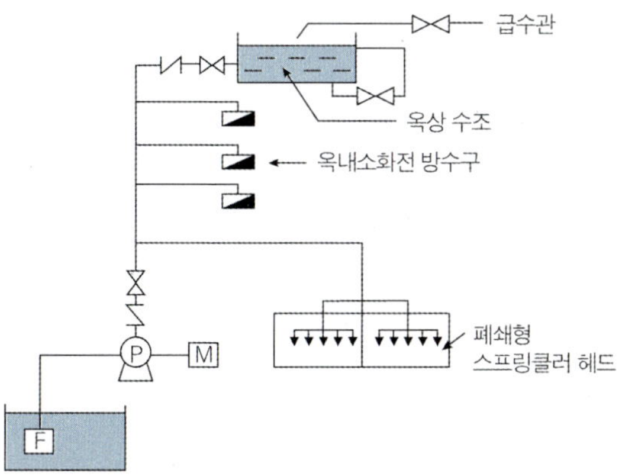

그림 3.3 옥내소화전 설비의 배관에 연결된 습식연결살수설비

3.3 적용대상물

3.3.1 적용대상물

① 판매시설, 운수시설, 창고시설 중 물류터미널로서 해당 용도로 사용되는 부분의 바닥면적의 합계가 1천 m^2 이상인 시설

②지하층(피난층으로 주된 출입구가 도로와 접한 경우 제외)으로서 바닥면적의 합계가 150 m^2 이상인 경우에는 지하층의 모든 층. 다만, 「주택법 시행령」 제46조제1항에 따른 국민주택규모 이하인 아파트 등의 지하층(대피시설로 사용하는 것만 해당)과 교육연구시설 중 학교의 지하층의 경우에는 700 m^2 이상인 것으로 한다.

3.3.2 소화설비의 겸용

연결송수관설비를 설치하여야 할 특정소방대상물에 옥외에 연결송수구 및 옥내에 방수구가 부설된 옥내소화전설비, 스프링클러설비, 간이스프링클러설비, 화재조기진압용 스프링클러설비, 물분무소화설비, 포소화설비 또는 연결살수설비와 겸용으로 설치하는 경우에는 스프링클러설비의 송수구 설치기준에 따르되 각각 소화설비의 기능에 지장이 없도록 하여야 한다.

3.3.3 설치 · 유지 기준의 특례

소방본부장 또는 소방서장은 기존 건축물이 증축, 개축, 대수선되거나 용도변경되는 경우에 있어서 이 기준이 정하는 기준에 따라 당해 건축물에 설치하여야 할 연결송수관설비의 배관, 배선 등의 공사가 현저하게 곤란하다고 인정되는 경우에는 당해 설비의 기능 및 사용에 지장이 없는 범위 안에서 연결송수관설비의 설치, 유지기준의 일부를 적용하지 아니할 수 있다.

3.4 연결살수설비의 구성요소 설치기준

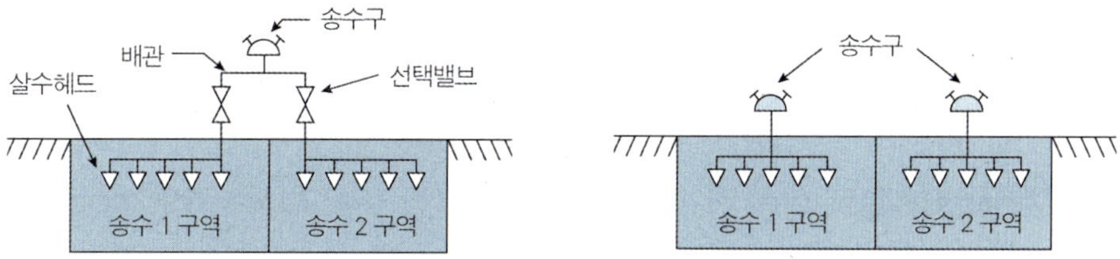

(a) 선택밸브가 설치된 경우
(b) 선택밸브가 없는 경우

그림 3.4 연결살수설비 구성도

3.4.1 송수구

① 소방차가 쉽게 접근할 수 있고 노출된 장소에 설치하여야 한다. 이 경우 가연성 가스의 저장 · 취급시설에 설치하는 연결살수설비의 송수구는 그 방호대상물로부터 20 m 이상의 거리를 두거나 방호대상물에 면하는 부분이 높이 1.5 m 이상, 폭 2.5 m 이상의 철근콘크리트 벽으로 가려진 장소에 설치하여야 한다.

② 송수구는 구경 65 mm 쌍구형으로 하여야 한다. 다만, 하나의 송수구역에 부착하는 살수헤드의 수가 10개 이하인 것에 있어서는 단구형의 것으로 할 수 있다.

③ 개방형헤드를 사용하는 송수구의 호스접결구는 각 송수구역마다 설치하여야 한다. 다만, 송수구역을 선택할 수 있는 선택밸브가 설치되어 있고, 각 송수구역의 주요구조부가 내화구조로 되어 있는 경우에는 그러하지 아니하다.

④ 지면으로부터 높이가 0.5 m 이상 1 m 이하의 위치에 설치하여야 한다.

⑤ 송수구로부터 주배관에 이르는 연결배관에는 개폐밸브를 설치하지 아니할 것
다만, 스프링클러설비, 물분무소화설비, 포소화설비 또는 연결송수관설비의 배관과 겸용하는 경우에는 그러하지 아니하다.

⑥ 송수구의 부근에는 송수구역 일람표를 설치하여야 한다.
다만, 선택밸브 규정에 의한 선택밸브를 설치한 경우에는 송수구역 일람표를 설치하지 않아도 된다.

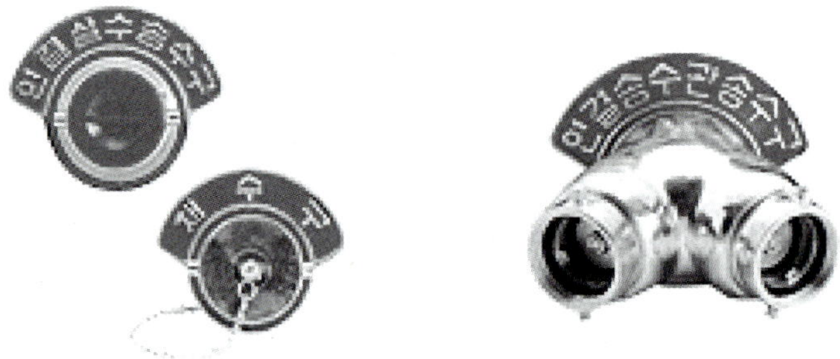

그림 3.5 단구형 송수구와 쌍구형 송수구

3.4.2 선택밸브

선택밸브는 다음 기준에 의하여 설치하되, 송수구역마다 송수구를 설치한 경우는 제외한다.

① 화재 시 연소의 우려가 없는 장소로서 조작 및 점검이 쉬운 위치에 설치하여야 한다.
② 자동개방밸브에 의한 선택밸브를 사용하는 경우에 있어서는 송수구역에 방수하지 아니하고 자동밸브의 작동시험이 가능하도록 하여야 한다.
③ 선택밸브 부근에는 송수구역 일람표를 설치하여야 한다.

3.4.3 자동배수밸브 및 체크밸브

① 폐쇄형헤드(폐쇄형스프링클러헤드)를 사용하는 설비의 경우에는 송수구 → 자동배수 밸브 → 체크밸브의 순으로 설치하여야 한다.
② 개방형헤드(연결살수전용헤드)를 사용하는 설비의 경우에는 송수구 → 자동배수밸브 순으로 설치하여야 한다.
③ 자동배수밸브는 배관 안의 물이 잘 빠져나갈 수 있는 위치에 설치하되 배수로 인하여 다른 물건 또는 장소에 피해를 주지 아니하여야 한다.

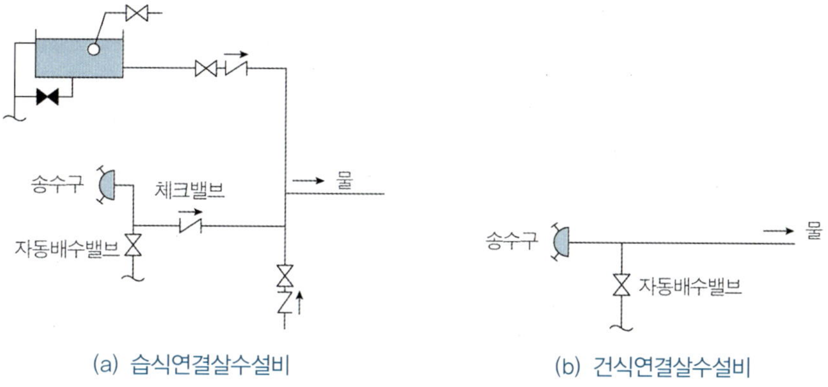

그림 3.6 자동배수밸브 및 체크밸브

3.4.4 헤드

① 연결살수설비의 헤드는 연결살수설비 전용헤드 또는 스프링클러헤드로 설치해야 한다.

② 건축물에 설치하는 연결살수설비의 헤드는 다음의 기준에 따라 설치해야 한다.

㉮ 천장 또는 반자의 실내에 면하는 부분에 설치할 것

㉯ 천장 또는 반자의 각 부분으로부터 하나의 살수헤드까지의 수평거리가 연결살수설비 전용헤드의 경우에는 3.7 m 이하, 스프링클러헤드의 경우는 2.3 m 이하로 할 것. 다만, 살수헤드의 부착면과 바닥과의 높이가 2.1 m 이하인 부분은 살수헤드의 살수분포에 따른 거리로 할 수 있다.

③ 폐쇄형스프링클러헤드를 설치하는 경우에는 ②의 규정 외에 다음의 기준에 따라 설치해야 한다.

㉮ 그 설치장소의 평상시 최고 주위온도에 따라 다음 표 3.1에 따른 표시온도의 것으로 설치할 것. 다만, 높이가 4 m 이상인 공장 및 창고(랙크식창고 포함)에 설치하는 스프링클러헤드는 그 설치장소의 평상시 최고 주위온도에 관계 없이 표시온도 121℃ 이상의 것으로 할 수 있다.

표 3.1 설치장소의 평상시 최고 주위온도에 따른 폐쇄형 스프링클러헤드의 표지온도

설치장소의 최고 주위온도(℃)	표지온도(℃)
39 미만	79 미만
39 이상 69 미만	79 이상 121 미만
64 이상 106 미만	121 이상 162 미만
106 이상	162 이상

㉯ 살수가 방해되지 않도록 스프링클러헤드로부터 반경 60 cm 이상의 공간을 보유할 것. 다만, 벽과 스프링클러헤드간의 공간은 10 cm 이상으로 한다.

㉰ 스프링클러헤드와 그 부착면(상향식헤드의 경우에는 그 헤드의 직상부의 천장 · 반자 또는 이와 비슷한 것을 말한다. 이하 같다)과의 거리는 30 cm 이하로 할 것

㉱ 배관 · 행거 및 조명기구 등 살수를 방해하는 것이 있는 경우에는 ㉯ 및 ㉰에도 불구하고 그로부터 아래에 설치하여 살수에 장애가 없도록 할 것. 다만, 연결살수헤드와 장애물과의 이격거리를 장애물 폭의 3배 이상 확보한 경우에는 그렇지 않다.

㉲ 스프링클러헤드의 반사판은 그 부착면과 평행하게 설치할 것. 다만, 측벽형헤드 또는 ㉴에 따라 연소할 우려가 있는 개구부에 설치하는 스프링클러헤드의 경우에는 그렇지 않다.

㉳ 기울기가 10분의 1을 초과하는 경우에는 가지배관을 천장의 마루와 평행하게 설치하고, 스프링클러헤드는 다음의 어느 하나의 기준에 적합하게 설치할 것

㉠ 천장의 최상부에 스프링클러헤드를 설치하는 경우에는 최상부에 설치하는 스프링클러헤드의 반사판을 수평으로 설치할 것

㉡ 천장의 최상부를 중심으로 가지배관을 서로 마주보게 설치하는 경우에는 최상부의 가지배관 상호간의 거리가 가지배관 상의 스프링클러헤드 상호간의 거리의 2분의 1이하(최소 1 m 이상)가 되게 스프링클러헤드를 설치하고, 가지배관의 최상부에 설치하는 스프링클러헤드는 천장의 최상부로부터의 수직거리가 90 cm 이하가 되도록 할 것. 톱날지붕, 둥근지붕 기타 이와 유사한 지붕의 경우에도 이에 준한다.

㉴ 연소할 우려가 있는 개구부에는 그 상하좌우에 2.5 m 간격으로(개구부의 폭이 2.5 m 이하인 경우에는 그 중앙에) 스프링클러헤드를 설치하되, 스프링클러헤드와 개구부의 내측면으로부터의 직선거리는 15 cm 이하가 되도록 할 것. 이 경우 사람이 상시 출입하는 개구부로서 통행에 지장이 있는 때에는 개구부의 상부 또

는 측면(개구부의 폭이 9 m 이하인 경우에 한한다)에 설치하되, 헤드 상호간의 간격은 1.2 m 이하로 설치해야 한다.

㉲ 습식 연결살수설비 외의 설비에는 상향식스프링클러헤드를 설치할 것. 다만, 다음의 어느 하나에 해당하는 경우에는 그렇지 않다.

㉠ 드라이펜던트스프링클러헤드를 사용하는 경우

㉡ 스프링클러헤드의 설치장소가 동파의 우려가 없는 곳인 경우

㉢ 개방형스프링클러헤드를 사용하는 경우

㉳ 측벽형스프링클러헤드를 설치하는 경우 긴 변의 한쪽 벽에 일렬로 설치(폭이 4.5 m 이상 9 m 이하인 실은 긴 변의 양쪽에 각각 일렬로 설치하되 마주보는 스프링클러헤드가 나란히꼴이 되도록 설치)하고 3.6 m 이내마다 설치할 것

④ 가연성 가스의 저장 · 취급시설에 설치하는 연결살수설비의 헤드는 다음의 기준에 따라 설치해야 한다. 다만, 지하에 설치된 가연성가스의 저장 · 취급시설로서 지상에 노출된 부분 이 없는 경우에는 그렇지 않다.

㉮ 연결살수설비 전용의 개방형헤드를 설치할 것

㉯ 가스저장탱크 · 가스홀더 및 가스발생기의 주위에 설치하되, 헤드 상호 간의 거리는 3.7 m 이하로 할 것

㉰ 헤드의 살수범위는 가스저장탱크 · 가스홀더 및 가스발생기의 몸체의 중간 윗부분의 모든 부분이 포함되도록 해야 하고 살수 된 물이 흘러내리면서 살수범위에 포함되지 않은 부분에도 모두 적셔질 수 있도록 할 것

3.4.5 연결살수설비의 헤드 설치제외

연결살수설비를 설치하여야 할 소방대상물 또는 그 부분으로서 다음에 해당하는 장소에는 연결살수설비의 헤드를 설치하지 아니할 수 있다.

① 상점(판매시설 및 영업시설, 바닥면적이 150 m^2 이상인 지하층에 설치된 것은 제외한다)으로서 주요 구조부가 내화구조 또는 방화구조로 되어 있고 바닥면적이 500 m^2 미만으로 방화구획되어 있는 소방대상물 또는 그 부분

② 계단실, 경사로, 승강기의 승강로, 파이프덕트, 목욕실, 화장실, 직접 외기에 개방되

어 있는 복도 기타 이와 유사한 장소

③ 통신기기실, 전자기기실, 기타 이와 유사한 장소

④ 발전실, 변전실, 변압기, 기타 이와 유사한 전기설비가 설치되어 있는 장소

⑤ 병원의 수술실, 응급처치실, 기타 이와 유사한 장소

⑥ 천장과 반자 양쪽이 불연재료로 되어 있는 경우로서 그 사이의 거리 및 구조가 다음에 해당하는 부분

㉮ 천장과 반자 사이의 거리가 2 m 미만인 부분

㉯ 천장과 반자 사이의 벽이 불연재료이고 천장과 반자 사이의 거리가 2 m 이상으로서 그 사이에 가연물이 존재하지 아니하는 부분

⑦ 천장, 반자 중 한쪽이 불연재료로 되어있고 천장과 반자 사이의 거리가 1 m 미만인 부분

⑧ 천장 및 반자가 불연재료 외의 것으로 되어 있고 천장과 반자 사이의 거리가 0.5 m 미만인 부분

⑨ 펌프실, 물탱크실 그 밖의 이와 비슷한 장소

⑩ 현관 또는 로비 등으로서 바닥으로부터 높이가 20 m 이상인 장소

⑪ 냉장창고의 냉장실 또는 냉동창고의 냉동실

⑫ 고온의 노가 설치된 장소 또는 물과 격렬하게 반응하는 물품의 저장 또는 취급 장소

⑬ 불연재료로 된 소방대상물 또는 그 부분으로서 다음 각목의 어느 하나에 해당하는 장소

㉮ 정수장, 오물처리장 그 밖의 이와 비슷한 장소

㉯ 펄프공장의 작업장, 음료수 공장의 세정 또는 충전하는 작업장, 그 밖의 이와 비슷한 장소

㉰ 불연성의 금속, 석재 등의 가공공장으로서 가연성물질을 저장 또는 취급하지 아니하는 장소

⑭ 실내에 설치된 테니스장 · 게이트볼장 · 정구장 또는 이와 비슷한 장소로서 실내바닥 · 벽 · 천장이 불연재료 또는 준불연재료로 구성되어 있고 가연물이 존재하지 않는 장소로서 관람석이 없는 운동시설 부분(지하층 제외)

3.4.6 배관 등

배관은 다음 각 호의 어느 하나에 해당하는 것을 사용하여야 한다. 다만, 배관 이음은 각 배관과 동등 이상의 성능에 적합한 배관이음쇠를 사용하고 배관용 스테인리스강관(KS D 3576)의 이음을 용접으로 할 경우에는 알곤용접 방식에 따른다.

① 배관 내 사용압력이 1.2 MPa 미만일 경우에는 다음 각 목의 어느 하나에 해당하는 것 또는 동등 이상의 강도 내식성 및 내열성을 가진 것
 ㉮ 배관용 탄소강관(KS D 3507)
 ㉯ 이음매 없는 구리 및 구리합금관(KS D 5301). 다만, 습식의 배관에 한한다.
 ㉰ 배관용 스테인리스강관(KS D 3576) 또는 일반배관용 스테인리스강관(KS D 3595)
 ㉱ 덕타일 주철관(KS D 4311)

② 배관 내 사용압력이 1.2 MPa 이상일 경우에는 다음 각 목의 어느 하나에 해당하는 것 또는 이와 동등 이상의 강도 내식성 및 내열성을 가진 것
 ㉮ 압력배관용 탄소강관(KS D 3562)
 ㉯ 배관용 아크용접 탄소강 강관(KS D 3583)

③ ①,②에도 불구하고 다음 각 목의 어느 하나에 해당하는 장소에는 소방청장이 정하여 고시한 소방용 합성수지배관의 성능인증 및 제품검사의 기술기준에 적합한 소방용 합성수지배관으로 설치할 수 있다.
 ㉮ 배관을 지하에 매설하는 경우
 ㉯ 다른 부분과 내화구조로 구획된 덕트 또는 피트의 내부에 설치하는 경우
 ㉰ 천장(상층이 있는 경우에는 상층바닥의 하단을 포함)과 반자를 불연재료 또는 준불연재료로 설치하고 그 내부에 습식으로 배관을 설치하는 경우

(1) 연결살수설비의 주배관

폐쇄형헤드를 사용하는 연결살수설비의 주배관은 다음에 해당하는 배관 또는 수조에 접속하여야 한다. 이 경우 접속부분에는 체크밸브를 설치하되 점검하기 쉽게 하여야 한다.

① 옥내소화전설비의 주배관(옥내소화전설비가 설치된 경우에 한한다)

② 수도배관(연결살수설비가 설치된 건축물 안에 설치된 수도배관 중 구경이 가장 큰 배관을 말한다)

③ 옥상에 설치된 수조(다른 설비의 수조를 포함한다)

(2) 연결살수설비의 배관 구경

① 연결살수설비전용헤드(개방형헤드)를 사용하는 경우에는 표 3.1에 의한 구경 이상으로 하여야 한다.

표 3.1 전용헤드 수와 배관구경

헤드 수	1개	2개	3개	4~5개	6~10개
배관 구경(mm)	32	40	50	65	80

② 스프링클러헤드(폐쇄형헤드)를 사용하는 경우에는 표 3.2에 의한 구경 이상으로 하여야 한다.

표 3.2 헤드수 별 급수관의 구경

구분 \ 급수관의 구경	25	32	40	50	65	80	90	100	125	150
가	2	3	5	10	30	60	80	100	160	275 이상
나	2	4	7	15	30	60	85	100	160	275 이상
다	1	2	5	8	15	27	40	55	90	275 이상

(3) 폐쇄형헤드를 사용하는 연결살수설비의 시험배관

① 폐쇄형헤드를 사용하는 연결살수설비에는 다음 각 호의 기준에 따른 시험배관을 설치하여야 한다.

㉮ 송수구의 가장 먼 가지배관의 끝으로부터 연결하여 설치할 것

㉯ 시험장치 배관의 구경은 가장 먼 가지배관의 구경과 동일한 구경으로 하고, 그 끝에는 물받이통 및 배수관을 설치하여 시험 중 방사된 물이 바닥으로 흘러내리지 아니하도록 할 것. 다만, 목욕실·화장실 또는 그밖의 배수처리가 쉬운 장소의 경우에는 물받이통 또는 배수관을 설치하지 아니할 수 있다.

(4) 연결살수설비의 수평주행배관

개방형헤드 사용 시 수평주행배관은 1/100 이상의 기울기로 설치하고 주배관 중 낮은 부분에는 자동배수밸브를 설치한다.

(5) 연결살수설비의 가지배관 또는 교차배관

가지배관 또는 교차배관을 설치하는 경우에는 가지배관의 배열은 토너먼트 방식이 아니어야하며, 한 쪽 가지배관에 설치되는 헤드 개수는 8개 이하로 한다.

(6) 그 밖의 배관의 설치에 관한 사항

① 습식 연결살수설비의 배관은 동결방지조치를 하거나 동결의 우려가 없는 장소에 설치하여야 한다. 다만, 보온재를 사용할 경우에는 난연재료 성능 이상의 것으로 하여야 한다.

② 급수배관에 설치되어 급수를 차단할 수 있는 개폐밸브는 개폐표시형으로 하여야 한다. 이 경우 펌프의 흡입측 배관에는 버터플라이밸브(볼형식은 제외)외의 개폐표시형밸브를 설치한다.

CHAPTER 4

연소방지설비(NFTC/PC 506)

4.1 개요

연소방지설비는 통신케이블, 배관 또는 이와 비슷한 용도로 사용되는 물건 등이 수납되어 있거나 이와 유사한 공작물 등이 수납되어 있는 지하구(지하공동구)에서의 화재발생 시 화재로 인한 손실을 최소화하기 위해서 설치하는 설비이다.

연소방지를 위해 지하구의 천장이나 벽에 스프링클러헤드나 연소방지용 전용헤드를 설치하여 연소 확대를 방지한다.

4.2 구성요소

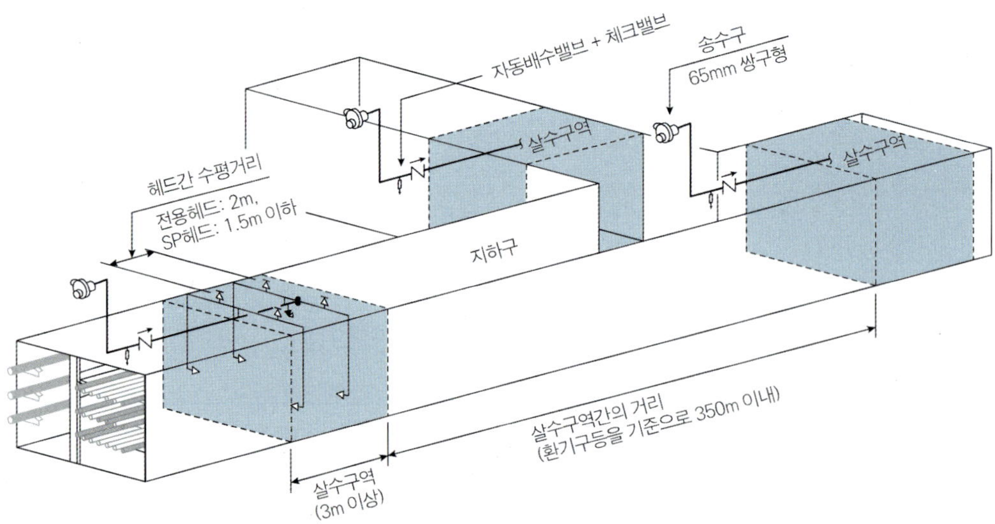

그림 4.1 연소방지설비 계통도

4.3 구성요소 설치기준

4.3.1 방수 헤드

① 천장 또는 벽면에 설치할 것

② 방수헤드 간의 수평거리는 연소방지설비 전용헤드의 경우에는 2 m 이하, 스프링클러헤드의 경우에는 1.5 m 이하로 할 것

③ 살수구역은 환기구 등을 기준으로 지하구의 길이 방향으로 350 m 이내마다 1개 이상 설치하되, 하나의 살수구역의 길이는 3 m 이상으로 할 것

4.3.2 송수구

① 소방펌프자동차가 쉽게 접근할 수 있는 노출된 장소에 설치하되 눈에 띄기 쉬운 보도 또는 차도에 설치할 것

② 송수구는 구경 65 mm의 쌍구형으로 할 것

③ 송수구로부터 1 m 이내에 살수구역 안내표지를 설치할 것

④ 지면으로부터 높이가 0.5 m 이상 1 m 이하의 위치에 설치할 것

⑤ 송수구의 가까운 부분에 자동배수밸브(또는 직경 5 mm의 배수공)를 설치할 것. 이 경우 자동배수밸브는 배관 안의 물이 잘 빠질 수 있는 위치에 설치하되, 배수로 인하여 다른 물건 또는 장소에 피해를 주지 아니하여야 한다,

⑥ 송수구로부터 주배관에 이르는 연결배관에는 개폐밸브를 설치하지 아니할 것

⑦ 송수구에는 이물질을 막기 위한 마개를 씌워야 한다.

4.3.3 연소방지 도료

지하구 안에 설치된 케이블, 전선 등에는 화재발생 시 연소를 방지하기 위한 연소방지용도료를 도포하여야 한다. 다만, 케이블 전선 등을 화재안전기준의 규정에서 정한 기준에 적합한 내화 배선 방법으로 설치한 경우와 이와 동등 이상의 내화 성능이 있도록 한 경우에는 그러하지 아니한다.

(1) 도포방법

① 도료를 도포하고자 하는 곳의 오물을 제거하고 충분히 건조시킨 후 도포할 것

② 도료의 도포 두께는 평균 1 mm 이상으로 할 것

③ 유성도료의 1회당 도포간격은 2시간 이상으로 하되, 환기가 원활한 곳에서 실시할 것 다만, 지하구 또는 유증기의 체류가 우려되는 공간에서 실시하여서는 아니 된다.

(2) 도포위치

연소방지도료는 다음 부분의 중심으로부터 양쪽방향으로 전력용 케이블의 경우에는 20 m(단, 통신케이블의 경우에는 10 m) 이상 도포할 것

① 지하구와 교차된 수직구 또는 분기구

② 집수장 또는 환풍기가 설치된 부분

③ 지하구로 인입 및 인출되는 부분

④ 분전반, 절연유 순환펌프 등이 설치된 부분

⑤ 케이블이 상호 연결된 부분

⑥ 기타 화재발생 위험이 우려되는 부분

4.3.4 방화벽

① 내화구조로서 홀로 설 수 있는 구조일 것

② 방화벽에 출입문을 설치하는 경우에는 방화문으로 할 것

③ 방화벽을 관통하는 케이블, 전선 등에는 내화성이 있는 화재 차단재로 마감할 것

④ 방화벽의 위치는 분기구 및 환기구 등의 구조를 고려하여 설치할 것

4.3.5 공동구의 통합감시시설 구축 등

① 소방관서와 지하구의 통제실 간에 화재 등 소방활동과 관련된 정보를 상시 교환할 수 있는 정보통신망을 구축할 것

② ①의 규정에 의한 정보통신망은 광케이블 또는 이와 유사한 성능을 가진 선로로서 원격제어가 가능할 것

③ 주수신기는 지하구의 통제실에, 보조수신기는 관할 소방관서에 설치하여야 하고 수신기에는 원격제어 기능이 있을 것
④ 비상시에 대비하여 예비선로를 구축할 것

연습문제

1. 11층 이상의 소방대상물에 설치하는 연결송수관설비의 방수구는 쌍구형으로 설치한다. 쌍구형으로 설치하는 이유를 설명하시오.

2. 연소방지설비의 송수구 설치 기준을 쓰시오.

3. 연결송수관설비의 송수구 설치 기준을 쓰시오.

4. 연소방지설비 송수구 설치 기준에 대하여 설명하시오

5. 연결송수관설비는 어떤 사람이 사용하기 위한 설비인가?

6. 연결송수구와 체크밸브 사이에 자동배수장치(Auto Drip)를 설치하는 이유에 대해서 설명하시오.

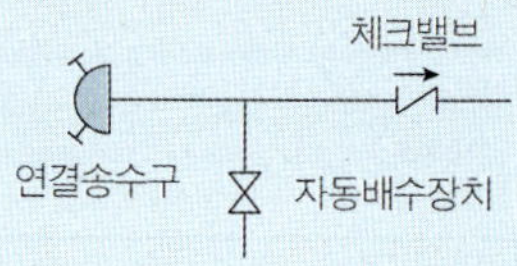

7. 소화설비 중 소화용수 설비에 대하여 아래 물음에 답하시오.

[물음]

① 소화용수 설비 중 소화용수가 지면으로부터 몇 m 이상의 지하에 있는 경우에 가압송수장치를 설치하는가?

② 가압송수장치의 설치 이유를 간단히 설명하시오.

일본에 설치된 목조건축물 소화설비

PART 5

소화용수설비

CHAPTER 1

소화수조 및 저수조(NFTC/PC 402)

1.1 개요

소화수조 또는 저수조란 수조를 설치하고 여기에 소화에 필요한 물을 항상 채워두는 것이다. 대규모의 부지 위에 축조된 건축물 또는 고층건축물 등과 같이 많은 양의 소화용수를 필요로 하는 소방대상물의 인근에 설치하여 소방대상물에 화재발생 시 물을 유효적절하게 사용할 수 있도록 저장해두는 설비이다.

소방대상물에 따라 지하에 설치하는 지하수조와 건축물의 옥상 또는 옥탑에 설치하는 지상수조로 구분된다.

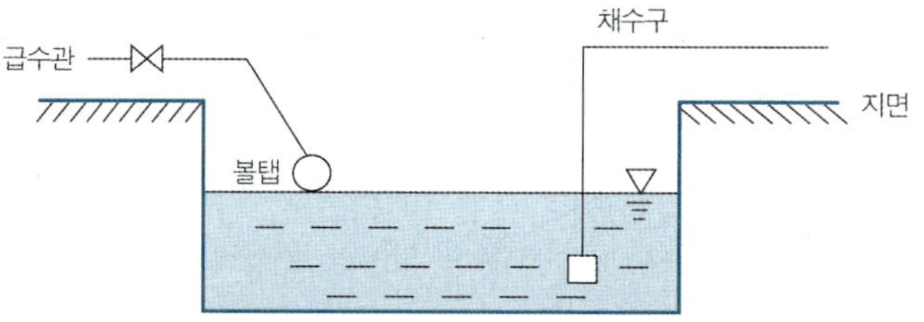

그림 1.1 소화수조

1.2 소화수조의 기준

1.2.1 소화수조 설치기준

① 소화수조는 소방펌프자동차가 채수구로부터 2 m 이내의 지점까지 접근할 수 있는 위치에 설치하여야 한다.

② 소화수조 또는 저수조의 저수량은 소방대상물의 연면적을 다음의 표 1.1에 의한 기준면으로 나누어 얻은 수(소수점 이하의 수는 1로 본다)에 20 m^3을 곱하여 얻은 양 이상으로 하여야 한다.

표 1.1 소방대상물별 기준 면적

소방대상물의 구분	면적
지상 1층 및 2층의 바닥면적의 합계가 15,000 m^2 이상인 소방대상물	7,500 m^2
그 밖의 소방대상물	12,500 m^2

③ 소화수조 또는 저수조는 다음 각 호의 기준에 의하여 설치하여야 한다.

㉮ 지하에 설치하는 소화용수설비의 흡수관 투입구는 한 변이 0.6 m 이상이거나, 직경이 0.6 m 이상인 것으로 하고 소화수량이 80 m^3 미만인 것에 있어서는 1개 이상, 80 m^3 이상인 것에 있어서는 2개 이상을 설치하여야 하며, 흡수관 투입구에는 "흡수관 투입구"라고 표시한 표지를 할 것

㉯ 소화용수설비에 설치하는 채수구에는 표 1.2에 의하여 소방용 호스 또는 소방용 흡수관에 사용하는 구경 65 mm 이상의 나사식 금속 결합구를 설치할 것

표 1.2 소화용수설비의 소요 수량에 따른 채수구의 수

소요수량	20 m^3 이상 40 m^3 미만	40 m^3 이상 100 m^3 미만	100 m^3 이상
채수구 수	1개	2개	3개

㉰ 채수구는 지면으로부터 높이가 0.5 m 이상 1.0 m 이하의 위치에 설치하고, "채수구"라고 표시한 표지를 할 것

④ 소화수조설비를 설치하여야 할 소방대상물에 0.8 m^3/min 이상인 유수를 사용할 수 있는 경우에는 소화수조의 설치를 면제할 수 있다.

그림 1.2 채수구

1.2.2 저수량

지상 1층 및 2층의 바닥면적의 합계가 15,000 m^2 이상인 소방대상물은 당해 소방대상물의 연면적을 7,500 m^2로 나누어 얻은 수에 20 m^3을 곱한 양으로 한다.

다만 소방대상물의 연면적을 기준 면적으로 나누어 얻은 값은 반드시 정수로 계산하여야 한다.

■ 지상 1층 및 2층의 바닥면적 합계가 15,000 m^2 이상

$$Q = \text{바닥면적의 합계}(m^2) \div 7{,}500m^2 \times 20m^3$$

■ 그 밖의 소방대상물

$$Q = \text{연면적}(m^2) \div 12{,}500m^2 \times 20m^3$$

1.2.3 가압송수장치

① 소화수조 또는 저수조가 지면으로부터 깊이(수조내부 바닥까지의 깊이를 말한다)가 4.5 m 이상인 지하에 설치되어 있는 경우에는 표 1.3에 따라 가압송수장치를 설치하여야 한다. 다만, 규정에 따른 저수량을 지표면으로부터 4.5 m 이하인 지하에서 확보할 수 있는 경우에는 소화수조 또는 저수조는 가압송수장치를 설치하지 아니할 수 있다.

표 1.3 소요수량에 따른 가압송수장치의 양수량(L/분)

소요수량	20 m^3 이상 40 m^3 미만	40 m^3 이상 100 m^3 미만	100 m^3 이상
가압송수장치의 1분당 양수량	1,100 L 이상	2,200 L 이상	3,300 L 이상

② 소화수조가 옥상 또는 옥탑의 부분에 설치된 경우에는 지상에 설치된 채수구에서의 압력이 0.15 MPa 이상이 되도록 하여야 한다.

③ 전동기 또는 내연기관에 의해 펌프를 이용하는 가압송수장치는 다음의 기준에 의하여 설치하여야 한다.

㉮ 쉽게 접근할 수 있고, 점검하기에 충분한 공간이 있는 장소로서 화재 및 침수 등의 재해로 인한 피해를 받을 우려가 없는 곳에 설치할 것

㉯ 동결방지조치를 하거나 동결의 우려가 없는 장소에 설치한다.

㉰ 펌프는 전용으로 할 것. 다만, 다른 소화설비와 겸용으로 하는 경우 각각의 소화설비의 성능에 지장이 없을 때에는 예외로 한다.

㉱ 펌프의 토출측에는 압력계를 체크밸브 이전의 펌프 토출측 플랜지에서 가까운 곳에 설치하고, 흡입측에는 연성계 또는 진공계를 설치하되 수원의 수위가 펌프의 위치보다 높거나 수직 회전축펌프의 경우에는 연성계 또는 진공계를 설치하지 않아도 된다.

㉲ 가압송수장치에는 정격부하 운전 시 펌프의 성능을 시험하기 위한 배관을 설치한다.

㉳ 가압송수장치에는 체절운전 시 수온의 상승을 방지하기 위한 순환배관을 설치한다.

㉴ 기동장치로는 보호판을 부착한 기동스위치를 채수구 직근에 설치할 것

㉵ 수원의 수위가 펌프보다 낮은 위치에 있는 가압송수장치에는 다음의 기준에 따른 물올림장치를 설치할 것

㉠ 물올림장치에는 전용의 탱크를 설치할 것

㉡ 탱크의 유효수량은 100 L 이상으로 할 것

㉶ 내연기관을 사용하는 경우에는 다음의 기준에 적합한 것으로 할 것

㉠ 내연기관의 기동은 채수구의 위치에서 원격조작으로 가능하고 기동을 명시하는 적색등을 설치할 것

㉡ 제어반에 따라 내연기관의 기동이 가능하고 상시 충전되어 있는 축전기 설비를 갖출 것

㉷ 가압송수장치에는 "소화용수설비펌프"라고 표시한 표지를 할 것. 이 경우 그 가압송수장치를 다른 설비와 겸용하는 때에는 그 겸용되는 설비의 이름을 표시한 표지를 함께하여야 한다.

1.3 소화수조의 설치면제

소화수조설비를 설치하여야 할 소방대상물에 있어서 상시 흐르는 물인 유수(流水)의 양이 0.8 m^3/min 이상인 유수를 사용할 수 있는 경우에는 소화수조의 설치를 면제할 수 있다.

연습문제

1. 소화수조의 설치 기준을 쓰시오.

2. 1층 및 2층의 바닥면적의 합계가 30,000 m^2인 경우 소요수량은 얼마인가?

3. 소방대상물의 층수가 15층 연면적 60,000 m^2인 경우 소화용수설비에 필요한 수원의 양은 얼마인가?

4. 소화용수설비에서 수량이 40 m^3 이상 100 m^3 미만일 때 채수구는 몇 개 설치해야 하는가?

5. 소화설비 중 소화용수설비에 대하여 아래 물음에 답하시오.

[물음]
① 소화용수설비 중 소화용수가 지면으로부터 몇 m 이상의 지하에 있는 경우에 가압송수장치를 설치하는가?
② 가압송수장치의 설치이유를 간단히 설명하시오.

CHAPTER 2

상수도소화용수설비(NFTC/PC 401)

2.1 개요 및 특징

소화용수설비의 소화수조 또는 저수조를 설치해야 하는 소방대상물의 규모보다 작은 연면적 5,000 m^2 이상인 소방대상물 또는 지상에 노출된 탱크의 저장용량의 합계가 100톤 이상인 가스시설에 설치하는 소화용수설비로서 상수도 배관에 설치하는 공공의 소화전(지상식 지하식 옥외소화전) 급수탑 등을 말한다.

상수도가 설치되지 아니한 지역에 있어서는 채수구를 부착한 소화수조를 상수도소화용수설비로 인정하고 있다.

2.2 적용대상물

상수도소화용수설비를 설치하여야 할 특정소방대상물은 다음과 같다. 상수도소화용수설비를 설치하여야 하는 특정소방대상물의 대지 경계선으로부터 180 m 이내에 구경 75 mm 이상인 상수도용 배수관이 설치되지 아니한 지역에 있어서는 소화수조 또는 저수조를 설치하여야 한다.

① 연면적 5,000 m^2 이상인 것. 다만, 가스 시설 지하구 또는 지하가 중 터널의 경우에는 그러하지 아니하다.

② 가스시설로서 지상에 노출된 탱크의 저장용량의 합계가 100톤 이상인 것

2.3 설치기준

① 호칭지름 75 mm 이상의 수도배관에 호칭지름 100 mm 이상의 소화전을 접속할 것

② ①의 규정에 소화전은 소방자동차 등의 진입이 쉬운 도로변 또는 공지에 설치할 것

③ ①의 규정에 따른 소화전은 특정소방대상물의 수평투영면의 각 부분으로부터 140 m 이하가 되도록 설치할 것

2.4 설치면제

① 상수도소화용수설비를 설치하여야 하는 특정소방대상물의 각 부분으로부터 수평거리 140 m 이내에 공공의 소방을 위한 소화전이 화재안전기준에 적합하게 설치되어 있는 경우에는 설치가 면제된다.

② 소방본부장 또는 소방서장이 상수도소화용수설비의 설치가 곤란하다고 인정하는 경우로서 화재안전기준에 적합한 소화수조 또는 저수조를 설치하는 경우에는 그 설비의 유효범위 안에서 설치가 면제된다.

INDEX

국가화재안전기준(NFTC/PC) 적용

최신 **소화설비론**

1판 1쇄 발행 2024년 2월 20일

저자 조성현 · 송영호 · 유정현
발행인 서철종
발행처 도서출판 지우북스
주소 경기도 파주시 문발로 115 세종출판벤처타운 209호
전화 031-915-6670(代)
팩스 031-915-6671
이메일 jwbooks@nate.com
홈페이지 www.jwbooks.co.kr
출판등록 제406-251002017-000032호
ISBN 979-11-92639-12-3 93530

정가 28,000원